## 《中等职业学校食品类专业"十一五"规划教材》编委会

| | | | | | | |
|---|---|---|---|---|---|---|
| 顾　问 | 李元瑞 | 詹耀勇 | | | | |
| 主　任 | 高愿军 | | | | | |
| 副主任 | 吴　坤 | 张文正 | 张中义 | 赵　良 | 吴祖兴 | 张春晖 |
| 委　员 | 高愿军 | 吴　坤 | 张文正 | 张中义 | 赵　良 | 吴祖兴 |
| | 张春晖 | 刘延奇 | 申晓琳 | 孟宏昌 | 严佩峰 | 祝美云 |
| | 刘新有 | 高　晗 | 魏新军 | 张　露 | 隋继学 | 张军合 |
| | 崔惠玲 | 路建峰 | 南海娟 | 司俊玲 | 赵秋波 | 樊振江 |

## 《食品微生物》编写人员

| | | | | |
|---|---|---|---|---|
| 主　编 | 吴　坤 | | | |
| 副主编 | 徐淑霞 | 唐艳红 | 王树宁 | |
| 参编人员 | 苏建党 | 郑亚鹏 | 赵国品 | 王海伟 |

中等职业学校食品类专业"十一五"规划教材

# 食品微生物

河南省漯河市食品工业学校组织编写
吴　坤　主编
徐淑霞　唐艳红　王树宁　副主编

化学工业出版社
·北京·

本书是《中等职业学校食品类专业"十一五"规划教材》中的一个分册。

本书是一部关于食品微生物基本理论及在食品行业应用的实用技能型教材，简单介绍了食品微生物的发展历史和研究内容，详述了食品微生物的形态、培养、遗传变异以及在食品加工、保藏等领域的应用。主要包括食品微生物的形态、微生物的培养、微生物菌种的选育和保藏、微生物与食品变质、微生物与食品保藏、微生物在食品发酵工业中的应用、微生物检验与食品安全控制、微生物学实验等内容。

本书可作为中等职业学校食品类专业的教材，也可作为食品发酵企业技术人员和工人的参考书。

**图书在版编目(CIP)数据**

食品微生物/吴坤主编. —北京：化学工业出版社，2008.1（2024.9重印）

中等职业学校食品类专业"十一五"规划教材

ISBN 978-7-122-01552-5

Ⅰ. 食… Ⅱ. 吴… Ⅲ. 食品微生物-专业学校-教材 Ⅳ. TS201.3

中国版本图书馆 CIP 数据核字（2007）第 179083 号

---

责任编辑：陈 蕾 侯玉周　　　　文字编辑：张春娥
责任校对：陈 静　　　　　　　　装帧设计：郑小红

---

出版发行：化学工业出版社（北京市东城区青年湖南街13号　邮政编码100011）
印　　刷：北京云浩印刷有限责任公司
装　　订：三河市振勇印装有限公司
720mm×1000mm　1/16　印张14　字数275千字　2024年9月北京第1版第16次印刷

购书咨询：010-64518888　　售后服务：010-64518899
网　　址：http://www.cip.com.cn
凡购买本书，如有缺损质量问题，本社销售中心负责调换。

定　　价：32.00元　　　　　　　　　　　　　　　　　版权所有　违者必究

# 序

食品工业是关系国计民生的重要工业,也是一个国家、一个民族经济社会发展水平和人民生活质量的重要标志。经过改革开放 20 多年的快速发展,我国食品工业已成为国民经济的重要产业,在经济社会发展中具有举足轻重的地位和作用。

现代食品工业是建立在对食品原料、半成品、制成品的化学、物理、生物特性深刻认识的基础上,利用现代先进技术和装备进行加工和制造的现代工业。建设和发展现代食品工业,需要一批具有扎实基础理论和创新能力的研发者,更需要一大批具有良好素质和实践技能的从业者。顺应我国经济社会发展的需求,国务院做出了大力发展职业教育的决定,办好职业教育已成为政府和有识之士的共同愿望及责任。

河南省漯河市食品工业学校自 1997 年成立以来,紧紧围绕漯河市建设中国食品名城的战略目标,贴近市场办学、实行定向培养、开展"订单教育",为区域经济发展培养了一批批实用技能型人才。在多年的办学实践中学校及教师深感一套实用教材的重要性,鉴于此,由学校牵头并组织相关院校一批基础知识厚实、实践能力强的教师编写了这套《中等职业学校食品类专业"十一五"规划教材》。基于适应产业发展,提升培养技能型人才的能力;工学结合、重在技能培养,提高职业教育服务就业的能力;适应企业需求、服务一线,增强职业教育服务企业的技术提升及技术创新能力的共识,经过编者的辛勤努力,此套教材将付梓出版。该套教材的内容反映了食品工业新技术、新工艺、新设备、新产品,并着力突出实用技能教育的特色,兼具科学性、先进性、适用性、实用性,是一套中职食品类专业的好教材,也是食品类专业广大从业人员及院校师生的良师益友。期望该套教材在推进我国食品类专业教育的事业上发挥积极有益的作用。

食品工程学教授、博士生导师　李元瑞

2007 年 4 月

# 前言

食品微生物技术不仅贯穿于各类食品的加工、流通、储存、销售、消费等各个过程，也是食品生产和加工方式和手段之一。近年来食品安全问题日显突出，但其核心问题依然是微生物学问题；发酵工业是食品工业的基本组成之一，现代生物技术在食品工业中的切入和应用也是以微生物发酵技术为先导的，因此，食品微生物学不仅是食品专业的重要基础课程，也逐步具备了一定的专业课程特质。

现如今，我国食品专业已有的高校本科及大专毕业生远不能满足和适应食品工业发展的需要。在这种形势下，许多中等职业学校、高职高专相继开设了食品微生物学课程。然而，目前国内尚缺乏一套适合中等职业学校食品加工专业学生使用的教材。为此，在漯河市食品工业学校的组织下，由化学工业出版社出版发行《中等职业学校食品类专业"十一五"规划教材》。本书作为该系列教材之一，在内容安排上尽可能体现实用性，也力求反映已经在生产实践中应用的新理论和新技术。本书可作为中等职业学校相关专业的教学用书，也可作为食品企业技术人员和技术工人参考用书。

本书由吴坤任主编，徐淑霞、唐艳红和王树宁任副主编，是在河南农业大学（吴坤、徐淑霞）、漯河市食品工业学校（唐艳红、苏建党、郑亚鹏、赵国品、王海伟）和河南科技学院（王树宁）等单位从事教学和研究工作的老师和专家们的共同参与下完成的。编写分工如下：吴坤编写绪论，王海伟编写第一章，赵国品编写第二、四章，郑亚鹏编写第三章，苏建党编写第五章，徐淑霞编写第六章，王树宁编写第七章，唐艳红编写第八章。本书编写过程中，得到化学工业出版社和漯河市食品工业学校的大力支持，在此深表感谢！

由于编者水平有限，不当之处在所难免，恳请读者多提宝贵意见。

编者
2007 年 10 月

# 目 录

绪论 ………………………………………………………………………… 1
    一、微生物及其在生物分类中的地位 ………………………………… 1
    二、微生物的五大特点 ………………………………………………… 1
    三、微生物学的发展简史 ……………………………………………… 4
    四、微生物学及其主要分支学科 ……………………………………… 6
    五、食品微生物学的研究内容和任务 ………………………………… 6
  复习题 ……………………………………………………………………… 8

## 第一章 微生物的形态 …………………………………………………… 9
### 第一节 细菌 ……………………………………………………………… 9
    一、细菌的形态 ………………………………………………………… 9
    二、细菌的细胞构造 …………………………………………………… 13
    三、细菌的繁殖方式 …………………………………………………… 17
    四、食品中常见的细菌 ………………………………………………… 17
### 第二节 放线菌 …………………………………………………………… 18
    一、放线菌的形态 ……………………………………………………… 18
    二、放线菌的细胞构造 ………………………………………………… 20
    三、放线菌的繁殖方式 ………………………………………………… 20
    四、食品中常见的放线菌 ……………………………………………… 20
### 第三节 酵母菌 …………………………………………………………… 21
    一、酵母菌的形态 ……………………………………………………… 21
    二、酵母菌的细胞构造 ………………………………………………… 21
    三、酵母菌的繁殖方式 ………………………………………………… 22
    四、食品中常见的酵母菌 ……………………………………………… 24
### 第四节 霉菌 ……………………………………………………………… 25
    一、霉菌的形态 ………………………………………………………… 25
    二、霉菌的细胞构造 …………………………………………………… 26
    三、霉菌的繁殖方式 …………………………………………………… 26
    四、霉菌的生长条件 …………………………………………………… 29
    五、食品中常见的霉菌 ………………………………………………… 29
### 第五节 病毒 ……………………………………………………………… 32
    一、病毒简介 …………………………………………………………… 32
    二、噬菌体的形态与结构 ……………………………………………… 34
    三、噬菌体的复制过程 ………………………………………………… 35

四、噬菌体对食品工业的危害和防治……………………………………… 36
　　复习题……………………………………………………………………… 36
第二章　微生物的培养……………………………………………………………… 38
　第一节　微生物的营养…………………………………………………………… 38
　　一、微生物细胞的组成…………………………………………………… 38
　　二、微生物的营养来源…………………………………………………… 39
　　三、微生物的营养类型…………………………………………………… 41
　　四、营养物质进入细胞的方式…………………………………………… 43
　第二节　微生物的培养基………………………………………………………… 45
　　一、培养基的配制原则…………………………………………………… 45
　　二、培养基的类型………………………………………………………… 46
　　三、培养基的制备………………………………………………………… 49
　第三节　微生物的生长…………………………………………………………… 51
　　一、微生物的生长规律…………………………………………………… 51
　　二、环境因素对微生物的影响…………………………………………… 54
　　三、微生物的控制………………………………………………………… 59
　　复习题……………………………………………………………………… 61
第三章　微生物菌种的选育与保藏………………………………………………… 62
　第一节　微生物的遗传和变异…………………………………………………… 62
　　一、概述…………………………………………………………………… 62
　　二、遗传和变异的物质基础……………………………………………… 64
　　三、微生物的变异………………………………………………………… 65
　第二节　微生物菌种选育………………………………………………………… 68
　　一、自然选育……………………………………………………………… 68
　　二、从生产实践中选种…………………………………………………… 70
　　三、人工育种……………………………………………………………… 70
　第三节　菌种的衰退、复壮和保藏……………………………………………… 71
　　一、菌种衰退……………………………………………………………… 71
　　二、菌种的复壮…………………………………………………………… 72
　　三、菌种的保藏…………………………………………………………… 73
　　复习题……………………………………………………………………… 74
第四章　微生物与食品变质………………………………………………………… 75
　第一节　食品变质与微生物的生长……………………………………………… 75
　　一、食品特性与微生物的生长…………………………………………… 76
　　二、引起食品变质的微生物……………………………………………… 76
　第二节　肉及肉制品中的微生物………………………………………………… 78
　　一、微生物的污染与肉的变质…………………………………………… 79

二、不同状态肉类中的微生物类群 …………………………………… 79
　　三、肉的变质形式与微生物的生长 …………………………………… 80
　第三节　乳及乳制品中的微生物 …………………………………………… 81
　　一、微生物的污染与乳的变质 ………………………………………… 81
　　二、不同形式乳中的微生物类群 ……………………………………… 83
　　三、乳的变质形式与微生物的生长 …………………………………… 84
　　四、微生物在乳品中的作用 …………………………………………… 85
　第四节　罐藏食品中的微生物 ……………………………………………… 85
　　一、微生物的污染与罐藏食品的变质 ………………………………… 86
　　二、罐藏食品中的微生物类群 ………………………………………… 86
　　三、罐藏食品的变质形式与微生物的生长 …………………………… 88
　第五节　蛋及蛋制品中的微生物 …………………………………………… 89
　　一、微生物的污染与蛋的变质 ………………………………………… 90
　　二、不同形式的蛋及蛋制品中的微生物类群 ………………………… 90
　　三、蛋的变质形式与微生物的生长 …………………………………… 91
　第六节　果蔬及其制品中的微生物 ………………………………………… 92
　　一、微生物的污染与果蔬及果蔬汁的变质 …………………………… 92
　　二、新鲜果蔬和果蔬汁中的微生物类群 ……………………………… 93
　　三、果蔬和果蔬汁的变质形式与微生物的生长 ……………………… 94
　第七节　鱼贝类及其制品中的微生物 ……………………………………… 94
　　一、微生物的污染与鱼贝类及其制品的变质 ………………………… 95
　　二、不同形式鱼贝类及其制品中的微生物类群 ……………………… 95
　　三、鱼贝类及其制品的变质形式与微生物的生长 …………………… 96
　第八节　其他食品中的微生物学 …………………………………………… 96
　复习题 …………………………………………………………………………… 97

第五章　微生物与食品保藏 …………………………………………………… 98
　第一节　食品污染 …………………………………………………………… 98
　第二节　食品保藏中的微生物学问题 ……………………………………… 98
　　一、预防食品的微生物污染 …………………………………………… 99
　　二、食品中微生物的减少和去除 ……………………………………… 100
　　三、控制食品中的微生物生长与繁殖 ………………………………… 101
　第三节　食品的杀菌与保藏 ………………………………………………… 101
　　一、食品的加热杀菌保藏 ……………………………………………… 101
　　二、食品的非加热杀菌保藏 …………………………………………… 105
　　三、利用低温保藏食品 ………………………………………………… 109
　　四、利用干燥保藏食品 ………………………………………………… 110
　　五、食品的化学保藏 …………………………………………………… 112

复习题 ··· 115

## 第六章 微生物在食品发酵工业中的应用 ··· 116
### 第一节 微生物在调味品生产中的应用 ··· 116
一、味精 ··· 116
二、食醋 ··· 121
三、酱油 ··· 126
### 第二节 微生物在酿酒工业中的应用 ··· 130
一、啤酒 ··· 130
二、葡萄酒 ··· 134
### 第三节 微生物在有机酸生产中的应用 ··· 136
一、柠檬酸 ··· 136
二、苹果酸 ··· 137
### 第四节 微生物与发酵乳制品 ··· 139
一、用于乳制品发酵生产的乳酸菌种类 ··· 139
二、乳酸菌发酵生产乳制品的工艺流程 ··· 139
三、乳酸菌在酸奶生产中的应用 ··· 140
### 第五节 微生物与发酵肉制品 ··· 140
一、发酵肉制品的生产工艺 ··· 140
二、发酵剂在发酵肉制品中的作用 ··· 141
### 第六节 发酵蔬菜 ··· 144
复习题 ··· 144

## 第七章 微生物检验与食品安全控制 ··· 145
### 第一节 微生物与食物中毒 ··· 145
一、细菌与细菌毒素 ··· 145
二、真菌毒素 ··· 152
三、病原微生物 ··· 155
### 第二节 微生物检验技术 ··· 167
一、样品采集与送检 ··· 167
二、显微镜检验 ··· 168
三、培养检查 ··· 169
四、生化试验 ··· 171
五、血清学检验 ··· 173
六、动物试验 ··· 179
复习题 ··· 180

## 第八章 食品微生物学实验 ··· 181
实验一 常用玻璃器皿的清洗、包扎和干热灭菌 ··· 181
实验二 显微镜的使用和维护 ··· 186

实验三　细菌的革兰染色法 …………………………………………… 190
　　实验四　酵母菌的形态观察及死、活细胞的鉴别 …………………… 192
　　实验五　霉菌的形态观察 ………………………………………………… 194
　　实验六　培养基的制备和灭菌 …………………………………………… 195
　　实验七　高压蒸汽灭菌 …………………………………………………… 198
　　实验八　微生物的分离、接种与培养 …………………………………… 200
　　实验九　甜米酒的制作 …………………………………………………… 204
　　实验十　酸牛奶的制作 …………………………………………………… 206
附录 ……………………………………………………………………………… 208
　　附录一　常用培养基配方 ………………………………………………… 208
　　附录二　常用染色液的配制 ……………………………………………… 209
　　附录三　常用消毒剂和杀菌剂的配制 …………………………………… 210
参考文献 ………………………………………………………………………… 211

# 绪 论

## 一、微生物及其在生物分类中的地位

**1. 什么是微生物**

微生物并非生物分类学上的名词，而是对一切肉眼看不见或看不清的微小生物的总称。但也有例外，如许多真菌子实体、蘑菇等常肉眼可见，某些藻类甚至能生长几米长。根据是否有细胞结构及细胞核结构的不同，微生物可分为无细胞结构的病毒、亚病毒；具有原核的细菌（真细菌和古生菌）、放线菌、蓝细菌（旧称"蓝绿藻"或"蓝藻"）、支原体、衣原体和立克次体；具有真核的真菌（酵母菌、霉菌和蕈菌）、原生动物和藻类。

**2. 微生物在生物界中的地位**

生物分类工作是在 200 多年前 Linnaeus(1707—1778) 的工作基础上建立的。他将生物划分为植物界和动物界。自从发现了微生物以后，科学家习惯地把它们分别归入动物和植物的低等类型。但是，有些微生物具有动物和植物共同的特征，将它们归入动物界或植物界都不合适。因此，在 1866 年 Haeckel 提出三界系统，把生物分为动物界、植物界和原生生物界，将那些既非典型动物、也非典型植物的单细胞微生物归属于原生生物界。到 20 世纪 50 年代，人们利用电子显微镜观察了微生物细胞的内部结构，发现典型细菌的核与其他原生生物的核有很大不同。在此基础上，1969 年 Whittaker 提出生物分类的五界系统，包括原核生物界、原生生物界、真菌界、植物界和动物界。微生物分别归属于五界中的前三界，其中原核生物界包括各类细菌，原生生物界包括单细胞藻类和原生动物，而真菌界包括真菌和黏菌。虽然无细胞结构的病毒不包含在这五界中，但微生物学家一直在研究它们。

在 20 世纪 70 年代末美国伊利诺斯大学的 C. R. Woese 等人对大量微生物和其他生物进行 16S rRNA 和 18S rRNA 的寡核苷酸测序，并比较其同源性后，提出了一个与以往各种界级系统不同的新系统，称为三域学说。三域指的是细菌域、古生菌域和真核生物域。

## 二、微生物的五大特点

微生物由于其体形均极其微小，因而具有一系列与之密切相关的五大共同特点，即体积小，面积大；代谢活力强；繁殖速度快；适应性强，容易变异；种类多，分布广。

**1. 体积小，面积大**

测量微生物大小的单位为微米（μm）或纳米（nm）。现以微生物的典型代表细菌为例来说明其个体的大小。细菌中最常见的是杆菌，它们的平均长度约 $2\mu m$，1500个杆菌首尾相连，等于一粒芝麻的长度。杆菌的宽度大多数仅 $0.5\mu m$，60～80个杆菌"肩并肩"排列起来，也只相当于一根头发的直径。细菌的体重更是微乎其微，10亿～100亿个细菌的质量约为1mg。

我们知道，任何物体被分割得越细，其单位体积所占有的面积就越大。如将人体的"面积/体积"比值定为1的话，大肠杆菌的比值则高达30万！由于微生物是一个如此突出的小体积大面积系统，必然有一个巨大的营养物质吸收面、代谢废物排泄面和环境信息交换面，并由此而产生其余4个特点。

**2. 代谢活力强**

有资料表明，大肠杆菌在1h内可分解其自重1000～10000倍的乳糖；产朊假丝酵母合成蛋白质的能力比大豆高100倍，比食用公牛高10万倍；一些微生物的呼吸速率也比高等动物、植物的组织高十至数百倍。

这个特性为微生物的高速生长繁殖和合成大量代谢产物提供了充分的物质基础，从而使微生物能在自然界和人类实践中更好地发挥其微型"生物化工厂"的作用。

**3. 繁殖速度快**

微生物具有极高的生长和繁殖速度。按体重增加一倍的时间来说，猪需要三四十天，而生长最慢的微生物也只需要几个小时就足够了。一种至今被人类研究得最透彻的微生物——大肠杆菌，在合适的条件下，细胞分裂一次仅需12.5～20min。如按平均20min分裂一次计，1h可分裂3次，一昼夜可分裂72次，后代数为 $2^{27}$ 个（约重4722t）。

当然，由于营养、空间和代谢产物等条件的限制，细菌的指数分裂速度最多只能维持数小时。因而在液体培养基中，细菌的细胞浓度一般仅达 $10^8$～$10^9$ 个/mL。

微生物的这一特性在发酵工业中具有重要的意义，主要表现为生产效率高、发酵周期短。酵母菌进行人工培养，只要提供良好的条件，一天能收获两次，每年可收获数百次。一头500kg重的食用公牛，每昼夜只能从食物中"浓缩"0.5kg重的蛋白质，而同样重的酵母菌，只需提供质量较次的糖液（如糖蜜）和氨水，在24h内就能合成50000kg优良蛋白质。这对缓解当前人类面临的人口增长与食物匮乏的矛盾有着非常重大的意义。但另一方面，在食品加工和储运过程中，食品中的微生物也可以造成食品快速腐败和变质，导致食品食用品质的降低甚至丧失。

**4. 适应性强，容易变异**

由于微生物的小体积、大面积，因而具有极其灵活的适应性或代谢调节机制，这是任何高等动物、植物所无法比拟的。微生物对环境尤其是恶劣的"极端环境"所具有的惊人适应力，堪称生物界之最。例如：在海洋深处的某些硫细菌可在250℃甚至300℃的高温条件下正常生长；大多数细菌能耐－196（液氮）～0℃的低温，甚至在－253℃（液态氢）仍能保持生命；一些嗜盐菌甚至能在32%左右的饱和盐水中正常生活；许多微生物尤其是产芽孢的细菌可在干燥条件下保藏几十年、几百年甚至上千年；氧化硫硫杆菌是耐酸菌的典型，它的一些菌株能生长在5%～10%的硫酸中；有些耐碱的微生物如脱氮硫杆菌的生长最高pH为10.7，青霉和曲霉也能在pH9～11的碱性条件下生长。

微生物的个体一般都是单细胞、简单多细胞甚至是非细胞的，它们通常都是单倍体，加之具有繁殖快、数量多以及与外界环境直接接触等特点，因此即使其自然变异频率十分低（$10^{-10}$～$10^{-5}$），也可在短时间内产生大量变异的后代。有益的变异可以为人类创造巨大的经济和社会效益。例如：食品工业中所用的调味剂——柠檬酸生产，在最初的发酵液中，必须添加黄血盐以除掉铁离子或添加甲醇作抑制剂，才能大量积累柠檬酸。经过诱变处理，改变了生产菌种对铁离子的敏感性，直接利用废糖蜜就可以进行发酵生产柠檬酸。

微生物适应性强、容易变异这一特点对发酵工业较为有利，而对大多数的食品行业则不利。例如：对于罐头食品的灭菌，微生物的芽孢不易被杀死而残留下来，当条件适宜时，则可复苏繁殖，造成罐头食品产酸、产气乃至腐败变质。

**5. 种类多，分布广**

在地球上，微生物的分布可谓无孔不入。微生物只怕"明火"，因此地球上除了火山中心区域等少数地方外，从土壤圈、水圈、大气圈到岩石圈，到处都有它们的踪迹。在自然界中，上至数万米的高空，下至深深的海底都有大量与其相适应的微生物的存在。动物、植物体内外也有大量的微生物存在，例如：在人体肠道中，经常聚居着100～400种不同种类的微生物，个体总数大于100万亿，重量约等于粪便干重的1/3。

微生物的种类多主要体现在以下3个方面。

① 迄今为止，我们所知道的动物约有150万种，植物约有50万种，而据估计，微生物的总数在50万～600万种之间。由于微生物的发现和研究比动物、植物晚很多，加上鉴定种的工作较为困难，目前已经记载微生物种数约有20万种，包括原核生物3500种、病毒4000种、真菌9万种、原生动物和藻类10万种。

② 微生物的生理代谢类型之多是动物、植物所不能比拟的。例如：分解地球上储量最丰富的初级有机物——天然气、石油、纤维素、木质素的能力为微生物所

垄断；微生物有着最多样的产能方式，如光合细菌的光合作用、自养细菌的化能合成作用；生物固氮作用；生物转化作用；以及分解氰、酚、多氯联苯等有毒和剧毒物质的能力等。

③ 代谢产物的多样性。微生物究竟能产生多少种代谢产物是一个无法准确回答的问题。20世纪80年代末曾有人统计为7890种，1992年又有人报道仅微生物产生的次生代谢产物就有16500种，且每年还在以500种新化合物的速度增长。

微生物种类多、分布广这一特点，为人类在新世纪中进一步开发利用微生物资源提供了无限广阔的前景。

以上介绍的是一切微生物所共有的五大特点。五大特点的基础是其小体积、大面积的独特体制，由这一特点可衍生出其他四个特点。对人类来说这五个特点是既有利又有弊的，我们学习微生物的目的在于能兴利除弊、趋利避害。

## 三、微生物学的发展简史

微生物学的发展简史可以概括为以下5个时期。

### 1. 史前期

自古以来，人类在日常生活和生产实践中就已经觉察到微生物的生命活动及其作用。早在4000多年前的龙山文化时期，我们的祖先已能用谷物酿酒。殷商时代的甲骨文上也有酒、醴（甜酒）等的记载。在古希腊的石刻上，记有酿酒的操作过程。在很早以前，我们的祖先就在狂犬病、伤寒和天花等的流行方式和防治方法方面积累了丰富经验。例如，在公元4世纪就有如何防治狂犬病的记载；又如，在10世纪的《医宗金鉴》中就有种人痘预防天花的记载，这种方法后来相继传入俄国、日本、英国等。1796年，英国人詹纳发明了牛痘苗，为免疫学的发展奠定了基础。

### 2. 初创期

17世纪，荷兰人列文虎克发现了微生物，从而解决了认识微生物世界的第一个障碍。但在其后的约两百年里，微生物学的研究基本停留在形态描述和分门别类阶段。

### 3. 奠基期

从19世纪60年代开始，以法国巴斯德和德国科赫为代表的科学家将微生物学的研究推进到生理学阶段，并为微生物学的发展奠定了坚实的基础。

1857年，巴斯德通过著名的曲颈瓶试验彻底否定了生命的自然发生说。在此基础上，他提出了加热灭菌法（后来被人们称为巴氏消毒法），成功地解决了当时困扰人们的牛奶、酒类变质问题。巴斯德还研究了酒精发酵、乳酸发酵、醋酸发酵等，并发现这些发酵过程都是由不同的发酵菌引起的，从而奠定了初步的发酵理论。在此期间，巴斯德的三个女儿相继染病死去，不幸的遭遇促使他转而研究疾病的起源，并发现特殊的微生物是发病的病源。由此开始了19世纪寻找病原菌的黄金时期。巴斯德还发明了减毒菌苗用以预防鸡霍乱病和牛羊炭疽病，发明并使用了狂犬病疫苗，为人类治病、防病做出了巨大贡献。巴斯德在微生物学各方面的研究成果促进了医学、发酵工业和农业的发展。

与巴斯德同时代的科赫对医学微生物学做出了巨大贡献。科赫首先论证了炭疽杆菌是炭疽病的病原菌，接着又发现了结核病和霍乱的病原菌，并提倡用消毒和灭菌法预防这些疾病的发生。他还建立了一系列研究微生物的重要方法，如细菌的染色方法、固体培养基的制备方法、琼脂平板的纯种分离技术等，这些方法一直沿用至今。科赫提出的某种微生物作为病原体所必须具备的条件，即科赫法则，至今仍指导着动植物病原体的确定。

**4. 发展期**

20世纪以来，随着生物化学和生物物理学的不断渗透，再加上电子显微镜的发明和同位素示踪原子的应用，推动了微生物学向生物化学阶段发展。1949年，德国学者毕希纳发现，酵母菌的无细胞提取液与酵母菌一样，可将糖液转化为酒精，从而确认了酵母菌酒精发酵的酶促过程，将微生物的生命活动与酶化学结合起来。一些科学家用大肠杆菌为材料所进行的一系列研究，都阐明了生物体的代谢规律和控制代谢的基本过程。进入20世纪以后，人们开始利用微生物进行乙醇、甘油、各种有机酸、氨基酸等的工业化生产。

1929年，弗莱明发现青霉能够抑制葡萄球菌的生长，从而揭示出微生物间的拮抗关系，并发现了青霉素。此后，陆续发现的抗生素越来越多。抗生素除医用外，也用于防治动植物病害和食品保藏。

**5. 成熟期**

1941年，比德尔等用X射线和紫外线照射链孢霉，使其产生变异，获得了营养缺陷型菌株。对营养缺陷型菌株的研究，不仅使人们进一步了解了基因的作用和本质，而且为分子遗传学打下了基础。1944年，艾弗里第一次证实引起肺炎双球菌形成荚膜的物质是DNA。1953年，沃森和克里克在研究微生物DNA时，提出了DNA分子的双螺旋结构模型。富兰克尔、康拉特等通过烟草花叶病毒的重组实验，证明RNA是遗传信息的载体，这一切为分子生物学奠定了重要基础。近几十年来，随着原核微生物DNA重组技术的出现，人们利用微生物生产出了胰岛素、干扰素等贵重药物，形成了一个崭新的生物技术产业。

整个微生物学发展史就是一部不断克服认识微生物的一系列障碍（如显微镜的发明、灭菌技术的运用、纯种分离和培养技术的建立等），逐步研究它们的生命活动规律，并开发利用有益微生物和控制、消灭有害微生物的历史。微生物学的发展简史可概括为如表0-1所示。

表 0-1 微生物学的发展简史

| 发展时期 | 时　　间 | 特　　点 | 代表人物 |
|---|---|---|---|
| 史前期 | 约8000年前～1676年 | ①人类已在不自觉地应用微生物进行酿酒、酿醋、制酱、沤肥等活动；②未发现微生物的存在 | 各国劳动人民 |
| 初创期 | 1676～1861年 | ①第一次发现了微生物的存在；②对一些微生物进行形态描述 | 列文虎克(第一个看到微生物的人) |
| 奠基期 | 1861～1897年 | ①微生物学开始建立；②创立了一整套微生物学研究的基本方法；③开始了寻找人类和动物病原菌的黄金时期 | 巴斯德(微生物学奠基人),柯赫(细菌学奠基人) |
| 发展期 | 1897～1953年 | ①用无细胞酵母汁发酵酒精成功,开创了微生物生化研究的新时期；②普通微生物学开始形成；③广泛寻找微生物的有益代谢产物；④青霉素的发现推动了微生物工业化培养技术的快速发展 | E.Buchner(生物化学奠基人) |
| 成熟期 | 1953年至今 | ①DNA双螺旋结构模型的建立；②广泛运用分子生物学理论和现代研究方法,深刻揭示微生物的各种生命活动规律；③以基因工程为主导,把传统的工业发酵提高到发酵工程新水平；④微生物基因组的研究促进了生物信息学时代的到来 | 沃森和克里克(分子生物学奠基人) |

## 四、微生物学及其主要分支学科

微生物学是一门在细胞、分子或群体水平上研究微生物的形态构造、生理代谢、遗传变异、生态分布和分类进化等生命活动规律,并将其应用于工业发酵、医药卫生、生物工程和环境保护等领域的科学。

随着微生物学的不断发展,已形成了基础微生物学和应用微生物学,又可以根据研究的侧重面和层次不同而分为许多不同的分支学科,并且还在不断地形成新的学科和研究领域。按研究对象分,可分为细菌学、放线菌学、真菌学、病毒学、原生动物学、藻类学等。按过程与功能分,可分为微生物生理学、微生物分类学、微生物遗传学、微生物生态学、微生物分子生物学、微生物基因组学、细胞微生物学等。按生态环境分,可分为土壤微生物学、环境微生物学、水域微生物学、海洋微生物学、宇宙微生物学等。按技术与工艺分,可分为发酵微生物学、分析微生物学、遗传工程学、微生物技术学等。按应用范围分,可分为工业微生物学、农业微生物学、医学微生物学、兽医微生物学、食品微生物学、预防微生物学等；按与人类疾病关系分,可分为流行病学、医学微生物学、免疫学等。随着现代理论和技术的发展,新的微生物学分支学科正在不断形成和建立。

## 五、食品微生物学的研究内容和任务

**1. 食品微生物学的研究内容**

食品微生物学是专门研究微生物与食品之间相互关系的一门学科。食品微生物学是一门综合性的学科,是微生物学的一个重要分支学科,它融合了普通微生物学、工业微生物学、医学微生物学、农业微生物学方面与食品相关的知识,同时又渗透了生物化学和化学工程有关的内容。食品微生物学是食品科学与工程专业的专业基础课,学习这门课程是为了让食品专业的学生打下牢固的微生物学基础和掌握熟练的食品微生物学技能。食品微生物学的研究内容包括:研究与食品有关的微生物的生命活动规律;研究如何利用有益微生物为人类制造食品;研究如何控制有害微生物,防止食品腐败变质;研究食品中微生物的检测方法,制定食品中微生物指标,从而为判断食品的卫生质量提供科学依据。

**2. 食品微生物学的任务**

微生物在自然界中广泛存在,在食品原料和大多数食品上都存在着微生物。但是,不同的食品或在不同的条件下,其微生物的种类、数量和作用亦不相同,从事食品科学的人员应该了解微生物与食品的关系。一般来说,微生物既可在食品制造中起有益作用,又可通过食品给人类带来危害。

(1) 有害微生物对食品的危害及防止 微生物引起的食品有害作用主要是食品的腐败变质,使食品的营养价值降低或完全丧失。有些微生物是使人类致病的病原菌,有的微生物可产生毒素。如果人们食用含有大量病原菌或含有毒素的食物,则可引起食物中毒,影响人体健康,甚至危及生命。所以食品微生物学工作者应该设法控制或消除微生物对人类的这些有害作用,可采用现代的检测手段,对食品中的微生物进行检测,以保证食品安全性,这也是食品微生物学的任务之一。

(2) 有益微生物在食品制造中的应用 以微生物供应或制造食品,这并不是新的概念。早在古代,人们就采食野生菌类,以及利用微生物酿酒、制酱。但当时并不知道微生物的作用。随着对微生物与食品关系的认识日益深刻,逐步阐明了微生物的种类及其机理,也逐步扩大了微生物在食品制造中的应用范围。概括起来,微生物在食品中的应用有以下3种方式。

① 微生物菌体的应用。食用菌是受人们欢迎的食品;乳酸菌可用于蔬菜和乳类及其他多种食品的发酵,所以,人们在食用酸奶和泡菜时也食用了大量的乳酸菌;单细胞蛋白(SCP)是从微生物体中获得的蛋白质,也是人们对微生物菌体的利用。

② 微生物代谢物的应用。人们食用的食品是经过微生物发酵作用的代谢产物,如酒类、食醋、氨基酸、有机酸、维生素等。

③ 微生物酶的应用。如豆腐乳、酱油、酱类是利用微生物产生的酶将原料中的成分分解而制成的食品。微生物酶制剂在食品及其他工业中的应用也日益广泛。

我国幅员辽阔,微生物资源丰富。开发微生物资源,并利用生物工程手段改造微生物菌种,使其更好地发挥有益作用,为人类提供更多更好的食品,是食品微生物学的重要任务之一。

总之，食品微生物学的任务在于，为人类提供既有益于健康、营养丰富，而又保证生命安全的食品。

## 复 习 题

1. 什么是微生物，微生物有哪些特点？
2. 试述微生物学的发展史及其各阶段的特点。
3. 试述食品微生物学的研究内容及研究任务。

# 第一章　微生物的形态

食品工业中，我们不仅会遇到有益的、可以利用的微生物，还会遇到有害的、需要抑制的微生物，要了解认识、研究利用或控制这些微生物，首先就要了解它们的形态结构特点及生理特性。

微生物往往以群体的形式出现，因此它们的形态通常包括个体形态和群体形态两个方面，其中前者指微生物个体的形状和大小，后者指微生物在固体培养基上生长而出现的菌落特征和在液体培养中的生长行为。

在食品工业中经常见到的微生物主要有细菌、放线菌、酵母菌、霉菌、病毒、食用菌等几个类群，其中具有细胞结构的细菌、放线菌属于原核微生物，酵母菌、霉菌属于真核微生物；而病毒则没有细胞结构。它们的分类关系为：

$$\begin{cases} \text{无细胞结构：病毒} \\ \text{有细胞结构} \begin{cases} \text{无完整的细胞核：原核微生物（细菌、放线菌）} \\ \text{有完整的细胞核：真核微生物（酵母菌、霉菌）} \end{cases} \end{cases}$$

在本章中，主要介绍这些微生物的形态、细胞构造、繁殖方式及其在实际生产中存在的情况。

## 第一节　细　　菌

细菌是一类个体微小的单细胞原核微生物，在自然界中分布广泛，与人类食品的关系极为密切，是食品微生物的重要研究对象之一。

### 一、细菌的形态

**1. 个体形态**

（1）细菌的形状　细菌的形状常见的有球状、杆状、螺旋状，分别被称作球菌、杆菌、螺旋菌。

① 球菌。细胞球形或近似球形。各种球菌分裂的方向和分裂后产生新细胞的排列方式不同，据此可把球菌分成六类（图1-1）。

- 单球菌：球菌分裂沿一个平面进行，新个体分散而单独存在。如尿素微球菌。

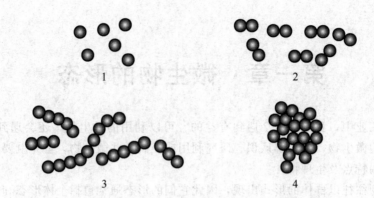

图 1-1 各种球菌的形态与排列方式（引自廖湘萍，2002）
1—单球菌；2—双球菌；3—链球菌；4—葡萄球菌

- 双球菌：球菌分裂沿一个平面进行，菌体成对排列。如肺炎双球菌。
- 链球菌：球菌分裂沿一个平面进行，菌体三个以上呈"链状"排列。如乳链球菌。
- 葡萄球菌：球菌在多个平面上不规则分裂，分裂后多个球菌紧密联合为一体，呈"葡萄串"状。如金黄色葡萄球菌。

除上述四种类型外，还有四联球菌、八叠球菌等。

② 杆菌。细胞呈杆状或圆柱状。各种杆菌的长短、粗细和菌体两端的形状不尽相同，据此可以分成如下各种。

- 长杆菌：杆菌菌体很长，约 $4 \sim 8 \mu m$。如乳酪杆菌。
- 短杆菌：杆菌菌体较短，约 $2 \sim 8 \mu m$，呈椭圆形。如醋酸杆菌。
- 球杆菌：杆菌菌体短小，约 $1 \sim 2 \mu m$，两端钝圆，近似球形。
- 分枝杆菌：杆菌菌体具有分枝或侧枝。
- 棒状杆菌：杆菌菌体一端膨大。如北京棒状杆菌。
- 梭状杆菌：杆菌菌体如梭状。如肉毒梭状芽孢杆菌。

杆菌形成芽孢的能力不同，能产生芽孢的叫做芽孢杆菌，如枯草芽孢杆菌；而不能产生芽孢的叫做无芽孢杆菌，如大肠杆菌。

杆菌常沿菌体长轴方向分裂，分裂后排列的方式也不同（图 1-2）。分裂后菌

图 1-2 杆菌的排列方式（引自江汉湖，2002）
1—单杆菌；2—双杆菌；3—链杆菌

体单独存在的,称为单杆菌;分裂后两菌端相连成对排列在一起,称为双杆菌;分裂后菌体相连成链状,称为链杆菌。

③ 螺旋菌。细胞呈弯曲或螺旋状。据弯曲情况不同常分成弧菌和螺菌(图1-3)。

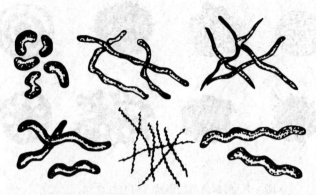

图 1-3 螺旋菌的形态(引自谢梅英,2000)

- 弧菌:菌体弯曲不足一圈,呈"C"字状或"逗号"状。如霍乱弧菌。
- 螺菌:菌体弯曲超过一圈,呈"开塞钻"状。如红色螺菌。

自然界中的细菌除上述3种基本形状外,还有梭状、三角形、圆盘形等,但都较少见。细菌诸形状中,最为常见的是杆菌,球菌次之,而螺旋菌则较少见。

(2)细菌大小　细菌的个体一般都十分微小,往往借助于光学显微镜用镜台测微尺测量出来,通常以微米($\mu$m)作为度量单位($1\mu m = 10^{-3} mm = 10^{-6} m$)。

细菌的大小随种类不同而有差异。一般球状细菌以直径来表示;杆状细菌与螺旋状细菌以"长度×直径"来表示,其中螺旋状细菌的长度是以其菌体两端间的直线距离来计算的。几种常见细菌的个体大小如表1-1所示。

表 1-1　常见细菌的大小　　　　　　　　　　　　　　　　　单位:$\mu$m

| 类　别 | 大　小 | 类　别 | 大　小 | 类　别 | 大　小 |
| --- | --- | --- | --- | --- | --- |
| 球状细菌(直径) | | 杆状细菌(长度×直径) | | 螺旋状细菌(长度×直径) | |
| 尿素微球菌 | 1.0~1.5 | 大肠杆菌 | (1.0~2.0)×0.5 | 霍乱弧菌 | (1.0~3.0)×(0.3~0.6) |
| 金黄色葡萄球菌 | 0.8~1.0 | 枯草杆菌 | (1.2~3.0)×(0.8~1.2) | 红色螺菌 | (1.0~3.2)×(0.6~0.8) |
| 乳链球菌 | 0.5~0.6 | 肉毒梭菌 | (4.0~6.0)×(0.8~1.2) | | |

**2. 群体形态**

细菌的群体形态即培养特征,主要包括以下3个方面。

(1)细菌的菌落特征　菌落是指单个微生物细胞在适宜固体培养基上生长繁殖形成的肉眼可见的子细胞群体。同一菌种在同一培养条件下所形成的菌落特征有一定的稳定性和专一性，这往往作为鉴定菌种的重要依据之一。

菌落特征可从大小、形状、颜色、边缘状态、隆起程度、透明度、表面状态等几个方面来描述（图1-4，图1-5）。

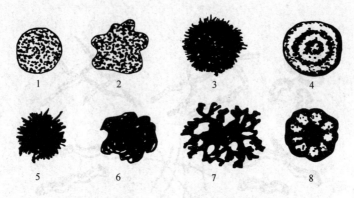

图1-4 细菌菌落的形状（引自江汉湖，2002）
1—圆形；2—不规则状；3—缘毛状；4—同心环状；5—丝状；
6—卷发状；7—根状；8—规则放射叶状

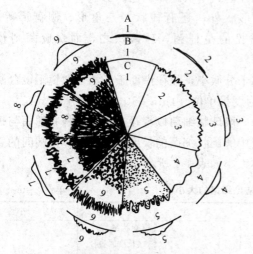

图1-5 细菌菌落的隆起程度、边缘状态、表面状态及透明度（引自江汉湖，2002）
A—隆起：1—扩展；2—稍凸起；3—隆起；
4—凸起；5—乳头状；6—皱纹状凸起；
7—中凹台状；8—突脐状；9—高凸起
B—边缘：1—光滑；2—缺刻；3—锯齿；
4—波状；5—裂叶状；6—有缘毛；
7—镶边；8—深裂；9—多枝
C—表面状态及透明度：1—透明；2—半透明；
3—不透明；4—平滑；5—细颗粒；
6—粗颗粒；7—混杂波纹；
8—丝状；9—树状

菌落还可以应用在微生物的分离、纯化、计数等研究工作以及选种育种等实际工作中。由多个同种细胞密集接种长成的子细胞群体称为菌苔。

（2）细菌的斜面培养特征 采用划线接种的方法把菌种接种到试管中的固体培养基斜面上，在合适的条件下培养3～5d后可对其进行斜面培养特征的观察。

细菌的斜面培养特征包括菌苔的形状、颜色、隆起和表面状况等（图1-6）。

（3）细菌的液体培养特征 将细菌接种到适宜的液体培养基中，在合适的条件下，经过1～3d的培养就可对其进行液体培养特征观察。

细菌的液体培养特征包括表面状况（如菌膜、菌环等）、浑浊程度、沉淀状况、有无气泡、颜色变化等几个方面（图1-7）。

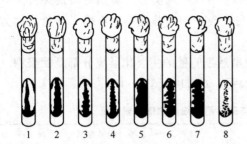

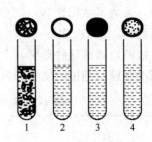

图 1-6　细菌的斜面培养特征
（引自江汉湖，2002）
1—丝状；2—有小突起；3—有小刺；4—念珠状；
5—扩展状；6—假根状；7—树状；8—散点状

图 1-7　细菌的液体培养特征
（引自江汉湖，2002）
1—絮状；2—环状；
3—浮膜状；4—膜状

## 二、细菌的细胞构造

细菌细胞构造可分为基本构造和特殊构造。基本构造是指任何一种细菌都具有的细菌结构，主要包括细胞壁、细胞膜、细胞质和核质体等；细菌在一定条件下所具有的结构，属于特殊构造，主要包括鞭毛、荚膜、芽孢等（图 1-8）。

**1. 基本构造**

（1）细胞壁　细胞壁是细胞外表面的一种坚韧而具弹性的结构层。细胞壁在电子显微镜下清晰可见，在光学显微镜下采用质壁分离或是适当的染色方法也可看到。

细胞壁的主要功能是维持细胞外形、保护细胞免受机械损伤和渗透压的破坏，又与细菌的革兰（Gram）染色反应密切相关。

1884 年，丹麦人 Gram 发明了革兰染色法，其简要操作如图 1-9 所示。

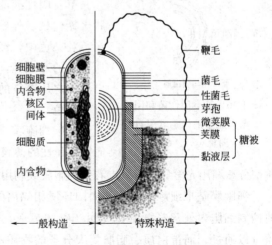

图 1-8　细菌细胞的结构模式图

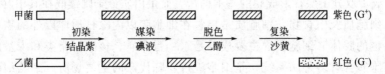

图 1-9　革兰染色步骤示意图（引自周德庆，1993）

由图 1-9 可知，经革兰染色后，把细菌分成了两类：一类如甲菌最终被染成深紫色，称为革兰阳性菌，以 $G^+$ 表示；另一类，如乙菌最终被染成了红色，称为革兰阴性菌，以 $G^-$ 表示。

之所以造成这种差别，主要是因为虽然细胞壁的主要化学成分都是肽聚糖，但不同类细菌细胞壁的结构和组成不完全相同（表 1-2，图 1-10）。

表 1-2　革兰阳性细菌与革兰阴性细菌的细胞壁特征

| 特　　征 | 革兰阳性细菌 | 革兰阴性细菌 | |
| --- | --- | --- | --- |
| | | 内　壁　层 | 外　壁　层 |
| 肽聚糖 | 占细胞壁干重 40%～50% | 5%～10% | 无 |
| 脂多糖 | 1%～4% | 无 | 11%～22% |
| 脂蛋白 | 无 | 有或无 | 有 |

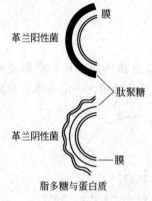

图 1-10　革兰阳性菌和阴性菌细胞壁的区别（引自谢梅英，2000）

革兰阳性菌的细胞壁是均匀的一层，肽聚糖含量很高，在革兰染色中，经 95% 乙醇作用引起脱水造成细胞壁孔径变小，通透性下降，之前形成的结晶紫-碘复合物保留在细胞内，之后复染的番红（沙黄）不能进入细胞内，故最终被染成了紫色。

革兰阴性菌的细胞壁分内外两层，内壁层主要由肽聚糖构成，外壁层主要由脂多糖、脂蛋白等构成，在革兰染色中，经 95% 乙醇作用溶解了脂类物质，增加了壁的通透性，之前形成的结晶紫-碘复合物被抽提出来，之后复染的番红可以进入细胞中，故最终被染成了红色。

（2）细胞膜　细胞膜是紧贴细胞壁内侧的、柔软而富有弹性的薄膜，又叫做细胞质膜或原生质膜。通过质壁分离利用光学显微镜可以看到细胞膜或利用电子显微镜也可证明细胞膜的存在。

细胞膜是把细胞的内部与周围环境相隔离的最后屏障，它的主要功能是选择性地控制细胞内外营养物质和代谢产物的运送，使氨基酸、$CO_2$、$H_2O$ 等小分子物质可以通过，而蛋白质、脂肪等大分子的物质不能透过。细胞膜被破坏，细胞常常出现死亡。

细胞膜的主要成分是磷脂（约 40%）、蛋白质（约 60%）及多糖（约 2%）。其中磷脂构成了双分子层，形成膜的基本构造，而蛋白质分子则镶嵌在其中（图 1-11）。

（3）细胞质及内含物　细胞质是指包在细胞膜以内除核质体以外的物质，是无色透明黏稠的胶体。细胞质的主要成分是水、蛋白质、核酸、脂类和少量的糖及无机盐。细胞质含有多种酶系统，是细胞进行新陈代谢的主要场所。细菌细胞质内常含有各种物质，它们大多是细胞的储藏物质，也有的是细胞的代谢物质，统称为内

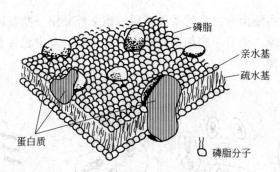

图 1-11　细胞膜结构（引自谢梅英，2000）

含物。内含物主要包括异染颗粒、肝糖粒、淀粉粒、脂肪粒、液泡等。

（4）核质体　细菌是原核生物，没有真正的细胞核。丝状染色质松散地堆积在一起，没有核膜包裹，称为核质体或拟核。

核质体的主要成分是脱氧核糖核酸（DNA），其主要功能是记录和传递遗传信息。

**2. 特殊构造**

（1）鞭毛　鞭毛是由菌体长出的细长的、波浪形弯曲的丝状物。其直径非常细小，一般为10～20nm，故不能直接在光学显微镜下看到，只有通过特殊的鞭毛染色后才能观察到。鞭毛是细菌的运动器官，故也可以从细菌的运动猜测其存在。

鞭毛的着生位置和数目是细菌种的特性，也常作为分类鉴定的重要依据。鞭毛的着生方式有以下3个主要类型（图1-12）。

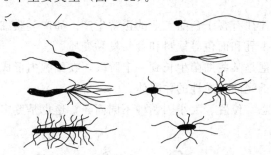

图 1-12　细菌鞭毛的着生方式（引自谢梅英，2000）

① 单生。在菌体的一端着生一根鞭毛，如霍乱弧菌；也有在菌体两端各着生一根鞭毛，如鼠咬热螺旋菌。

② 丛生。在菌体的一端着生一丛鞭毛，如铜绿假单胞菌；也有在菌体两端各着生一丛鞭毛，如红色螺菌、产碱杆菌。

③ 周生。在菌体周身生有多根鞭毛，如大肠杆菌、枯草杆菌。

另外，应注意的是，在许多$G^-$表面会看到很多比鞭毛更细、数目更多，但很短的丝状物，叫做纤毛，又叫菌毛。菌毛不是运动器官，它可以增加细菌附着在其他细胞和物体上的能力。

(2) 荚膜 某些细菌在一定的条件下向细胞壁外分泌一些黏液状或胶质状并透明的物质，称作荚膜。也有一些细菌的荚膜连在一起，其中包含着多个细胞，称为菌胶团（图 1-13，图 1-14）。

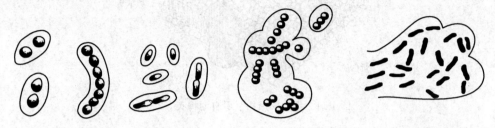

图 1-13 细菌的荚膜（引自廖湘萍，2002） 图 1-14 细菌的菌胶团（引自廖湘萍，2002）

荚膜的主要成分是 90% 的水分以及多糖和多肽。荚膜的折射率低，可用碳素墨水进行负染色或用荚膜染色法染色后，在光学显微镜下观察到细菌荚膜的存在。

液体培养基中，细菌的荚膜往往使之变稠而有弹性。而在固体培养基上，产荚膜的细菌形成的菌落光滑透明，称为光滑型（S型）菌落；无荚膜的细菌形成的菌落表面粗糙、干燥，称为粗糙型（R型）菌落。

荚膜的主要作用是保护菌体，使之不易被吞噬细胞消化，从而增强了细菌的致病力。如 S 型肺炎双球菌能引起人体疾病，而 R 型肺炎双球菌却不能引起人体患病。荚膜也是养料储藏库，以备营养缺乏时重新利用。荚膜还可以抗干燥。

具荚膜的细菌往往有害于食品工业的正常生产。如产荚膜细菌的污染往往使糖厂的糖液及酒类、牛乳和面包等饮料和食品发黏变质。

(3) 芽孢 芽孢是某些细菌生长到一定阶段，在细胞内形成的一个圆形、椭圆形或圆柱形的高度折光的抗逆性的休眠体。

细菌芽孢的形态、位置、大小因菌种不同而异，这也是鉴定细菌的重要依据之一（图 1-15）。

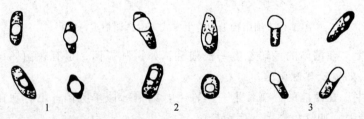

图 1-15 细菌芽孢的形状、大小和位置（引自江汉湖，2002）
1—中央位；2—近端位；3—极端位

在光学显微镜下用特殊的芽孢染色法可以观察到芽孢。

芽孢具有很高的抗热性和抗干燥、抗辐射、抗化学消毒剂等特性。如经过数小时煮沸后芽孢仍能生存，又如在 180℃ 的干热条件下仍能存活 10min。

能产生芽孢的细菌大多是杆菌，主要是好氧性芽孢杆菌属和厌氧性梭状芽孢杆菌属及微好氧芽孢乳杆菌属等。

细菌是否形成芽孢是由其遗传性决定的，同时也要求一定的环境条件，多数芽孢杆菌在不良环境条件下形成芽孢，如营养缺乏、不适宜生长的温度或代谢产物积累过多等。

芽孢的出现保护了微生物的个体，使之在高温干燥等不良条件下得以生存，同时，芽孢的存在又对食品工业的灭菌条件提出了较高的要求，如在中性条件下，肉毒梭状芽孢杆菌要求在 100℃ 煮沸 8h 或者 121.3℃ 高压蒸汽灭菌 10～40min 才可被杀死。

芽孢能够多年保持休眠状态，也能在合适条件下终止休眠，几分钟内变回营养细胞，即萌发。由于 1 个细菌细胞只形成 1 个芽孢，1 个芽孢也只能萌发成 1 个新的营养细胞，整个过程中细胞并不分裂，所以芽孢无繁殖功能，也不是细菌的繁殖体。

### 三、细菌的繁殖方式

细菌的繁殖方式有无性繁殖和有性繁殖两种，其中以无性繁殖为主，无性繁殖中又以裂殖为主要形式。

细菌的裂殖中，1 个母细胞分裂成 2 个子细胞，故又叫二分裂法。

在电镜下观察，细菌的裂殖又可分为细胞核（核质体）及细胞质分裂、横隔壁形成和子细胞分离 3 步，如图 1-16 所示。

### 四、食品中常见的细菌

食品中常见的细菌，有的是对食品工业生产有害的，有的则是有利的。

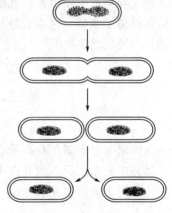

图 1-16 细菌的裂殖（引自谢梅英，2000）

**1. 革兰阴性菌**

（1）醋酸杆菌属　醋酸杆菌属细胞从椭圆状到杆状，(0.4～0.8)μm×(1.0～2.0)μm，革兰染色阴性，无芽孢，需氧。

该菌属具有较强的氧化能力，如醋酸杆菌能氧化乙醇为醋酸，常用于醋酸的生产，但却对酒类饮料有害，可以使啤酒浑浊、变味、发黏。一般出现在发酵的粮食、腐败的水果、蔬菜，以及变酸的酒类和果汁中。

（2）埃希杆菌属　埃希杆菌属细胞呈杆状，有的近似球状，(0.5～0.8)μm×(1.0～2.0)μm，革兰染色阴性，无芽孢。

典型代表是大肠杆菌，兼性厌氧，工业中往往用于生产谷氨酸脱羧酶、天冬氨酸、苏氨酸、缬氨酸等产品。在生物工程领域中，还常被选为研究材料。但在啤酒生产中能产生异味，在奶品生产中能使牛奶迅速产酸凝固。

大肠杆菌存在于温血动物的肠道中，有些菌株是条件致病的，常作为粪便污染和食品检验的指示菌。

**2. 革兰阳性菌**

（1）葡萄球菌属　革兰染色阳性，需氧或兼性厌氧，往往耐热、耐盐。其中最重要的是金黄色葡萄球菌，能产生肠毒素而引起食物中毒，尤其在乳粉生产中是控制的重点。

（2）链球菌属　链球菌属细胞呈球形或卵圆形，呈短链或长链状排列，革兰染色阳性，无芽孢，兼性厌氧。

乳链球菌、乳酪链球菌可用于生产乳制品。无乳链球菌可引起乳牛患乳房炎。粪链球菌往往造成牛奶、奶制品、浓缩果汁及水果罐头等食品腐败。

（3）梭状芽孢杆菌属　革兰染色阳性，内生芽孢呈梭状，厌氧或微量需氧，耐热，往往引起罐头食品和肉制品的腐败。其中肉毒梭状芽孢杆菌专性厌氧，能产生一种与神经亲和力很强的肉毒毒素，是毒性极大的病原菌。

另外，常见的还有枯草芽孢杆菌，是典型的腐败菌，也是酿造业制曲中曲子发黏并产生异臭的主要因素；乳酸杆菌在食品工业中常用来生产乳酸和青储饲料；北京棒状杆菌在味精（主要成分是谷氨酸钠）生产中发酵获得谷氨酸；明串珠菌常引起糖厂的糖发黏等。

# 第二节　放　线　菌

放线菌是介于细菌和真菌之间的一类丝状原核单细胞微生物，革兰染色阳性，在自然界中分布广泛，尤其在中性或偏碱性并富含有机物的土壤中含量丰富，代谢产物往往使土壤产生泥腥味。

## 一、放线菌的形态

**1. 个体形态**

放线菌是单细胞原核微生物，菌体由丝状的菌丝组成，菌丝纤细有分枝，无横隔膜。放线菌的菌丝由于形态、功能不同，往往分为营养菌丝（又称基内菌丝）、气生菌丝和孢子丝三部分（图1-17）。

（1）营养菌丝　营养菌丝又称基内菌丝，是伸入到培养基内吸收营养物质的菌丝。

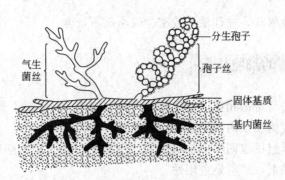

图 1-17　放线菌的形态（引自江汉湖，2002）

（2）气生菌丝　当营养菌丝发育到一定阶段，长出培养基外伸向空间的菌丝就是气生菌丝。

（3）孢子丝　当气生菌丝发育到一定阶段，其上能分化出可以形成孢子的菌丝即孢子丝。孢子丝的形状及其在气生菌丝上排列的方式往往因种不同而有差异，这是鉴定放线菌菌种的重要依据之一（图 1-18）。

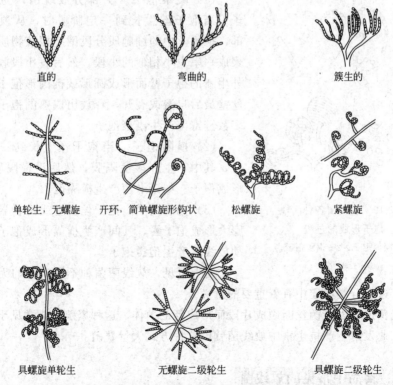

图 1-18　放线菌孢子丝的各种形态（引自江汉湖，2002）

**2. 菌落特征**

放线菌的菌落由菌丝体构成，特征介于细菌和霉菌之间，一般呈圆形，周围具辐射状菌丝，呈放射状，往往质地致密、较小而不延伸。

## 二、放线菌的细胞构造

放线菌的形态与霉菌相似，而细胞结构则与细菌一样，属于原核细胞，具有细胞壁、细胞膜、细胞质及内含物、核质体等。

放线菌的化学组成也同细菌细胞相似，细胞壁中含有胞壁酸和二氨基庚二酸，没有几丁质或纤维素，革兰染色阳性。

## 三、放线菌的繁殖方式

放线菌主要通过形成无性孢子进行无性繁殖，放线菌产生的无性孢子主要有凝聚孢子（又称分生孢子）、横隔孢子（又称节孢子或粉孢子）和孢囊孢子三种（图1-19）。

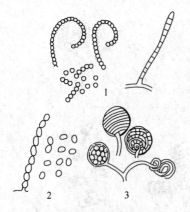

图1-19　放线菌各种无性
孢子形成的过程
1—凝聚孢子；2—横隔孢子；
3—孢囊孢子

（1）凝聚孢子　大部分放线菌产生凝聚孢子。当孢子丝生长到一定阶段时，从顶端向基部，孢子丝中的细胞质分段围绕拟核物质逐渐凝聚成一串大小相似的小段，然后每小段收缩，并外生新的孢子壁而形成圆形或椭圆形孢子。孢子丝壁最后自溶或裂开，释放出成熟的孢子。如大多数链霉菌产生凝聚孢子。

（2）横隔孢子　当孢子丝生长到一定阶段时，其中产生许多横隔膜，然后沿横隔膜断裂，形成孢子。如诺卡菌产生横隔孢子。

（3）孢囊孢子　孢子丝盘卷或孢子囊柄顶端膨大形成孢子囊，其间产生横隔形成孢子。如游动放线菌产生孢囊孢子。

由上可见，放线菌菌种不同产生的无性孢子也不同，这在分类鉴定中有着重要的意义。

放线菌也可以借菌丝断裂成片段而形成新的菌体，这种繁殖方式常见于液体培养中，工业发酵生产抗生素中放线菌就以这种方式大量繁殖。

## 四、食品中常见的放线菌

放线菌的最大优点是产生抗生素，产生抗生素的菌属主要有链霉菌属、小单孢菌属和诺卡菌属等，产生的抗生素常见的有链霉素、螺旋霉素、四环素、氯霉素、红霉素、庆大霉素、万古霉素等,其中有的被食品工业尝试用来防腐以保藏食品,如链霉素。

有的放线菌还用于生产维生素与酶制剂。还有一些放线菌可以引起某些食品变质或者本身就是植物的病原菌,例如引起马铃薯、甜菜患疮痂病等。

## 第三节 酵母菌

酵母菌是一个俗称,是一群比细菌大得多的单细胞真核微生物,在自然界中主要分布在含糖较高的偏酸性环境中。

酵母菌是被人类应用最早的微生物,在四千多年前就已经被用于酿酒工业,现代生活中还被用来制作馒头和面包,但酵母菌也会危害食品工业,引起果汁、酒类、肉类等食品变质。

### 一、酵母菌的形态

**1. 个体形态**

酵母菌是单细胞个体,形态依种类不同而多种多样,常见有球状、椭球状、卵球状、柠檬状、香肠状等(图1-20)。有些酵母细胞与其子代细胞没有立即分离,而像藕节状连在一起,称为假菌丝(图1-21)。

酵母菌细胞比细菌细胞要大,一般为$(5\sim30)\mu m\times(1\sim5)\mu m$,用普通光学显微镜就可以看清楚。

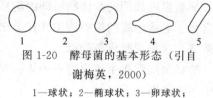

图1-20 酵母菌的基本形态(引自 谢梅英,2000)

1—球状;2—椭球状;3—卵球状; 4—柠檬状;5—香肠状

**2. 群体形态**

(1) 菌落特征 酵母菌的菌落形态同细菌菌落相似,一般呈圆形、光滑、湿润、易挑起,但由于酵母菌细胞不能运动,往往更大、更厚,多数不透明。

(2) 液体培养中的生长行为 在液体培养基中生长,有些酵母菌能在液体表面形成一层薄的菌膜,或在容器壁上出现酵母环,还有些则在底部生成沉淀。

### 二、酵母菌的细胞构造

酵母菌是真核微生物,其细胞具有典型的真核细胞结构(即有真正的细胞核),由细胞壁、细胞膜、细胞质及内含物、细胞核等部分组成(图1-22)。

**1. 细胞壁**

在普通光学显微镜下可以看到酵母菌细胞壁位于细胞的最外层,其主要成分是

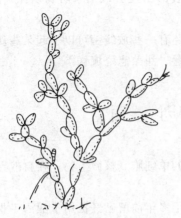

图1-21 酵母菌的假菌丝（引自谢梅英，2000）

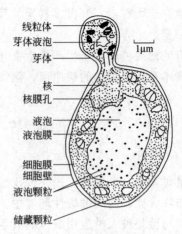

图1-22 酵母菌细胞结构模式图

葡聚糖和甘露聚糖，还有6%～8%的蛋白质和10%左右的类脂类物质，极少数含有少量的几丁质，这是同细菌细胞的第一个主要区别。

**2. 细胞膜**

细胞膜紧贴在细胞壁内，其基本结构、主要成分同细菌细胞相同。

**3. 细胞质及内含物**

细胞膜内黏稠的胶体物质即细胞质。细胞质中有肝糖粒、脂肪粒、异染颗粒等内含物。老龄细胞的细胞质中往往会出现大的液泡，液泡的成分是有机酸及其盐类水溶液，这是细胞成熟的标志。

酵母菌细胞质中还含有核糖体、线粒体等完整的细胞器，这是同细菌细胞的又一个主要区别。

**4. 细胞核**

酵母菌细胞中有真正的细胞核，这是原核细胞与真核细胞的一个重要区别。

酵母菌的细胞核呈圆形，一般位于细胞的中央，但在老龄细胞中，由于液泡的增大而往往被挤在一边，呈肾腰形。

酵母菌的细胞核由核膜、核仁、核质三部分构成。核膜是把细胞质与核质分隔开的一层膜。核膜上有很多小孔，称为核孔，是核质与胞质之间交换物质的选择性通道。

核膜内有核仁，其主要成分是RNA和蛋白质。

核质的主要成分是染色体，这是细胞核的主要结构物质，是DNA与蛋白质的复合物，在细胞代谢、繁殖和遗传中起着极为重要的作用。

## 三、酵母菌的繁殖方式

酵母菌的繁殖方式有无性繁殖和有性繁殖两种，其中以无性繁殖为主。

## 1. 无性繁殖

酵母菌的无性繁殖又分为芽殖和裂殖两种，其中芽殖是最普遍的一种方式。

（1）芽殖　当酵母菌生长到一定程度的时候，会在细胞表面长出一个小突起，叫做芽孢。芽孢的出现也意味着开始了细胞核的分裂，细胞核最终分裂成两个子核，一个子核留在母细胞内，另一个子核随同母细胞的部分细胞质进入到突出的芽孢内。突出的芽孢膨大而成芽体，称为子细胞。子细胞继续长大，到接近母细胞大小时与母细胞分离，成为独立生活的子细胞。这个过程就是芽殖（图1-23）。

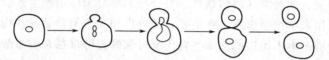

图1-23　酵母菌细胞的出芽过程（引自廖湘萍，2002）

芽殖过程中，如果生长旺盛，出芽生殖的速度很快，子细胞与母细胞没有完全断裂，连续产生了子二代、子三代……并连接在一起，就形成了假菌丝。如热带假丝酵母、解脂假丝酵母等。

（2）裂殖　少数酵母细胞（如裂殖酵母属）与细菌细胞一样，借细胞横分裂而繁殖，称为裂殖。

## 2. 有性繁殖

酵母菌也可以通过两个性别不同的细胞接合成一个二倍体细胞，进而生成多个子囊孢子而繁殖，即有性繁殖。如啤酒酵母。

当酵母菌发育到一定阶段，两个异性细胞接近，各生出一个小突起而相接触，接触处的细胞壁融解，形成一个通道。进而两个细胞的原生质融合（称为质配）、核融合（称为核配），即形成了一个二倍体细胞（即接合子）。

在合适的条件下，二倍体细胞的核进行减数分裂形成4个或8个子核，每个子核和其附近的原生质形成孢子即子囊孢子。而原来的二倍体细胞则成为子囊。

当子囊成熟时即破裂，子囊孢子散放出来，在适宜条件下可以萌发出新的菌体，又开始单倍体生活（图1-24）。

酵母菌菌种不同生成子囊孢子的形状也不同，这往往在分类鉴定上有重要意义。但无论是什么形状的子囊孢子，与营养细胞比较都有很强的抗热、抗干燥能力，这无疑提高了酵母

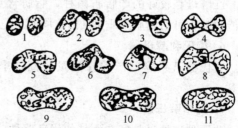

图1-24　酵母菌子囊孢子的形成过程（有性繁殖）（引自江汉湖，2002）

1～4—两个细胞接合；5—接合子；6～9—核分裂；
10，11—核形成孢子

菌适应恶劣环境的生存能力。

## 四、食品中常见的酵母菌

酵母菌在食品工业中，尤其在酿造业中有着极为重要的作用。

**1. 酵母菌属**

酵母菌属发酵能力强，主要产物是乙醇和二氧化碳。典型代表有啤酒酵母，既是面包酵母也是酿酒酵母。作为面包酵母用于制作馒头、面包等制品，作为酿酒酵母用于生产啤酒、葡萄酒等酒精饮料。另外啤酒酵母菌体中维生素、蛋白质的含量很高，既可以用来生产蛋白质、维生素，还可以作为人类食品或动物饲料。巴斯德酵母可以使啤酒产生不愉快的气味。鲁氏酵母和蜂蜜酵母都是嗜渗酵母，能在高糖或高盐溶液食品中生长，引起高糖食品（如果酱）和高盐食品（如酱油）的变质。

**2. 毕赤酵母属**

毕赤酵母属分解糖的能力弱，不产生酒精却能氧化酒精，常使酒类和酱油变质并形成浮膜。

典型代表有膜醭毕赤酵母，是啤酒和葡萄酒的污染物，能在酒的表面形成一层薄膜。

**3. 汉逊酵母属**

汉逊酵母属对糖类有较强的分解作用，可同化硝酸盐，也可产生乙酸乙酯。

典型代表有异常汉逊酵母，能产生乙酸乙酯，可以用于食品的增香，如应用于无盐发酵酱油中；它也可以引起装箱储存大米的腐坏；它还可以在食盐浓度为10%以下的黄瓜盐水表面生长，生成干皱的菌醭。

**4. 假丝酵母属**

热带假丝酵母可用作食用或饲用酵母，也会引起米糠油腐败。产阮假丝酵母可以用来处理工农业废液，生产单细胞蛋白。

**5. 红酵母属**

红酵母是较好的产脂肪菌种，脂肪含量可达细胞干重的50%~60%；产蛋氨酸能力强，可达细胞干重的1%；同时，也是牛肉、奶制品和酸泡菜的污染菌。

**6. 德巴利酵母属**

克氏德巴利酵母产柠檬酸量较高，季也蒙德巴利酵母新西兰变种可使香肠变黏。

**7. 裂殖酵母属**

粟酒裂殖酵母是酿造酒精的优良菌种，又能使蜂蜜、无核小葡萄干、梅干和花果腐败。

另外，啤酒型真菌对汽水有害；针孢酵母能引起柑橘水果腐烂；柠檬形克勒克酵母能引起草莓软腐等。

# 第四节 霉菌

凡是在培养基上长成绒毛状、棉絮状或蜘蛛网状菌丝体的真菌统称为霉菌,应注意的是,这只是一个俗名,并无分类学上的意义。

霉菌主要分布在偏酸性环境中,同人类日常生活和生产关系密切,既可被应用于传统的酿酒、制酱等发酵工艺中,又可在现代发酵工业中被用来生产酒精、有机酸、抗生素、酶制剂等,同时,还会造成农副产品"霉变",甚至有少数还会产生毒素,危害人类。

## 一、霉菌的形态

霉菌菌体是由分枝或不分枝的菌丝构成,许多菌丝交织在一起就叫菌丝体。

**1. 个体形态**

霉菌的菌丝呈管状,平均直径为 $2\sim10\mu m$,比一般放线菌菌丝宽几倍到几十倍。

在固体培养基上,霉菌的部分菌丝伸入培养基内吸收养分,称为营养菌丝;另一部分菌丝向空中生长,称为气生菌丝;一部分气生菌丝发育到一定阶段,可以产生孢子繁殖后代,又称作繁殖菌丝。

霉菌菌丝的结构随菌种不同而有差异:一种是无隔菌丝,菌丝中间无横隔,整个菌丝是一个单细胞,其中含有很多的细胞核,如毛霉、根霉、犁头霉的菌丝;另一种是有隔菌丝,菌丝中间有横隔,每一段菌丝是一个细菌,整个菌丝由多个细胞组成,如青霉、曲霉的菌丝(图1-25)。有隔菌丝在其横隔膜中央有极细的小孔相通,使细胞物质可以互相交换,如果菌丝断裂或某些细胞死亡,这些小孔就会自动关闭,以防止死亡细胞或废物进入相邻的活细胞。

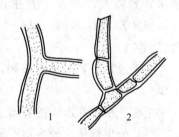

图1-25 霉菌的菌丝(引自谢梅英,2000)
1—无隔菌丝;2—有隔菌丝

**2. 群体形态**(菌落特征)

霉菌菌落是由分枝状菌丝组成,因菌丝较粗较长,故形成的菌落较疏松,呈绒毛状、棉絮状或蜘蛛网状,一般比细菌菌落大几倍到几十倍。菌落最初往往是浅色或白色,当形成各种形状、各种构造和各种颜色的孢子后,菌落表面往往呈现肉眼可见的不同结构和色泽。

## 二、霉菌的细胞构造

霉菌的细胞同酵母菌细胞一样，是一种真核细胞，由细胞壁、细胞膜、细胞质及内含物、细胞核组成。

霉菌细胞的细胞壁组成随菌种不同而有差异，少数低等水生霉菌以纤维素为主，大部分霉菌则由几丁质组成。霉菌细胞的其他结构同酵母细胞相似。

## 三、霉菌的繁殖方式

霉菌的繁殖能力一般都很强，并且方式也多种多样，有的可以通过菌丝断裂的片段长成新的菌丝体，有的可以通过细胞核分裂而细胞不分裂的方式进行生长繁殖，但主要靠形成无性或有性孢子的方式繁殖。

**1. 无性孢子**

形成无性孢子是霉菌繁殖的主要方式。形成的无性孢子往往分散、量大，具有一定的抗性，有利于保藏菌种。

（1）孢囊孢子　孢囊孢子是一种内生孢子。当气生菌丝长到一定阶段时，顶端开始膨大，并在下方生出横隔与菌丝分开而形成孢子囊。孢子囊逐渐长大，囊中形成许多核，每一个核外生膜壁并包有原生质，于是形成了孢囊孢子（图1-26）。

孢子成熟后，孢子囊破裂，孢子分散出来，遇到适宜条件就可以萌发成新的个体。

毛霉、根霉都产生孢囊孢子。

（2）分生孢子　分生孢子是一种外生孢子，是霉菌中最普遍的一类孢子。分生孢子是由菌丝的顶端（或分生孢子梗）以类似于出芽的方式（或浓缩）形成的单个（或成簇）的孢子（图1-27）。

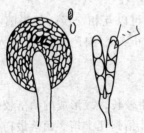

图1-26　孢囊孢子
（引自谢梅英，2000）

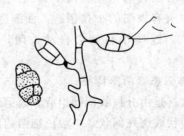

图1-27　分生孢子
（引自谢梅英，2000）

分生孢子产生的方式可大致归为以下几种。

① 无明显分化的分生孢子梗。分生孢子着生在菌丝或其分枝顶端，单生、成链或成簇，而且产生孢子的菌丝与一般菌丝无显著区别。如红曲霉等（图1-28）。

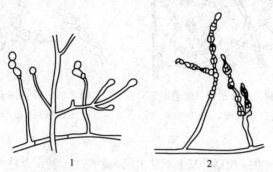

图1-28 红曲霉等的分生孢子（引自江汉湖，2002）
1—红曲霉的分生孢子；2—交链孢霉的分生孢子

② 具有分化的分生孢子梗。分生孢子着生在已分化的（如细胞壁加厚或菌丝直径增宽等）分生孢子梗的顶端或侧面。这种菌丝与一般的菌丝有明显区别，它们或直立或朝一定方向生长。如粉红单端孢霉、新月弯孢霉等。

③ 具有一定形状的小梗。在已分化的分生孢子梗上，产生一定形状、大小的小梗（常呈瓶形，有人称为瓶形小梗），分生孢子则着生在小梗的顶端，成串（链）或成团。如青霉、曲霉等（图1-29）。

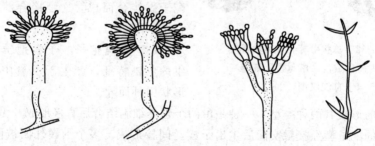

图1-29 青霉、曲霉的分生孢子（引自江汉湖，2002）

（3）节孢子　节孢子是一种外生孢子，是由菌丝细胞断裂而形成的，也叫裂生孢子。如白地霉等（图1-30）。

（4）厚垣孢子　厚垣孢子也称厚膜孢子，是一种外生孢子。在菌丝顶端或中间有部分细胞质浓缩变圆，细胞壁加厚而形成圆形、纺锤形或长方形的孢子。

厚垣孢子里含有丰富的营养物质，处于休眠状态，对恶劣环境具有很强的抵抗力。如总状毛霉等（图1-31）。

（5）芽孢子　芽孢子是由菌丝类似出芽的方式产生小突起，经过细胞壁紧缩生成许多横隔，最后脱离母细胞而形成球状或长圆形的孢子。如一些毛霉、根霉在液体培养基中形成的"酵母型"细胞即属此类（图1-32）。

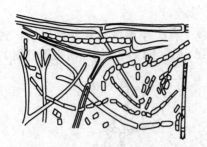

图1-30　白地霉的节孢子（细胞断裂）
（引自江汉湖，2002）

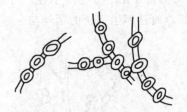

图1-31　厚垣孢子（引自
谢梅英，2000）

### 2. 有性孢子

霉菌的有性繁殖在一般培养基上不常出现，多发生于特定条件下，产生有性孢子。

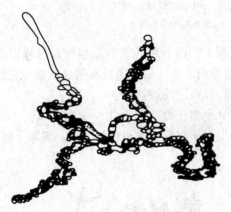

图1-32　总状毛霉在液体培养基
内所形成的"酵母型"细胞
（引自江汉湖，2002）

（1）卵孢子　霉菌的菌丝分化成大小不同的两类配子囊，小的叫雄器，大的叫藏卵器。交配时雄器的内含物（细胞质与细胞核）通过授精管进入藏卵器，最后由受精的卵球生出厚壁而形成卵孢子。卵菌亚纲中产生这种孢子（图1-33）。

（2）接合孢子　接合孢子是由菌丝上生出的两个圆形或形状上略有不同的配子囊接合而成。这是接合菌纲的特有孢子（图1-34）。

（3）子囊孢子　子囊孢子是子囊菌纲的主要特征，产生于子囊中，子囊的形状因种而异。

子囊的形成有两种类型，一种是由两个营养细胞结合后直接形成；另一种是由两个异性的配子囊经接触交配后生出子囊丝间接形成。多个子囊外面被菌丝包围，形成子实体，称子囊果，子囊果的大小、形态随种而不同（图1-35）。

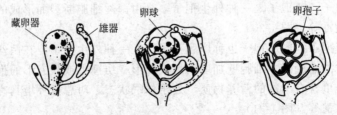

图1-33　卵孢子的形成（引自廖湘萍，2002）

综上所述，霉菌种类不同，孢子的形态以及产生孢子的器官也多有不同，这在分类鉴定上也具有重要的意义。

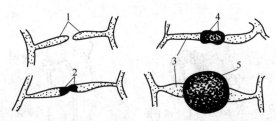

图1-34 匍枝根霉形成接合孢子的示意图（引自廖湘萍，2002）
1—原配子囊；2—配子囊；3—配子囊柄；4—配子囊结合；5—接合孢子

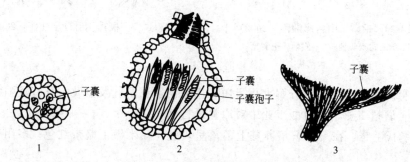

图1-35 几种子囊果（引自廖湘萍，2002）
1—闭囊壳；2—子囊壳；3—子囊盘

## 四、霉菌的生长条件

霉菌对恶劣环境的适应性较强，其适应生长的pH值为2～9，最适pH值为5.6左右；最适生长温度为22～30℃；大多数霉菌是严格需氧的，在氧气供给充分时生长旺盛。

对于几乎所有的霉菌，葡萄糖都是其合适的碳源，霉菌还可以利用淀粉、纤维素等复杂的有机物；所有霉菌均能利用有机含氮基质，铵盐、硝酸盐等无机氮则只能作为某些种的氮源。

## 五、食品中常见的霉菌

霉菌与人类生活息息相关，一方面它们给予了人类极大的帮助；另一方面它们又给人类造成了极大的损害。

**1. 毛霉属**

毛霉属的菌丝为无横隔的单细胞，多核，有分枝，以孢囊孢子和接合孢子繁殖，孢子囊呈球形、孢子囊梗多数呈丛生状、分枝或不分枝（图1-36）。

毛霉在自然界分布很广，在阴暗、潮湿、高温处常见，是制曲时常见的一种杂菌。

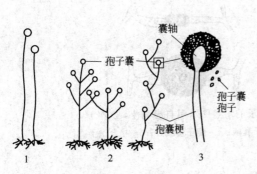
图1-36 毛霉（引自廖湘萍，2002）
1—单轴式孢囊梗；2—假轴式孢囊梗；
3—孢子囊结构

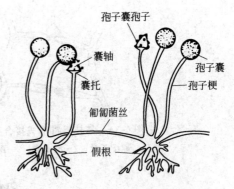
图1-37 根霉（引自廖湘萍，2002）

毛霉的用途广泛，可分解大豆蛋白，用来制造豆腐乳及豆豉；具有较强的糖化力而用于酒精工业、有机酸工业中对原料进行糖化。

- **鲁氏毛霉**：在马铃薯培养基上菌落呈黄色；在米饭上略带红色；多用来做豆腐乳。
- **总状毛霉**：菌落质地疏松，在豆腐坯和熟大豆上生长迅速，在我国四川多用来制作豆豉。

然而，毛霉也会引起水果、蔬菜、乳制品、肉类等食品的腐败变质，如鲁氏毛霉。

**2. 根霉属**

根霉属的菌丝为无横隔的单细胞，有分枝。菌丝伸入培养基内的部分长成分枝的假根，吸收营养；靠近培养基表面横向匍匐生长而连接假根的菌丝称为匍匐菌丝；由假根处着生丛生、直立、有分枝的孢子囊梗，顶端膨大形成圆形的孢子囊，内生孢囊孢子（图1-37）。

根霉在自然界分布很广，常生活在淀粉质馒头、面包、甘薯等物品上，产生大量的淀粉酶，把淀粉转化为糖，是酿酒工业中常用的糖化菌，我国民间酿制米酒用的米曲中主要含有根霉。

- **华根霉**：在基质上生长极快，菌落疏松，假根不发达，形如手指；糖化淀粉能力强，在酒药和酒曲中大量存在，是酿酒所必需的主要霉菌；也是酸性蛋白酶和豆腐乳生产的主要菌种。
- **米根霉**：假根较发达，指状或根状分枝，多用作糖化菌，大量存在于酒药曲中。

但根霉也会引起粮食及其制品的霉变，如米根霉，并且它对环境的适应性强，生长极为迅速，因而要十分注意。

**3. 曲霉属**

曲霉属菌丝为有横隔的多细胞，营养菌丝多匍匐生长于培养基的表层，无假根；附着在培养基的匍匐菌丝分化出具有厚壁的足细胞，在足细胞上生出直立的分生孢子梗，顶端膨大形成顶囊，顶囊表面以辐射状生长一层或两层小梗，在小梗上生有一串串的分生孢子（图1-38）。

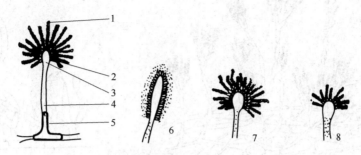

图1-38　曲霉（引自谢梅英，2000）

1—分生孢子；2—小梗；3—顶囊；4—分生孢子梗；5—足细胞；6—棒曲霉顶囊；
7—黑曲霉顶囊（两排小梗）；8—米曲霉顶囊（一排小梗）

曲霉具有分解有机质的能力，几千年来，我国民间就用曲霉酿酒、制酱、制醋等。现代工业利用曲霉生产各种酶制剂（淀粉酶、蛋白酶、果胶酶等）以及有机酸（柠檬酸、葡萄糖酸等）等。农业中则常用曲霉来糖化饲料。

- 黑曲霉群：菌丝黑色；工业上广泛用邬氏曲霉、甘薯曲霉等生产柠檬酸。
- 黄曲霉群：米曲霉和黄曲霉属于黄曲霉群。米曲霉菌丝一般为浅黄绿色，后变为黄褐色，很早就被用于酱油和酱类生产上，现代工业还可利用其生产脱酰胺酶、淀粉酶、过氧化氢酶等酶制剂；黄曲霉菌丝最初为白色，后变为黄绿色，老熟后为褐绿色，是粮食发酵的优势菌，特别在花生上容易生成，其产生的黄曲霉毒素是一种致癌物质，能引起家禽、家畜中毒以至死亡。我国现已停止使用能产生黄曲霉毒素的菌种。

另外，红曲霉可用于制取红曲，作为优良的天然食品着色剂，如红色豆腐乳就是典型的产品。

**4. 青霉属**

青霉属菌丝为有横隔的多细胞，无足细胞，无顶囊；营养菌丝深入培养基中，并生出直立的气生菌丝，即分生孢子梗；分生孢子梗经多次分枝，产生几轮对称或不对称的小梗，形如扫帚，称为帚状体；分生孢子梗顶端着生成串的分生孢子（图1-39）。

青霉是制曲上常见的杂菌，对制曲危害相当大，它可以使食品变质，使酒类发苦。灰绿青霉可着生于面包、糕点、干酪表面，还能引起酒石酸、苹果酸、柠檬酸等饮料变质。

**5. 镰刀霉属**

镰刀霉属在培养基中菌丝蔓延呈棉絮状，产生的分生孢子透明，形状多样，主要有两种：大型分生孢子呈镰刀状，一般3~5隔；小型分生孢子单细胞，长圆形，在菌丝顶端串生或聚成团（图1-40）。镰刀霉属是果汁中常见的腐败菌。

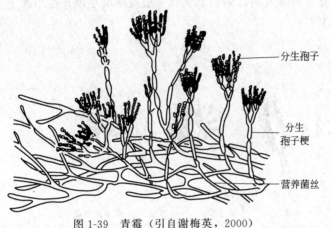

图 1-39 青霉（引自谢梅英，2000）

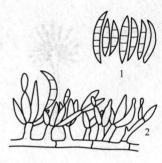

图 1-40 镰刀菌（引自廖湘萍，2002）

1—大型分生孢子；2—分生孢子座

# 第五节 病　　毒

病毒是目前已知的最小微生物，营严格寄生生活，具有高度侵染性，体积微小，没有完整的细胞结构。1968 年 Haben 以精练的语言总结了病毒的概念：病毒是探索染色体的侵略性遗传单位。

## 一、病毒简介

病毒与人体的安全密切相关，病毒病是迄今仍难以防治的主要病害，如肝炎病毒、流感病毒、SARS 病毒等仍威胁着人类的健康。与其他微生物相比，病毒有其突出的特点。

**1. 病毒的特征**

① 化学组成简单，大多数病毒由蛋白质与核酸组成，并且只含有一种核酸，即 DNA 或 RNA。

② 繁殖时借助于寄主细胞，以自身的遗传物质——核酸进行复制，产生子代的核酸和蛋白质，随后装配成完整的子代病毒。病毒本身不具繁殖机构。

③ 不含催化能量代谢的酶，没有独立的代谢活动，专性寄生，在活体外不具任何生命特征。

④ 没有细胞结构，个体小，大多数病毒必须借助于电子显微镜才能观察到，

常以纳米（nm）为单位表示其大小（1nm=$10^{-9}$m）。

**2. 病毒的影响**

病毒的影响表现为两个方面：一方面是作为致病因子，能够侵入细胞引起有害变化，结果是破坏细胞功能，或者导致细胞死亡；另一方面是作为遗传因子，进入细胞引起可持续的遗传变化，并且这种变化过程往往是无害的，甚至可能是有益的。但并不是所有的病毒都具有这种双重性，在任何情况下，病毒起哪一种作用，都要取决于宿主细胞和环境条件。

**3. 病毒的形态、化学组成及结构**

病毒的种类繁多，形态也各具特点，有的呈棒状，有的为球形或多角形，还有的呈蝌蚪形等（图1-41）。

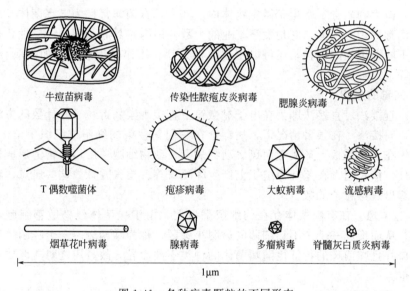

图1-41　各种病毒颗粒的不同形态

由电镜及衍射技术观察到很多病毒具有相同的化学组成和结构形式。成熟的、具有侵染力的、完整组装的病毒颗粒常称为病毒粒子，它的主要化学成分是核酸（DNA或RNA）和蛋白质，其中病毒核酸位于病毒粒子的中心，构成核心（核髓）；四周由衣壳包围起来——衣壳是由许许多多被称为衣壳粒的蛋白质亚单位以高度重复的方式排列而成的。衣壳与核心构成了病毒的基本结构——核衣壳。

只有核衣壳的病毒称为裸露病毒，如烟草花叶病毒；有些病毒在核衣壳外还包着一层由脂质或脂蛋白组成的包膜，这被称为包膜病毒，如流感病毒、疱疹病毒等（图1-42）。

**4. 病毒的分类**

由于病毒的专性寄生特征，故往往依据宿主不同进行分类研究。

（1）动物病毒　寄生于人体与动物细胞内，引起人和动物多种疾病。如流行性

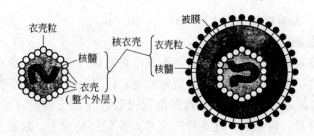

图 1-42 两类病毒的结构模式图（引自廖湘萍，2002）

感冒病毒、脊髓灰质炎病毒、SARS 病毒等。

（2）植物病毒　寄生于植物细胞内，造成农产品产量和质量的重大损失。如烟草花叶病毒等。

（3）微生物病毒　寄生于微生物体内。其中，真菌病毒称为噬真菌体；细菌与放线菌病毒称为噬菌体，它是发酵工业的大敌，但因它具有高度的专一性，也可用来判断不同微生物的菌种，还可以用于医学治疗、用作基因载体。如大肠杆菌 $T_2$ 噬菌体等。

**5. 病毒的检测**

（1）直接法　直接法即为在电子显微镜下直接观察病毒粒子并计数的方法。

（2）间接法　在很多情况下，病毒会在它们新侵染的细胞或组织中留下踪迹，如噬菌体在细菌平板上形成噬菌斑、动物病毒在动物细胞单层培养物上形成蚀斑或感染病灶、植物病毒在茎叶等组织上产生坏死斑等。检查并计数这些斑点，就可以间接推算出病毒粒子的数目。

① 噬菌斑。在有噬菌体存在的细菌平板上，由于噬菌体侵染敏感细胞，并使之裂解，从而形成一个个不长细菌的透明小圆区，称为噬菌斑。一个噬菌体产生一个噬菌斑并且噬菌斑的特征也随噬菌体的种类不同而异，故可用之对噬菌体进行检测、鉴定。

② 蚀斑或感染病灶。在有动物病毒存在的动物细胞单层培养物平板上，会出现与噬菌斑类似的蚀斑。但如果是肿瘤病毒，被侵染细胞不被裂解，而是生长速率大增，致使被侵染的细胞堆积起来形成类似于菌落的感染病灶。

③ 坏死斑。植物病毒会在茎叶等组织上形成一个个褐绿或坏死的斑点，即为坏死斑。

## 二、噬菌体的形态与结构

**1. 噬菌体的形态**

迄今为止，已知噬菌体的形态有三类，即蝌蚪形、微球形、纤线形。

**2. 噬菌体的结构**

随着电子显微技术的发展，对噬菌体的结构也有了初步的了解，图 1-43 即显示了大肠杆菌 T 偶数噬菌体的模式结构。

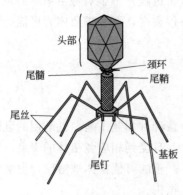

图 1-43 大肠杆菌 T 偶数噬菌体的模式结构

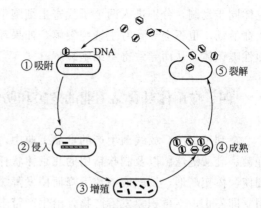

图 1-44 噬菌体的复制过程

## 三、噬菌体的复制过程

噬菌体侵染细胞后,在细胞内增殖,凡能导致寄主细胞裂解者叫做烈性噬菌体,相应的寄主细胞称为敏感性细胞;而不能使寄主细胞发生裂解,并与寄主细胞同步复制的噬菌体,叫做温和噬菌体,相应的寄主细胞叫做溶原性细胞。

**1. 烈性噬菌体的复制**

(1) 吸附 烈性噬菌体与寄主细胞接触,噬菌体的末端尾丝散开,固着在寄主细胞的特异性受点上。

(2) 侵入 随后,噬菌体尾部分泌溶菌酶,水解寄主细胞壁,产生一小孔,然后噬菌体收缩,通过该小孔把头部的核酸注入寄主细胞内,蛋白质外壳仍留在寄主细胞外。

(3) 增殖 噬菌体核酸进入寄主细胞后,借助寄主细胞的代谢机构大量复制子代噬菌体的核酸,同时合成子代噬菌体的蛋白质。

(4) 成熟 子代噬菌体核酸与子代噬菌体蛋白质聚集成为新的子代噬菌体粒子,即完成了装配过程。

从噬菌体侵入寄主细胞直到出现新的子代噬菌体前,在外观上看不到成形的噬菌体,故这一时段往往被称为潜伏期。

(5) 释放 子代噬菌体成熟,能溶解寄主细胞壁的溶菌酶逐渐增加,促使寄主细胞裂解,从而释放出大量的子代噬菌体(图1-44)。

**2. 温和噬菌体的复制**

温和噬菌体侵入寄主细胞后,核酸不单独复制,也不合成子代噬菌体蛋白质外壳,而是把基因整合到寄主细胞染色体上。当寄主细胞进行分裂时,随寄主细胞染色体同步复制，分别进入两个子代寄主细胞中，这个过程并不影响寄主细胞的正常生命活动，也不会导致寄主细胞裂解。如果环境条件突变，温和噬菌体有可能变为烈性噬菌体，从而导致寄主细胞裂解。

### 四、噬菌体对食品工业的危害和防治

在利用细菌、放线菌生产的食品工业中，生产菌种（如制干酪、乳酸用的乳酸杆菌、乳酸链球菌以及制味精用的北京棒状杆菌）一旦受到相应噬菌体的侵染，轻则使菌体变畸形，发酵液菌数下降而使发酵缓慢，严重的可使菌体被溶解，发酵作用立即停止，不再积累发酵产物，给生产带来巨大损失。

目前对已污染噬菌体的发酵液尚无法阻止其溶菌作用，故只有预防其感染，生产中常见的措施介绍如下。

① 严格控制活菌体的排放，并处理好环境。噬菌体的最初来源有两条途径：一种是生产菌种自身带有，另一种是生产环境中存在。同时也因为噬菌体具有专性寄生的特点，故对工业发酵罐排出的废气和废液都要经灭菌处理后才可以排放，这就杜绝了噬菌体生存复制的可能。另外，因为噬菌体对物理、化学因素比较敏感，故经常对生产车间、无菌室等环境进行处理，也可以杀灭噬菌体。如使用石灰粉处理地面；用乙醇擦拭玻璃；用紫外线处理空气等。

② 选育和使用抗噬菌体的菌株。

③ 轮换使用菌种。

④ 药物防治。如在发酵液中适当地加入低剂量的氯霉素、四环素等抗生素可以起到防治噬菌体的作用。

⑤ 在实际生产工作中，一旦发现噬菌体侵染了菌种，应及时采取有效的补救措施。如大量接入另一种菌种的种子液或发酵液继续发酵，减少损失，避免倒罐。

### 复 习 题

1. 为什么经革兰染色可把细菌分成两类？
2. 试述芽孢的特性和出现的意义。
3. 荚膜有什么作用？
4. 酵母菌同细菌的细胞构造有哪些主要区别？
5. 孢子的出现对微生物有什么意义？
6. 简述酵母菌的生长条件。
7. 列举食品工业中常见的酵母菌（至少3种）。
8. 病毒的特征有哪些？

9. 简述噬菌体对食品工业的危害。
10. 简述生产中如何预防噬菌体污染发酵液。
11. 简述病毒的检验方法。
12. 霉菌菌落有何主要特征？
13. 列表比较食品工业中常见霉菌的结构特征，主要繁殖方式有什么不同？

# 第二章 微生物的培养

微生物的培养是研究微生物的前提，是应用微生物学的一项重要内容。本章从微生物的细胞物质组成到微生物的营养要求，再到微生物培养基的组成；从微生物的生长规律到环境对微生物的影响，再到微生物的控制，对微生物的培养过程及条件均进行了比较全面的介绍。

## 第一节 微生物的营养

微生物的营养是指微生物在生长过程中获得与利用自身所需营养物质的过程。通过对微生物细胞组分的研究，我们可以推断出微生物所需的主要营养物质，举一个现实的例子，如果一株菌株的细胞组分主要以 C、N 元素为主，那么我们在为其配制培养基时必定选择 C、N 元素含量高的营养物质。除此之外，那些能满足微生物机体生长、繁殖及各种生理活动的营养物质如何更好地进入微生物细胞也是微生物营养的重要研究内容。

### 一、微生物细胞的组成

微生物细胞的组成为微生物营养物质的确立提供了重要依据，是微生物营养物质确立的基础。

微生物细胞像其他生物细胞一样，由多种化学物质组成，这些化学物质主要以水和干物质的形式存在。水是微生物细胞的重要组分，约占细胞重量的 $70\%\sim 90\%$，干物质主要以有机物和无机物的形式存在，有机物主要包括蛋白质、脂质、多糖、核酸、维生素及其降解产物等物质，无机物主要指无机盐等物质。其中，蛋白质、脂质、多糖、核酸这 4 类生物大分子占细胞干重的 $96\%$ 左右。当然，这些化学物质含量随微生物的种类及其生长阶段、培养条件的不同而不同。

这些形形色色的化学物质，无论是以有机形式存在，还是以无机形式存在，归根结底都是由化学元素组成。尽管微生物细胞的化学元素组成随着微生物种类的不同而存在差异，但其主要构成元素与次要构成元素却大致相同，主要元素包括碳、氢、氧、氮、磷、硫六种元素，占细胞干重的 $97\%$，碳、氮比例又高于其他四种（具体情况如图 2-1 所示），大量元素包括钾、钙、钠、镁、铁等，微量元素包括

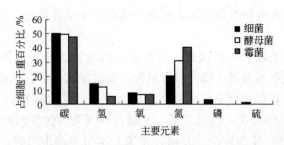

图 2-1　微生物细胞中主要元素含量对比图（引自谢梅英，2000）
细胞湿重：除去细胞表面所吸附的水分后所称量的重量；
细胞干重：细胞干燥至恒重时所称量的重量

锌、铜、锰、硒、钴、钼、镍等。

## 二、微生物的营养来源

微生物的营养来源与组成微生物细胞的化学元素形成了很明显的对应关系（具体情况如图 2-2 所示）。依据营养物质在微生物体内的存在形式以及生理功能的不同，把微生物的营养来源分为水、碳源、氮源、无机盐、生长素、能源六大类。

图 2-2　微生物的营养来源与细胞主要组成元素对应图

**1. 水**

水是微生物细胞的重要组分，尽管其不能作为营养物质被微生物吸收利用，但其在微生物的新陈代谢中起着重要作用。首先，它是营养物质与各种代谢产物的良好溶剂，可以说，没有水的溶解，营养物质就无法被微生物吸收利用，微生物的代谢产物也无法排出体外，微生物的各种生理活动便不能顺利进行；其次，微生物体内无时无刻不进行着各式各样的化学反应，水不仅是各种化学反应的介质，还参与大部分的化学反应；再次，由于水的比热容较高且是热的良好导体，所以其能有效控制细胞温度；最后，水还能维持细胞中大分子的构象，从而维持细胞结构。

**2. 碳源**

碳源是指能为微生物的生命活动提供碳素来源的物质。碳元素占到了微生物细胞干重的 50% 左右，所以，碳源是微生物细胞自身物质和代谢产物的主要营养来源。此外，对于大部分微生物来说，碳源还可以作为能源物质，为微生物的生命活动提供能量来源。

碳源分为有机碳源和无机碳源。有机碳源以糖类为主，另外还有有机酸、醇类、脂类等，它是异养型微生物的碳素来源，如红螺细菌、假单胞菌、芽孢杆菌等大多数细菌和所有真菌都以有机碳源作为碳素来源；无机碳源以 $CO_2$ 为主，此外还有 $NaHCO_3$、$CaCO_3$ 等一些无机盐，它是自养型微生物的碳素来源，如蓝细菌、硝化杆菌等常以 $CO_2$ 作为碳源。目前，在实验室培养微生物时，常用糖类、牛肉膏、蛋白胨等作为碳源物质；在发酵工业上，常用废糖蜜、花生饼粉、麸皮、米糠、植物淀粉等作为碳源物质。

不同微生物对碳源的利用能力不同，有的微生物可以广泛利用各种碳源，有的则只能利用个别碳源。例如：洋葱假单胞菌能广泛利用多种碳源，而产甲烷细菌大部分只能以 $CO_2$ 为碳源。尽管大部分微生物都能利用多种碳源，但却对碳源的利用存在一定的选择性。当多种碳源共存时，优先利用其速效碳源。如：当碳源物质中同时存在蔗糖与葡萄糖时，青霉、曲霉等霉菌优先利用蔗糖，而大肠杆菌则优先利用葡萄糖。

### 3. 氮源

氮源是指能为微生物的生命活动提供氮素来源的物质。氮元素在微生物细胞干重中含量排名第二，所以，氮源也是微生物细胞组分的重要来源，尤其是构成蛋白质和核酸的重要元素。然而，与碳源不同的是，氮源一般不能作为能源物质。

氮源分为有机氮源和无机氮源。有机氮源以蛋白质类为主，另外还有蛋白胨、氨基酸、嘌呤、嘧啶等。无机氮源主要是铵盐，另外还有氨、硝酸盐、分子态氮等。大部分微生物都以铵盐作为氮源，极少数固氮微生物（如放线菌、蓝细菌、根瘤菌等）能利用分子态氮作为氮源。目前，在实验室培养微生物时，常用蛋白胨、牛肉膏、酵母浸膏、$(NH_4)_2SO_4$ 等作为氮源物质；在发酵工业上，常用黄豆饼粉、花生饼粉、玉米浆、鱼粉等作为氮源物质。

微生物对氮源的利用具有选择性，大部分微生物利用无机氮源，少量微生物利用有机氮源。在无机氮源的利用中，由于 $NO_3^-$ 不能直接被微生物细胞吸收，而必须被还原成 $NH_4^+$ 后才能被微生物吸收利用，所以，微生物优先利用铵盐。如：大肠杆菌优先利用 $NH_4H_2PO_4$，氧化硫硫杆菌优先利用 $(NH_4)_2SO_4$。在有机氮源的利用中，优先利用小分子有机物。如：在含有氨基酸和黄豆饼粉的培养基中，微生物优先利用氨基酸，原因是黄豆饼粉中的大分子蛋白质不能直接被微生物吸收，只有被降解成小分子物质后才能被利用。

### 4. 无机盐

微生物细胞的组成元素氢、氧主要来源于水，碳主要来源于碳源物质，氮主要来源于氮源物质，而磷、硫、钾、钠、钙、镁、锌、铜、锰、硒、钴、钼、镍等元素则主要来源于无机盐类。尽管微生物对无机盐的需要量远远小于碳、氮，但无机盐在微生物的生命活动中也起着至关重要的作用。无机盐不仅是酶活性中心的组成部分，能维持酶的活性，保证微生物各种代谢活动的顺利进行，还是微生物细胞的组成部分（如磷元素是细胞膜构架的主要元素），除此之外，无机盐还充当缓冲角色，有效调节微生物细胞的渗透压、pH 值、氧化-还原电位等，也可以作为少量微生物的能源。

值得注意的是，对于培养基中无机盐的添加量一定要特别注意，添加量过小，不能满足微生物生长的需要；添加量过大，则会对微生物的生长产生负面影响，甚至导致所培养微生物的死亡。一般情况下，微生物对磷、硫、钾、钠、钙、铁等元素的需要量在 $10^{-4} \sim 10^{-3}\, mol/L$，对锌、铜、锰、硒、钴、钼、镍等元素的需要量在 $10^{-8} \sim 10^{-6}\, mol/L$。

### 5. 生长素

生长素是指那些微生物本身不能合成或合成量不足，但又在微生物的生长和代谢中所必需的一类微量有机物质。微生物的生长素以维生素为主，另外还有氨基酸、生物素等。不同微生物所需要的生长素及数量各不相同，例如：金黄色葡萄球菌以硫胺素为生长素，需要量为 0.5 ng/mL，而肺炎链球菌则以胆碱为生长素，需要量为 6 μg/mL。通常，自养型微生物的需要量少于异养型微生物，甚至个别微生物不需要生长素也能生长。大部分生长素是酶的辅基或组分，不参与供能和微生物体的组成，但却在微生物的物质代谢中起着重要作用。

### 6. 能源

能源是指能为微生物的生命活动提供能量来源的化学物质或辐射能。大部分微生物以化学物质作为能源物质，少量微生物以辐射能作为能源（如光合细菌）。根据所用能源的不同，可以把微生物分为光能微生物和化能微生物两大类。值得一提的是，无论是以化学物质为能源，还是以光能为能源，最终都是以 ATP（腺苷三磷酸——高能磷酸化合物的代表）的形式被微生物利用。

大部分碳源物质都可作为能源，但有的微生物所用碳源与能源不同，可以被微生物同时作为能源和碳源利用的物质我们称其为双重营养物，葡萄糖就是一种常见的双重营养物。

## 三、微生物的营养类型

不同微生物所利用的碳源、能源有所不同，其在物质转化中所利用的电子供体也有所不同，依据能源、碳源以及电子供体的形式，可以把微生物分为光能无机自养型（光能自养型）、光能有机异养型（光能异养型）、化能无机自养型（化能自养型）和化能有机异养型（化能异养型）（表 2-1）。

表 2-1　微生物的营养类型（引自沈萍，1998）

| 营养类型 | 能源 | 电子供体 | 碳源 | 实例 |
| --- | --- | --- | --- | --- |
| 光能无机自养型（光能自养型） | 光 | 无机物 | $CO_2$ | 蓝细菌、红硫细菌、藻类 |
| 光能有机异养型（光能异养型） | 光 | 有机物 | 有机物 | 红螺细菌 |
| 化能无机自养型（化能自养型） | 无机物（氧化） | 无机物 | $CO_2$ | 硝化杆菌、醋酸杆菌、甲烷杆菌 |
| 化能有机异养型（化能异养型） | 有机物（氧化） | 有机物 | 有机物 | 假单胞菌、真菌 |

### 1. 光能无机自养型（光能自养型）

光能无机自养型微生物细胞内含有叶绿素、菌绿素等光合色素，这些光合色素能有效捕捉光能作为其能量来源，以 $CO_2$ 为碳源，无机物为氢供体，还原 $CO_2$ 合成细胞内的有机物质。其总反应式如下：

$$CO_2 + 2H_2A \xrightarrow[\text{光合色素}]{\text{光}} (CH_2O) + 2A + H_2O$$

　　氢受体　氢供体　　　　还原的受体　氧化的供体

式中，$(CH_2O)$ 代表一个糖单位。

光能自养型微生物主要有蓝细菌、紫硫细菌、绿硫细菌等。尽管其总反应式相同，但它们利用的氢供体却各不相同，例如：蓝细菌利用水为氢供体，而硫细菌则利用硫化氢为氢供体。

### 2. 光能有机异养型（光能异养型）

光能有机异养型微生物以光为能量来源、简单有机物为碳素来源、有机物为电子供体，还原 $CO_2$，合成微生物细胞所需要的营养物质。其总反应式为：

$$CO_2 + \text{有机物} \xrightarrow{\text{光}} (CH_2O) + H_2O$$

　　氢受体　氢供体　　　还原的受体　氧化的供体

光能有机异养型微生物常用的有机碳源和电子供体有甲酸、乙酸等简单有机酸及甲醇、乳酸等。如：红螺细菌常以甲醇为电子供体。

### 3. 化能无机自养型（化能自养型）

化能无机自养型微生物以氧化无机物所释放的化学能为能量来源、$CO_2$ 为碳素来源、无机物为电子供体，还原 $CO_2$ 为微生物细胞的有机碳化物。大部分微生物通过无机物的氧化获得能量来参与自身代谢，它们生长的环境中必须有氧，为好氧微生物，如硫细菌、硝化细菌、铁细菌等，常用的电子供体有 $H_2S$、$S$、$Fe^{2+}$ 等。个别微生物能直接以 $H_2$ 为能源和电子供体，还原 $CO_2$ 合成细胞组分，无需 $O_2$ 的参与，如：产甲烷菌等，它们一般以 $H_2$ 为电子供体。

### 4. 化能有机异养型（化能异养型）

化能有机异养型微生物以有机物作为碳源、能源和电子供体。它们通过氧化有机物获得能量，并能自己产生胞外酶，通过胞外酶的水解作用直接把有机大分子水解为有机小分子或单体，被微生物吸收利用。大部分细菌、真菌和致病菌都属于此种类型。依据营养物质来源的特征又可以将它们分为腐生型（利用无生命的有机物）和寄生型（利用有生命的有机物）。

一般情况下，细菌类微生物四种营养类型兼有，如蓝细菌、紫硫细菌属光能自养型，紫色非硫细菌属光能异养型，硝化细菌、铁细菌属化能自养型，痢疾志贺菌属化能异养型。真菌类微生物只有化能异养型一种，如酵母菌、霉菌等都属于化能异养型。病毒类微生物也都属于化能异养型，如结核杆菌、烟草花叶病毒等。

当然微生物的营养类型并不是绝对的，大部分微生物都对环境有一定的适应能力，可以依据环境条件的改变而进行自我调节，这些微生物称为兼性营养型。如：氢单胞菌在完全是无机物的环境下为化能自养型，而在有有机物存在的环境下则为化能异养型。

## 四、营养物质进入细胞的方式

通过大量实验归纳总结了微生物的营养类型，了解了不同类型的微生物所需要的营养物质。可以说，在微生物的培养中，能为微生物提供合适的营养物质已经成为一个相当简单的事情了。但这些营养物质究竟能否被微生物细胞吸收利用，是我们需要关注的一个问题。

其实，营养物质能否被微生物吸收利用的关键在于其是否能够顺利进入微生物细胞。影响营养物质进入微生物细胞的因素主要有三个方面：一是营养物质的性质；二是营养物质与微生物细胞之间的环境条件；三是微生物细胞本身的特性。其中，最主要的就是微生物细胞本身的特性。在微生物细胞的结构中，影响营养物质进入的因素主要是细胞壁和细胞膜，其次还有荚膜、黏液层等。对于细胞壁，主要通过壁的孔径来简单影响营养物质的进入，相对分子质量较大的营养物质难以通过细胞壁，细胞壁孔径较小的微生物对营养物质的要求更严格；对于细胞膜，由于它是一层半透膜，其中的膜蛋白大多带有专一性的酶，所以它主要通过膜的选择性来控制营养物质的进入。

依据运输营养物质所需条件的不同，可以把营养物质进入微生物细胞的方式分为以下4种类型（图2-3）。

**1. 单纯扩散**

单纯扩散是营养物质进入微生物细胞最简单的一种方式，仅仅需要细胞内外营养物质存在一定的浓度梯度就可以进行。当膜外营养物质的浓度高于膜内时，营养物质向膜内扩散，直到膜内外营养物质浓度相等，达到动态平衡。营养物质被微生物细胞转化利用后，细胞内外又出现新的浓度差，单纯扩散继续进行。通过单纯扩散进出微生物细胞的物质主要有水、水溶性物质及气体（$O_2$、$CO_2$）等。

**2. 促进扩散**

促进扩散也是一种被动运输方式，其与单纯扩散不同的是，它不仅需要细胞内外营养物质存在一定的浓度梯度，还需要膜载体蛋白的参与。膜载体蛋白通过构象

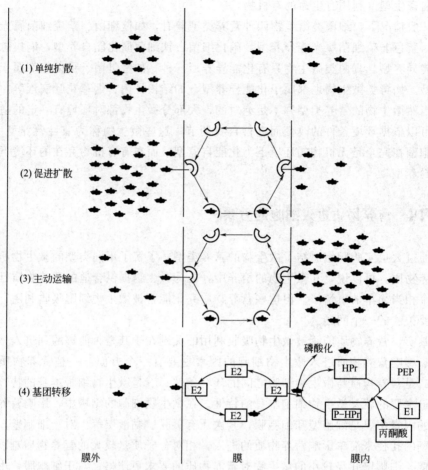

图 2-3 营养物质进入细胞方式对比示意图（引自沈萍，1998）
　　　🐟 代表营养物质；🝰 代表膜载体蛋白；E 代表酶

的转换来改变自身与营养物质的亲和力，达到装卸的目的，实现对营养物质的运输。

膜载体蛋白具有一定的特异性，微生物一般利用专一的膜载体蛋白来运输一种营养物质，膜载体蛋白与营养物质之间存在一一对应关系；也有微生物利用多种膜载体蛋白来运输一种营养物质；还有微生物利用一种膜载体蛋白来运输多种营养物质。这些特异性不仅与微生物的特性相关，还与营养物质的特性相关。

通过促进扩散进入微生物细胞的营养物质有无机盐、部分氨基酸和糖类等。

**3. 主动运输**

主动运输是营养物质进入微生物细胞的一种最主要的运输方式。它像促进扩散一样，需要膜载体蛋白的参与，但不同的是，已不再需要营养物质在细胞内外具有浓度梯度，而是用能量直接促进。主动运输所需的能量一般来源于化学能（ATP）

和光能，因微生物的不同而不同，光合微生物利用光能，化能微生物利用化学能。通过主动运输进入微生物细胞的营养物质有多糖、氨基酸、有机酸等。

**4. 基团转移**

基团转移同主动运输一样，需要膜载体蛋白参与以及能量促进才能进行，不仅如此，它还需要多种酶的参与。通过基团转移进入微生物细胞的营养物质有葡萄糖、甘露糖、乳糖等糖类以及嘌呤、嘧啶、脂肪酸等。

# 第二节 微生物的培养基

培养基是为人工培养微生物而制备的，为微生物的生长繁殖及其代谢产物的积累提供合适营养条件的基质。培养基作为微生物的"食物"对微生物起着至关重要的作用，是对微生物进行研究与应用的基础。在培养基的制备中，除了对其必要的营养物质——水、碳源、氮源、无机盐、生长素、能源有一定的选择与搭配外，还对其物理化学条件有相应的要求。

尽管微生物的种类繁多，不同的微生物有不同的营养要求，但它们的营养要求仍存在一定规律，相应地在培养基的制备中就有一定的原则。

## 一、培养基的配制原则

对于培养基的配制，主要从三个方面进行把握，一是对微生物所需营养物质的把握，二是对所配制培养基物理化学条件的把握，三是对培养基杀菌处理的把握。

对于营养物质的选择与利用，要做到"对症下药、营养协调、经济节约"。

**1. 对症下药**

所谓"对症下药"，就是说，要培养什么样的微生物，就要选择与之相对应的营养物质。总体来说，无论是培养什么样的微生物，培养基中都需要有水、碳源、氮源、无机盐、生长素和能源，然而，随着培养目的与对象的不同，所需的营养物质也各不相同。比如：培养细菌时，我们常选择牛肉膏为碳源，培养放线菌时常选择淀粉为碳源，而培养霉菌时又常以蔗糖作为其碳源物质。又如：对于生物合成能力强的自养型微生物，我们仅仅用无机物就可实现对其的良好培养，而对于生物合成能力差的异养型微生物，就必须在其培养基里添加有机成分。除此之外，对于病毒、衣原体等寄生微生物还必须选择活体作为其培养基。

**2. 营养协调**

对于微生物的培养来说，仅仅选择合适的营养物质是不够的，还需要进行合理的搭配，也就是说要讲究营养协调。对于大部分微生物来说，它们对于营养物质的需求量基本上是一致的，一般是：水＞碳源＞氮源＞无机盐（P、S＞K、Mg 等）＞生长素。其中，碳源和氮源的比例尤为重要，一般用 C/N（严格来说是碳元素与氮元素的比值）表示。不同的微生物所要求的 C/N 比不同，细菌、酵母菌培养基中一般要求 C/N 比为 5/1，霉菌培养基中一般要求 C/N 比为 10/1。不同的生产目的要求培养基中的 C/N 比也不同，如果是为获取大量菌种，所制备的种子培养基中 C/N 比就应低一些，从而使培养基中的氮含量相对较高，有利于菌体的生长繁殖；如果是为获取大量代谢产物，所制备的培养基中 C/N 比就应高一些，从而使培养基中的氮含量相对稍低，使微生物不致生长过旺，而有利于代谢产物的积累。

**3. 经济节约**

在营养物质的选择、利用上，经济节约的原则是不容忽视的。如果是用于实验室的一般培养，用取材方便、廉价的天然物质就可以了，只有用于精细研究的培养，才利用成本相对较高的化学试剂。如果是用于大规模的工业生产，其营养物质的选择就更为重要，一般选用来源广、成本低的粗料。当然，经济节约并不是说一味地选用低价的原料，而是说要在保证微生物良好生长和正常积累代谢产物的前提下的节约，一般遵循"以粗代精"、"以废代好"、"以野代家"、"以烃代粮"的原则，尽量选择野生、代用，甚至废弃物质等。

对于物化条件的把握与控制，要做到"合理调整、条件适宜"。

微生物的生长不仅与其所需的营养物质相关，还与 pH 值、渗透压、氧化-还原电位等环境因素有关。一方面，这些环境因素会影响微生物的生长代谢，另一方面，微生物的生长代谢又会反过来影响这些环境因素，为使微生物能够更好的生长，就必须及时地调整其环境因素，使其达到条件适宜。

## 二、培养基的类型

微生物的种类繁多，相应的培养基的类型也多种多样。以下将从不同角度出发对培养基进行分类。

**1. 按培养基中营养物质的来源划分**

（1）天然培养基　天然培养基中的营养物质来源于天然物质，是从动植物组织或细胞中提取的天然有机成分，甚至是天然的动植物体，人们对它们的化学组分还不太清楚。在实际应用中，天然培养基的优点是方便快捷、营养丰富、成本低廉，这就使它广泛应用于大部分微生物的一般培养；缺点是它的化学组分不明确，且容易变化，这就使它所带来的实验结果重复性差，难以用于微生物的精细研究。

天然培养基中常用的营养物质有牛肉膏、蛋白胨、麦芽汁、酵母膏、玉米粉、马铃薯、麸皮等。常见的培养基有培养细菌用的牛肉膏蛋白胨培养基、培养霉菌用的玉米粉琼脂培养基、培养酵母菌用的麦芽汁培养基等。

（2）合成培养基　合成培养基中的营养物质来源于经过准确称量的化学物质

或有机组分，人们对其中的化学组分已相当清楚。在实际应用中，合成培养基的优点是组分稳定、实验重复性高，这就使其能够用于遗传育种、生物测定、微生物鉴定等精细研究；缺点是它的配制过程繁琐、成本较高，难以推广至微生物的一般培养。常见的有培养霉菌用的查氏培养基，鉴别肠道菌用的柠檬酸盐培养基等。

（3）半合成培养基　半合成培养基中的营养物质一部分来源于天然物质，另一部分则由经过准确称量的化学物质及有机组分组成。半合成培养基综合了天然培养基和合成培养基的优点，既增加了培养基的营养、降低了成本，又使培养基中的组分相对稳定，提高了实验的重复性，因而，半合成培养基被广泛用于微生物的培养与研究。常见的有鉴别沙门菌用的S·S琼脂培养基和鉴别大肠菌群用的伊红美蓝琼脂培养基（表2-2）。

表2-2　半合成培养基示例（引自谢梅英，2000）

| S·S琼脂培养基 | | 伊红美蓝琼脂培养基 | |
|---|---|---|---|
| 组　分 | 含量/(g/mL) | 组　分 | 含量/(g/mL) |
| 蛋白胨 | 20 | 蛋白胨 | 10 |
| 牛肉膏 | 5 | 乳糖 | 10 |
| 乳糖 | 10 | 伊红液(2%) | 20 |
| 胆钠 | 8.5~10 | $K_2HPO_4$ | 2 |
| 琼脂 | 20 | 琼脂 | 20 |
| 煌绿液(0.1%) | 0.33 | 美蓝液(0.65%) | 10 |
| 硫代硫酸钠 | 9 | 蒸馏水 | 1000 |
| 柠檬酸钠 | 0.5 | | |
| 中性红水溶液(0.5%) | 4.5 | | |
| 蒸馏水 | 1000 | | |

**2. 按培养基的用途划分**

（1）基础培养基　微生物作为一个群体，既存在个性，又存在共性。尽管不同的微生物所需要的营养物质各不相同，但一部分营养物质是所有微生物都需要的，用这些所有微生物都需要的营养物质所配成的培养基称为基础培养基。如牛肉膏蛋白胨培养基。基础培养基既可以单独使用，用于微生物的简单培养，又可以作为其他培养基的基础物质，在适当地添加功能营养组分后用于微生物的其他研究。

（2）选择培养基　选择培养基是在基础培养基中添加了其他的营养物质或抑制剂后所形成的，用于分离纯化（选择）目的菌的培养基。利用选择培养基来分离纯化目的菌的机制有两种，一是在基础培养基中添加目的菌的特殊营养组分，这种特殊营养组分容易被目的菌吸收利用，而不易被非目的菌吸收利用，从而使目的菌的生长速度加快，并逐渐富集而占优势，从而淘汰非目的菌，实现目的菌的分离纯化。例如：可以通过添加纤维素的培养基来分离纯化纤维素分解菌，通过添加浓糖液的培养基来分离纯化酵母菌。二是在基础培养基中添加非目的菌的抑制剂，这种抑制剂不妨碍目的菌的生长，但对非目的菌的生长有明显的抑制作用，从而使目的菌从众多杂菌中分离纯化出来。例如：可以通过添加链霉素来抑制一般微生物的生长，从而分离出霉菌；可以通过添加大量的糖来抑制一般微生物的生长，从而分离出高渗酵母。

（3）鉴别培养基　鉴别培养基是在基础培养基中添加了一些指示剂，能够有效鉴别不同微生物的培养基。不同微生物的代谢产物各不相同，在鉴别培养基上，各种代谢产物都会与指示剂发生反应，由于不同代谢产物与指示剂反应所形成的物质不同，现象也不同，从而能有效鉴定微生物的种类与数量。鉴别培养基不仅能用于微生物的快速鉴定，还能用于微生物菌种的分离、筛选。常用的鉴别培养基如表2-3所示。

表2-3　常用的鉴别培养基

| 培养基名称 | 指示剂 | 微生物代谢产物 | 指示现象 | 用途 |
| --- | --- | --- | --- | --- |
| 酪素培养基 | 酪素 | 蛋白酶 | 出现透明圈 | 产蛋白酶菌株的鉴定 |
| 伊红美蓝培养基 | 伊红、美蓝 | 酸 | 带金属光泽的深紫色菌落 | 鉴别大肠菌群 |
| 淀粉培养基 | 淀粉 | 淀粉酶 | 出现透明圈 | 产淀粉酶菌株的鉴定 |
| 糖发酵培养基 | 溴甲酚紫 | 乳酸、乙酸、丙酸 | 由紫色变黄色 | 鉴别肠道细菌 |
| $H_2S$实验培养基 | 醋酸铅 | $H_2S$ | 出现黑色沉淀 | 产$H_2S$菌株的鉴定 |
| 油脂培养基 | 食用油 | 脂肪酶 | 由淡红色变为深红色 | 产脂肪酶菌株的鉴定 |

（4）活体培养基　活体培养基是指以动物、植物活体或活体细胞为营养物质来培养微生物的一种培养基。它通常用于病毒、支原体、衣原体等寄生类微生物的培养。由于寄生类微生物不能利用人工配制的培养基生长，所以，在对它们进行培养时，通常选用活体培养基。常见的活体培养基有小白鼠、家鼠、鸡胚等。

依据培养基的用途划分，除了上述几种培养基外，还有选择压力培养基、分析培养基、还原培养基等。当然，每一种培养基的划分都不是绝对的，更不是孤立的。例如：选择培养基也可能是鉴别培养基，鉴别培养基还可能是选择培养基，更有可能是一种培养基同时是选择培养基和鉴别培养基。比如，淀粉培养基对于产淀粉酶的菌种来说就是一种选择鉴别培养基，其中的淀粉不仅能有效促进产淀粉酶菌株的生长，实现"选择"的目的，又能使产淀粉酶菌株的附近出现透明圈，达到鉴别的目的。

**3. 按制备好的培养基的物理状态划分**

（1）液体培养基　液体培养基是指其物理状态呈液态的一类培养基的总称。这类培养基制备方便快捷，营养物质均匀，又有利于氧气、pH值等条件的控制，更有利于微生物与营养物质之间的接触，被广泛应用于大规模的工业生产及微生物的其他研究中。常见的液体培养基有乳糖胆盐培养基、乳糖培养基、MR-VP 培养基、肉汤培养基等。不同的微生物在液体培养基中的生长状况各不相同，具体生长特征参见图 1-7。

（2）**固体培养基** 固体培养基是指其物理状态呈固态的一类培养基的总称。这类培养基根据生产方式的不同又可以分为两大类，一类是用天然的固态物质直接制成，如：用于细菌培养的马铃薯片、用于制酒的酒曲、用于生产食用菌的玉米芯等；另一类则是在液体培养基中添加了凝固剂而得到，如：营养琼脂培养基、伊红美蓝琼脂培养基、S·S 琼脂培养基等。在固体培养基的制备中，常用的凝固剂有琼脂（1.5%～2.5%）、明胶（5%～12%）、硅胶等，其中，琼脂的营养价值几乎为零，不易被微生物分解利用，又具有适宜的凝固温度、透明度和黏合力，更重要的是，它又存在价格低廉这一天然优势，故其被广泛采用。由于固体培养基的非流动性会使微生物在其上生长繁殖后形成单一群体，这有利于微生物的分离，因此，固体培养基常用于微生物的分离、鉴定、活菌计数及菌种保藏等。常见的固体培养基有营养琼脂培养基、伊红美蓝琼脂培养基、三糖铁琼脂培养基、卵黄琼脂培养基等。不同的微生物在固体培养基中的生长状况各不相同。

（3）**半固体培养基** 半固体培养基是指其物理状态呈半固态的一类培养基的总称。半固体培养基也可以用天然物质制成，但多由液体培养基中加入凝固剂获得。半固体培养基中的凝固剂添加量少于固体培养基，一般为 0.5% 左右。由于其存在半流动特性，既不像液体培养基那样容易使微生物交叉浮动，又不像固体培养基那样把微生物牢牢固定，所以，它常用于微生物细胞运动特性的观察与研究中。不同的微生物在半固体培养基中的生长状况各不相同。

## 三、培养基的制备

任何微生物的培养都需要与之相配的培养基，随微生物的不同，所配培养基的成分与方式也各不相同，但大致流程却是相同的，具体培养基制备流程如图 2-4 所示。

**1. 原料选择与称量**

依据培养基的配方选择不同精密度的称量工具进行原料称量，常见的称量工具有托盘天平、电子天平、分析天平等。一般情况下，原料的称量不需要很高的精密度，用托盘天平或电子天平就可以了。

**2. 混合溶解**

原料称量完毕后，在烧杯或其他容器中进行混合溶解（先用部分水溶解）。一般情况下，混合溶解过程需要加热，常用的加热工具是电炉。在这一过程中需要特别注意的是，当原料中有琼脂时，在溶解时要用玻璃棒不停搅拌，并控制火力大小，以防止琼脂溶解后溢出。

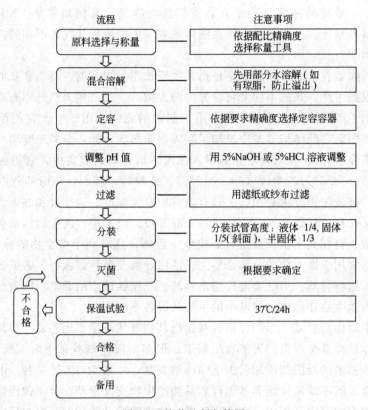

图 2-4 培养基制备简图

**3. 定容**

溶解完毕后,加入剩余的水,定容至要求容量。

**4. 调整 pH 值**

定容完毕后,用 pH 试纸或 pH 测定计测定培养基的 pH 值,然后与要求 pH 值相对照,当实际值大于要求值时,加入一定量 5% 的盐酸调节至要求值;当实际值小于要求值时,加入一定量 5% 的氢氧化钠调节至要求值。在调节 pH 值时,一定要慢慢加入调试剂,并且随时测定,以免调过。

**5. 过滤**

对有特殊要求的培养基进行过滤,过滤时一般用八层纱布。

**6. 分装**

过滤完毕后,依据不同的要求进行分装。分装试管时,液体培养基分装试管容积的 1/4,固体分装 1/5,半固体分装 1/3。分装锥形瓶时,一般不超过 1/2。分装常用的工具是漏斗。分装后,塞上棉塞,用牛皮纸或报纸包好,用铅笔在纸上标明培养基名称、制备日期、组别和姓名等基本情况。

**7. 灭菌**

将分装、包扎好的培养基放入高压蒸汽灭菌锅灭菌(高压蒸汽灭菌锅的使用方法见实验）。

**8. 保温试验**

为了验证灭菌是否完全，将灭菌后的培养基放入 37℃ 环境中一天，若未长菌，说明灭菌完全，培养基合格，可备用；若长菌，则说明灭菌不完全，培养基不合格，需要重新灭菌，直到灭菌完全方可使用。表 2-4 所示为常见微生物的一般培养基。

表 2-4　常见微生物的一般培养基（引自沈萍，1998）

| 微生物 | 细菌 | 放线菌 | 酵母菌 | 霉菌 |
|---|---|---|---|---|
| 培养基组分 | 牛肉膏蛋白胨培养基 | 高氏Ⅰ号合成培养基 | 麦芽汁培养基[①] | 查氏合成培养基 |
| 牛肉膏 | 5g | | | |
| 蛋白胨 | 10g | | | |
| 蔗糖 | | | | 30g |
| 可溶性淀粉 | | 20g | | |
| $KNO_3$ | | 1g | | |
| $NaNO_3$ | | | | 3g |
| $MgSO_4 \cdot 7H_2O$ | | 0.5g | | 0.5g |
| $FeSO_4$ | | 0.01g | | 0.01g |
| $K_2HPO_4$ | | 0.5g | | 1g |
| NaCl | 5g | 0.5g | | |
| KCl | | | | 0.5g |
| $H_2O$ | 1000mL | 1000mL | | 1000mL |
| pH | 7.0~7.2 | 7.2~7.4 | 自然 | 自然 |
| 灭菌条件 | 121℃/20min | 121℃/20min | 121℃/20min | 121℃/20min |

① 组分不明。

# 第三节　微生物的生长

了解了微生物所需的营养物质以及其培养基的制备后，我们还需对微生物的生长规律及环境因素对微生物的影响加以研究，以便于更好地把握微生物的生长情况，为微生物的培养与控制提供依据。

## 一、微生物的生长规律

尽管不同的微生物都有其各自的生长特性与规律，但它们的生长也存在一定的共性。由于微生物个体微小，其个体生长规律不易观察与总结，因此，人们常以微生物群体作为研究对象来观察微生物的生长情况,总结其生长规律。鉴于此,我们从个体微生物生长与群体微生物生长两个方面来归纳总结微生物的生长规律。

**1. 个体微生物的生长规律**

不同的微生物,其生长情况也不相同,大致可以分为细菌、酵母菌与丝状微生物三种类型。

细菌的个体生长主要包括以下过程:先是细菌染色体 DNA 的复制与分离,与此同时伴随着细胞壁的扩增,当各种结构复制完成后,细胞质膜开始内陷,随着细胞壁的裂解与闭合,子代细胞亦随之形成,完成一个生长周期。

酵母菌的个体生长主要包括以下过程:先是细胞体积连续增加,当增加到一定程度以后,细胞开始向外突起,形成一个芽,与此同时,细胞核也开始复制,并于复制完成后进入芽体,随着隔膜的形成与断裂,形成子代细胞,完成一个生长周期。

丝状微生物的个体生长主要包括以下过程:先是孢子吸收营养物质与进行代谢后开始肿胀,随着代谢活动的继续进行,形成萌发管,并发育成菌丝。菌丝吸收营养后,新的细胞壁与细胞膜开始形成,并把原来最顶端的细胞壁与细胞膜推向后部,实现顶端生长。当菌丝生长到一定阶段后又通过横隔膜的生成与断裂产生新的孢子,完成一个生长周期。

**2. 群体微生物的生长规律**

由于细菌与酵母菌都是单细胞微生物,其群体生长规律极其相似,因此,我们把群体微生物的生长规律分为单细胞微生物的群体生长规律与丝状微生物的群体生长规律两种类型来分别介绍。这里主要讨论单细胞微生物的生长规律。

单细胞微生物主要是指细菌与酵母菌,它们的群体生长主要是以一定时间内微生物细胞数量的增加来表示的。取少量单细胞微生物纯菌种接种于一定量的培养基中,以时间为横坐标,菌数(测定方法参见表 2-5)为纵坐标,绘制一条反映单细胞微生物在一定时间内生长变化情况的曲线,这条曲线被称为单细胞微生物的生长曲线(图 2-5)。依据不同时间段里微生物生长速率的不同,可以把单细胞微生物的生长曲线分为迟缓期、对数期、稳定期、衰亡期四个主要时期。

表 2-5　微生物菌数主要测定方法

| 测定项 | 测定方法 | 具 体 操 作 |
| --- | --- | --- |
| 总菌数测定 | 计数板计数法 | 将稀释的样品 0.1mm³ 滴在计数室内(一块特制的载玻片上,一个 1mm×1mm×0.1mm 的小室,在 1mm² 的面积里,又被划成 25 或 16 个中格,每个中格又被划成 25 或 16 个小格),盖上载玻片,然后在显微镜下数出 4~5 个中格中的菌数,再换算成平均每个小格中的菌数 $a$,由公式 $A=a×$ 计数室总小格数 $×1000×$ 稀释倍数求出每毫升样品中总菌数 $A$ |
| 活菌数测定 | 平板菌落计数法 | 将样品做 3~4 个稀释倍数,然后从每个稀释倍数中分别取 0.1mL 放入相应的无菌培养皿中,再倒入适量的 45℃ 左右的已熔化培养基,轻轻摇匀。待凝固后,放入培养箱中进行倒置培养。长出菌落后,统计菌落数($b$)。按公式 $B=b×10×$ 稀释倍数求出每毫升样品中活菌数 $B$ |

(1) 迟缓期　迟缓期（也称延迟期）是指单细胞微生物群体接种到培养基中以后，由于环境条件的改变而暂时无法进行细胞分裂，使细胞的生长速率为零，细胞数目不增加甚至有所减少的一段时期。迟缓期只是细胞分裂的调整期，而不是细胞生长的休眠期，在这段时间内，尽管微生物细胞的分裂比较迟缓，但是其

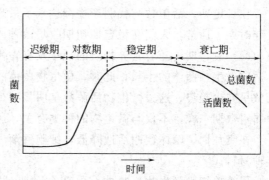

图 2-5　单细胞微生物生长曲线

代谢活动却相当活跃，它们利用这段时期，快速地调整自己，吸收各种营养物质，积极合成细胞分裂所需的组分，为微生物的分裂与快速生长打下基础。

根据接种前后环境条件改变大小的不同，延迟期的长短也各不相同，环境改变越大，延迟期也越长。例如：如果我们把菌种接到和原来培养条件相似的培养基中，迟缓期就短一些，相反，如果我们把菌种接到与原培养条件有很大差异的培养基中，它们就需要花费长的时间来适应环境条件的改变，相应的延迟期就长一些。除此之外，所接菌种的情况也会影响到延迟期的长短，如果接种的是处于对数生长期的菌种，适应能力就强一些，延迟期较短，如果接的菌种是稳定期的菌种，适应能力就差一些，延迟期较长，如果是衰亡期的菌种，则会更长。当然，还有很多其他因素也会影响到延迟期的长短，在应用时要特别注意。

在实际生产中，较长的延迟期对生产是不利的，会无谓地延长生产周期，提高生产成本，所以要尽量缩短延迟期。在营养方面，要尽量使种子培养基的组分与发酵培养基组分相似；在环境方面，要尽量保持一致的培养环境；在菌种选择上，要尽量选择对数生长期的菌种。除了这些方法之外，还可以通过增加接种量的方法来克服环境条件的影响。

(2) 对数期　对数期是指单细胞微生物适应了环境以后，以最大的速率开始生长、分裂，使微生物数量呈对数增加的一段时期。在这段时期内，微生物细胞的分裂最快，代谢活动最旺盛，代时（微生物繁殖一代所需的时间）也最短。不同微生物的代时各不相同，同种微生物在不同培养条件下的代时也各不相同。

由于对数期的微生物细胞分裂快、代谢旺盛，所以在生产实践中，常以对数期的菌体作为接种材料。

(3) 稳定期　在对数期，微生物细胞因生长活跃而消耗了大量的营养物质，而且在有限的培养液中它们不可能高速率无限生长繁殖，所以在对数期末期细胞活力减退，生长速率逐渐下降，死亡率大大增加，使新增殖的细胞数和死亡的细胞数趋于平衡，这时候的活菌数保持相对稳定。当然，稳定期并不是一段绝对静止的时期，而是新生菌体数量与死亡菌体数量达到几乎一致的动态平衡时期。

在稳定期，活菌数与代谢产物都达到了最高量，因此是收获菌种与代谢产物的最佳时期。通常，人们在稳定期初期收集菌种或其代谢物。

（4）衰亡期　随着营养物质的耗尽及有害代谢产物的积累，培养环境已越来越不适应微生物菌体的生长，此时，微生物菌体的死亡速率已超过其生长速率，使活菌数呈减少趋势，这段微生物活菌数呈明显减少的时期被称为衰亡期。衰亡期的长短同对数期一样，不仅与微生物的种类有关，还与微生物的培养条件有关。

在衰亡期，菌体代谢活性降低，细胞逐渐出现自溶现象，所以绝对不可以作为接种材料。

尽管单细胞微生物生长曲线的四个时期只能反映单细胞微生物的群体生长规律，而不能作为它们的个体生长规律，但其在指导生产实践中仍具有重要意义。

丝状真菌的群体生长大致也可以划分成上述四个时期，但各个时期的典型性不是很强，即各个时期之间的界限不是很明显。

## 二、环境因素对微生物的影响

我们知道，环境与微生物之间存在着微妙的动态关系，二者相互依存，又相互制约。对环境来说，微生物一方面作为它的"环保卫士"，起到清洁净化的作用，另一方面又可能造成它的生物性污染；对微生物来说，环境一方面为它提供合适的生存条件，另一方面又可能对它的生命构成威胁。在这一节里，我们重点介绍环境因素对微生物生长的影响，以便于更好地把握微生物在自然界中的分布情况，为微生物的研究与控制提供理论依据。

影响微生物生长的环境因素多种多样，依据各种因素的性质可分为物理因素、化学因素和生物因素三大类。

**1. 物理因素**

影响微生物生长的物理因素主要有温度、水的活度、氧、辐射、超声波等。

（1）温度　温度是影响微生物生命活动的主要因素之一。当温度过低时，微生物体内酶的活性很低，原生质膜也处于凝固状态，微生物的生命活动几乎停止。随着温度的升高，酶的活性随之增加，细胞中的生物化学反应速度加快，微生物细胞的生长速率提高。当超过某一温度时，微生物细胞中的热敏感组分（如蛋白质、核酸）又会发生不可逆的变性，从而导致微生物细胞的死亡。不同的微生物对温度的要求都不一样，每种微生物都有其自身的三个基本温度（表2-6），即最低生长温度、最适生长温度与最高生长温度。当低于微生物的最低生长温度时，微生物不能生长，甚至死亡；当达到微生物的最低生长温度时，微生物开始缓慢生长；随着温度的进一步升高，微生物的生长速率加快，直到达到其最适生长温度时，其生长速率也达到最高；当温度进一步升高时，微生物的生长速率又开始降低，直到达到其最高生长温度时，微生物的生长速率又降到最低；当温度超过最高生长温度时，微生物停止生长，甚至死亡。

表2-6 不同微生物的三个基本温度（引自沈萍，1998）

| 微 生 物 | 最低生长温度/℃ | 最适生长温度/℃ | 最高生长温度/℃ |
|---|---|---|---|
| 大肠杆菌 | 10 | 37 | 45 |
| 酿酒酵母 | 1～3 | 28 | 40 |
| 枯草芽孢杆菌 | 15 | 30～37 | 55 |
| 金黄色葡萄球菌 | 15 | 37 | 40 |
| 毛霉 | 21～23 | 45～50 | 50～58 |

根据微生物生长温度的差别，可以把微生物分为嗜冷微生物、兼性嗜冷微生物、嗜温微生物、嗜热微生物和嗜高热微生物（表2-7）。

表2-7 不同类型微生物的生长温度（引自沈萍，1998）

| 微 生 物 类 型 | 最低生长温度/℃ | 最适生长温度/℃ | 最高生长温度/℃ |
|---|---|---|---|
| 嗜冷微生物 | <0 | 15 | 20 |
| 兼性嗜冷微生物 | 0 | 20～30 | 35 |
| 嗜温微生物 | 15～20 | 20～40 | 40～45 |
| 嗜热微生物 | 45 | 55～65 | 80 |
| 嗜高热微生物 | 65 | 80～90 | ≥100 |

① 嗜冷微生物。嗜冷微生物之所以能在低温下生长良好的原因是，它们体内的酶在低温下活性较高，能有效地催化各类生化反应，而这类酶对高温却十分敏感，在高温下会很快失去活性。除此之外，它们的原生质膜中还含有较多的不饱和脂肪酸，能在低温下维持膜的半流动性，有效吸收营养物质。嗜冷微生物多见于北极与海洋深处。如嗜冷芽孢菌、嗜冷微球菌等。

② 兼性嗜冷微生物。兼性嗜冷微生物与嗜冷微生物的不同之处在于，它们要求的生长温度较高，能够在0℃的环境中生存，只是生长缓慢而已。兼性嗜冷微生物多见于冷水或土壤中。

③ 嗜温微生物。嗜温微生物分室温性与体温性两类。室温性微生物的最适生长温度是25～30℃，常见于土壤与植物体内，而体温性微生物的最适温度则是37～40℃，常见于动物体内，如大肠杆菌。

④ 嗜热微生物。嗜热微生物喜欢在温度较高的条件下生存。多见于温泉、堆肥及发酵堆料中。如嗜热脂肪芽孢杆菌、水生栖热菌、高温放线菌等。

⑤ 嗜高热微生物。嗜高热微生物之所以能在较高的温度下生存的原因是：一方面，它们的酶与蛋白质比较耐热，能在高温下有较高的活性，并且其氨基酸以特殊的方式折叠，能有效抵抗高温；另一方面，它们的原生质膜中还含有较多的饱和脂肪酸，能使它们在高温下保持稳定性，并正常发挥功能。目前发现的嗜高热微生物都是古生菌。多见于火山喷口处。

了解了微生物的温度生长范围之后，我们来看一下温度在生产实践中的应用。

低温一方面可用于保存菌种,原理是:当微生物处于较低温度时,其新陈代谢活动减慢甚至停止,但活力仍然存在,在恢复温度后,仍能正常生长(注意温度不可过低,以防造成细胞内水的结晶而导致菌种死亡);另一方面可用于保藏食品,通常有冷藏(0~7℃)和冻藏(-20~-15℃)两种。高温则通常用于食品的灭菌,原理是:过高的温度能导致微生物体内的蛋白质发生不可逆的变性,最终致使微生物细胞死亡。

(2) 水的活度 水是微生物细胞的重要组分,也是微生物的六大营养来源之一,这就要求微生物的生长环境中要有一定的水分含量(通常用 $a_w$ 表示)。不同的微生物所要求的 $a_w$ 各不相同(具体见表2-8),当环境中的 $a_w$ 高于微生物所要求的 $a_w$ 时,微生物细胞处于低渗环境,会吸水膨胀,严重时会导致细胞破裂死亡;当环境中的 $a_w$ 低于微生物所要求的 $a_w$ 时,微生物细胞处于高渗环境,会造成细胞失水,细胞质变稠,质膜收缩,严重时会发生质壁分离,导致微生物死亡;只有环境中的 $a_w$ 等于微生物所要求的 $a_w$ 时,微生物细胞才既不吸水膨胀,又不失水收缩,可保持微生物的正常生长。

表 2-8 不同微生物所要求的 $a_w$

| 微 生 物 | $a_w$ | 微 生 物 | $a_w$ |
|---|---|---|---|
| 一般细菌 | 0.91 | 嗜盐细菌 | 0.76 |
| 酵母菌 | 0.88 | 嗜盐真菌 | 0.65 |
| 霉菌 | 0.80 | 嗜高渗酵母 | 0.60 |

(3) 氧 根据微生物对氧的需要程度的不同,可以将微生物分为好氧微生物、兼性好氧微生物、厌氧微生物和兼性厌氧微生物四种类型。

① 好氧微生物。好氧微生物是指那些必须需要氧才能生长的微生物类群的总称。常生长于液体培养基试管的表层。在实验室,通常采用振荡的方式来补充氧气培养好氧微生物;在发酵工业上,通常用搅拌的方式来补充氧气培养好氧微生物。

② 兼性好氧微生物。兼性好氧微生物是指那些在有氧存在时进行有氧代谢,在无氧存在时进行无氧代谢,更适合于有氧代谢的一类微生物的总称。通常布满液体培养基试管,但表层较多。

③ 厌氧微生物。厌氧微生物是指那些由于缺乏呼吸系统,而必须在无氧条件下才能生长的微生物类群的总称。通常生长于液体培养基试管的深层。培养厌氧微生物时,可采用密封等物理方法隔绝氧,也可采用化学或生物方法消耗氧。

④ 兼性厌氧微生物。兼性厌氧微生物是指那些在有氧存在时进行有氧代谢,在无氧存在时进行无氧代谢,更适合于无氧代谢的一类微生物的总称。通常布满液体培养基试管,但深层较多。在实验室和工业上,通常采用深层静止培养来培养兼性厌氧微生物。

(4) 辐射 一般来说,自然界的辐射作用对于微生物是有害的。其中最主要的是微波、紫外线、X射线和γ射线。

① 微波。微波是指频率为 $3×10^2 \sim 3×10^5$ MHz 的电磁波。主要通过热效应来影响微生物细胞，导致微生物的死亡。通常用于食品的杀菌。

② 紫外线。紫外线是指波长在 100～400nm 之间的电磁波。它能被微生物细胞中的蛋白质（280nm）和核酸（260nm）吸收，而造成这些分子的变性，从而抑制 DNA 的复制与转录，导致微生物细胞的死亡。波长在 260nm 的紫外线的杀菌能力最强。由于其穿透力差，所以紫外线通常用于空气与物体表面的杀菌。

③ X射线和γ射线。X射线和γ射线都是一种电离辐射线。X射线是指波长在 0.06～13.6nm 之间的电磁波，γ射线是指波长在 0.01～0.14nm 之间的电磁波。它们能通过撞击分子而产生自由基，再通过自由基或自身破坏生物大分子中的氢键、双键等使微生物细胞内生物大分子的结构得到不同程度的破坏，从而来影响微生物的生长，甚至导致微生物死亡。

(5) 超声波　超声波也会影响到微生物的生长，它主要通过强烈的振荡和同时产生的热效应来破坏微生物细胞，导致微生物细胞的死亡。

**2. 化学因素**

影响微生物生长的化学因素主要来自于各类化学物质的作用。

(1) 酸性物质与碱性物质　酸性物质与碱性物质主要通过改变环境的 pH 值来影响微生物的生长。pH 值不仅能影响细胞膜的通透性和稳定性，还能影响物质的溶解度，从而影响微生物细胞对营养物质的吸收。除此之外，pH 值还能影响细胞中酶的活性，从而影响微生物细胞中各类生物化学反应的进行。不同的微生物对 pH 值的要求也不一样，每种微生物都有其自身的三个基本 pH 值（表 2-9），即最低 pH 值、最适 pH 值与最高 pH 值。当环境中的 pH 值低于微生物要求的最低 pH 值时，$H^+$ 过多，这些多余的 $H^+$ 可以与营养物质结合，并交换出阳离子，从而影响细胞的稳定性，还可以使 $CO_2$ 的溶解度降低，导致阳离子的溶解度增加，从而对机体产生不利影响；当环境中的 pH 值高于微生物要求的最高 pH 值时，$OH^-$ 过多，它会影响到营养物质的溶解度与细胞表面的电荷平衡，从而对机体产生不利影响。

表 2-9　常见微生物生长的 pH 值范围

| 微　生　物 | 最低 pH 值 | 最适 pH 值 | 最高 pH 值 |
| --- | --- | --- | --- |
| 细菌 | 3～5 | 6.5～7.5 | 8～10 |
| 酵母菌 | 2～3 | 4.5～5.5 | 7～8 |
| 霉菌 | 1～3 | 4.5～5.5 | 7～8 |

根据微生物生长所要求的 pH 值的差别，可以把微生物分为嗜酸微生物、嗜中性微生物和嗜碱微生物。

① 嗜酸微生物。嗜酸微生物是指能够在 pH5.4 以下生长的一类微生物的总

称。这类微生物细胞能有效阻止环境中 $H^+$ 的进入,并不断从胞内排出 $H^+$ 来适应环境。真菌类居多,如酵母菌、霉菌等。

② 嗜中性微生物。嗜中性微生物是指能够在 pH5.4~8.5 之间生长的一类微生物的总称。大多数微生物都属于此类微生物,如伤寒沙门菌、结核杆菌、痢疾志贺菌等。

③ 嗜碱微生物。嗜碱微生物是指能够在 pH7.0~11.5 之间生长的一类微生物的总称。以古生菌为主。

酸类物质通过解离出 $H^+$ 来影响微生物细胞的生长。食品工业上常用的有苯甲酸、山梨酸等,常作为防腐剂添加。

碱类物质通过解离出 $OH^-$ 来影响微生物细胞的生长。食品工业上常用的有纯碱、氢氧化钠等,常用于环境与设备的消毒。

(2) 盐类　无机盐也是微生物的六大营养来源之一,是微生物细胞生长所必不可少的。一般来讲,我们可以把盐类分为普通金属盐和重金属盐两大类。对于普通金属盐,其对微生物的生长具有两面性,一方面,适量的盐类是微生物生长所必需的,另一方面,过量的盐类又会对微生物产生毒性,抑制微生物的生长,甚至导致微生物细胞的死亡;对于重金属盐,大部分对微生物细胞都是有害的。一般情况下,分子量越大的盐类,毒性也越大;二价阳离子毒性大于一价阳离子。

(3) 氧化剂　氧化剂对微生物也是有害的,它能破坏微生物细胞中蛋白质的巯基、氨基等,导致蛋白质变性和酶的失活,从而影响微生物细胞的生长。

(4) 有机物　大部分有机物都能作为营养物质被微生物吸收利用,但是,也有一部分有机物对微生物是有害的,例如醇类、醛类、酚类等。大多数有机物都是通过影响微生物细胞中的酶和蛋白质,引起酶的失活与蛋白质变性。不同的有机物对微生物的作用机制不尽相同。

(5) 表面活性剂　表面活性剂对微生物是有害的,它能破坏微生物细胞膜的结构,导致胞内物质外流,引起蛋白质变性,影响微生物的生长。

(6) 抗微生物剂　抗微生物剂是一类由人工合成或天然产生的,能够有效抑制或杀死微生物细胞的化学物质的总称。最常见的人工合成抗微生物剂是磺胺类药物,最常见的天然抗微生物剂是抗生素。

**3. 生物因素**

影响微生物生长的生物因素主要是微生物与微生物、动物、植物之间的相互作用。主要有共生关系、互生关系、竞争关系、寄生关系和拮抗关系。共生关系、互生关系和寄生关系对微生物的生长是有利的,能够有效促进或帮助微生物的生长;竞争关系对微生物的生长具有两面性,一方面,它能夺走微生物的营养物质,导致微生物营养的缺乏,而影响其生长,另一方面,它能通过竞争促进微生物的快速进化,提高微生物适应环境的能力;拮抗关系对微生物的生长是不利的,它在很大程度上会阻碍微生物的生长,严重时,会导致微生物细胞的死亡。

## 三、微生物的控制

随着工业化的发展，越来越多的便携性食品开始走上人们的餐桌，与此同时，如何延长食品的保质期成为人们越来越关注的话题。据统计，90%以上的食品变质都是由微生物引起的，这就要求我们必须尽快找到合适的方法来进行微生物的控制，这也是食品微生物学的一大重心。依据环境因素性质的不同，可以把控制微生物的方法分为物理方法、化学方法和生物方法三大类。

当然，对于微生物的控制并不意味着就是彻底杀灭，根据需要的不同，杀灭的程度也不尽相同（表2-10）。

表2-10　有关方式的杀灭程度

| 有关术语 | 杀灭程度 | 有关术语 | 杀灭程度 |
| --- | --- | --- | --- |
| 防腐 | 防止或抑制微生物的生长 | 灭菌 | 杀死所有微生物 |
| 消毒 | 杀死病原微生物，不能杀灭芽孢 | 商业灭菌 | 杀死大部分微生物和所有病原微生物 |

**1. 物理方法**

（1）温度　通过温度来杀灭微生物的方法有高温灭菌和低温灭菌两大类。

① 高温灭菌。高温杀灭微生物的原理是高温能引起微生物细胞蛋白质变性，从而导致微生物死亡。可分为干热灭菌和湿热灭菌两大类。

常用的干热灭菌方法有以下几种。

a. 直接灼烧法：点燃酒精灯，直接用酒精灯外焰灼烧需要灭菌的物品，常用于接种针、试管口等的灭菌。也可直接焚烧，常用于有害污染物的灭菌。

b. 干热空气灭菌法：将需要灭菌的物品放入恒温干燥箱内，设定一定的时间与温度（常用的有171℃/1h、160℃/2h和120℃/12h）进行灭菌，灭菌后，停止加热，待干燥箱温度降至80℃以下时，打开箱门，取出灭菌物品。常用于金属与玻璃器皿的灭菌。

常用的湿热灭菌方法有以下几种。

a. 煮沸法：将需要灭菌的物品放入沸水中，维持15min左右后取出。常用于医疗器械和餐具的消毒。

b. 高压蒸汽灭菌法：将需要灭菌的物品放入高压蒸汽灭菌锅中，维持所需的温度，保持所需的时间后，停止加热，待压力降至0时，打开锅盖，取出灭菌物品（详细操作见实验部分）。常用于培养基、生理盐水及其他溶液的灭菌。

c. 间歇灭菌法：高温灭菌与恒温培养交替进行，重复几次，达到低温杀灭芽孢的目的。常用于低温制品的杀菌。

d. 巴氏消毒法：常用71.5℃/15s或62.9℃/30s。能杀死97%~99%的微生

物。通常用于牛奶、啤酒、酱油等食品的杀菌。

② 低温灭菌。低温杀灭微生物的原理是低温能引起微生物细胞中水的结晶，从而导致微生物死亡。

a. 冷藏法：常采用0~7℃环境来抑制微生物的生长，此温度下，微生物生长缓慢。常用于蔬菜或一般菌种的保藏。

b. 冷冻法：常采用-20~-15℃环境来抑制微生物的生长，此温度下，微生物已基本停止生长。也有在-78℃的干冰或-196℃液氮中进行冷冻保藏的。常用于冷冻食品与特殊菌种的保藏（如病毒等）。

(2) 水的活度　通过调整水的活度来控制微生物的方法有干燥和调节渗透压两种。

① 干燥。干燥能降低微生物细胞中水的活度，从而使微生物细胞中的盐浓度升高，导致蛋白质变性，引起微生物死亡。不同微生物对干燥的敏感程度不同。常用于菌种的保藏。

② 调节渗透压。通过增加环境中溶质来降低水活度，提高渗透压，引起微生物细胞失水而死亡。常用于盐腌或糖腌制品。

(3) 过滤　过滤是通过将微生物细胞移走的方法来实现对微生物的控制。常见的过滤装置有简单滤板过滤装置、膜滤器和核孔滤器等。常用于发酵工业中热敏感溶液的除菌。

(4) 辐射　可通过紫外线、X射线、γ射线或微波来杀灭微生物细胞。其中，紫外线穿透力差，常用于空气与表面灭菌；X射线、γ射线穿透力强，常用于塑料制品、医疗设备和药品的灭菌；微波加热均匀，热利用率高，时间短，常用于食品的灭菌。

(5) 超声波　超声波常用于实验室研究中的细胞破碎与菌悬液中微生物的杀灭。

**2. 化学方法**

(1) 消毒剂与防腐剂　消毒剂是指那些抑制或杀死微生物，但对人体也可能有害的化学物质。而防腐剂则是指那些能有效抑制微生物生长，但对人体无害的化学物质。常见的防腐剂与消毒剂如表2-11所示。

(2) 抗微生物剂　人工合成的抗微生物剂主要是一些生长素类似物，它们通过阻碍微生物细胞对生长素的利用来抑制微生物的生长。天然的抗微生物剂主要是一些抗生素，它们通过抑制微生物细胞壁的合成、破坏细胞质膜、抑制蛋白质的合成等方式来抑制微生物的生长。常用于微生物所引起疾病的治疗。

**3. 生物方法**

在微生物的控制上，我们还可以通过各种生物方法来进行控制。比如：可以通过有害微生物与有益微生物、有害微生物与动植物之间的竞争关系来抑制微生物的生长；也可以通过它们之间的拮抗关系来有效抑制或杀灭微生物。

表 2-11  常见的防腐剂与消毒剂（引自沈萍，1998）

| 类 别 | | 名　　称 | 作 用 范 围 | 作 用 机 理 |
|---|---|---|---|---|
| 防腐剂 | 酸碱类 | 苯甲酸或苯甲酸钠<br>山梨酸或山梨酸钾 | 果酱、果汁及其他酸性饮料<br>糕点、果汁及其他非酒精饮料 | 蛋白质变性<br>蛋白质变性 |
| | 氧化剂 | 碘液 | 皮肤 | 与酪氨酸结合 |
| | 有机物 | 75%乙醇<br>有机汞<br>六氯苯（六六六） | 皮肤<br>皮肤<br>玻璃器皿 | 脂溶剂和蛋白质变性<br>与蛋白质巯基结合<br>破坏细胞质膜 |
| | 盐类 | 0.1%～1%硝酸银 | 眼睛发炎 | 蛋白质沉淀 |
| 消毒剂 | 氧化剂 | 0.1%高锰酸钾<br>0.05%～0.5%过氧乙酸<br>臭氧<br>氯气 | 皮肤、水果、餐具等<br>塑料、玻璃制品等<br>水<br>水 | 破坏二硫键<br>破坏二硫键<br>破坏二硫键<br>破坏二硫键 |
| | 有机物 | 37%～40%甲醛<br>2%～5%石炭酸（苯酚） | 消毒厂房和无菌室<br>器械、地面、排泄物 | 烷化作用、交联作用<br>蛋白质变性 |
| | 盐类 | 硫酸铜 | 游泳池 | 蛋白质沉淀 |
| | 表面活性剂 | 0.05%～0.1%新洁而灭<br>0.05%～0.1%杜灭芬 | 皮肤<br>皮肤、器械、布品、塑料 | 蛋白质变性<br>蛋白质变性 |

## 复 习 题

1. 微生物的营养来源有哪些物质？
2. 微生物常用的碳源和氮源有哪些？
3. 什么叫生长素？生长素有什么作用？
4. 微生物的营养类型有哪些种类？
5. 什么叫化能异养型微生物？
6. 营养物质进入细胞的方式有哪些？
7. 什么是主动运输？其特点有哪些？
8. 何谓培养基？配制培养基的原则有哪些？
9. 什么是选择培养基？什么是鉴别培养基？
10. 单细胞微生物的生长曲线分为哪几个时期？各有何特点？
11. 常用的控制微生物的物理方法有哪些？

# 第三章 微生物菌种的选育与保藏

虽然微生物的繁殖速度很快，但同时也伴随着其他杂菌的生长，为了在加工制造和发酵生产各种食品的过程中有效地利用目标微生物，大幅度提高产品的产量、质量和花色品种，首先要排除其他杂菌的干扰，利用分离等方法对目标菌种提纯并培养，选育优良的生产菌种，并利用有效的方法保存，以满足试验及生产的需要。

## 第一节 微生物的遗传和变异

### 一、概述

遗传和变异是生物体的最本质属性之一，是生物种源世代延续进化的基础。

遗传是指微生物在繁殖延续后代的过程中，亲代与子代之间在结构、形态、生态、生理及生化特性等方面具有一定的相似性。微生物把自身的一些特征以遗传信息的方式传递给子代，当子代个体在适当的环境中时这些信息转化为具体的性状，进而实现生物遗传，称为遗传性。

变异是指在微生物繁殖过程中受到各种内、外因素的作用，总有少数个体其遗传物质的结构或数量会发生某些变化（即遗传性发生改变），在世代之间、同代个体之间存在差异的现象。生物的这种特征称为变异性。变异的特点是在群体中以极低的概率（一般为 $10^{-10} \sim 10^{-5}$）出现，性状变化的幅度大，变化后的新性状是稳定的、可遗传的。

遗传可以使微生物的性状保持相对稳定，而且能够代代相传，使它的种属得以保存。变异是说子代和亲代之间不是一模一样的，或多或少会有一些不同，不然世界上就会出现克隆生物的现象了，全世界的人会一模一样，动物也是一模一样，无法辨认你、我、他。变异对于微生物来说，它能使微生物产生新的变种，变种的新特性靠遗传得以巩固，并使物种得以发展和进化。

由上可知，遗传和变异是相互关联的，没有遗传就无所谓变异，没有变异就无所谓遗传，如果微生物的亲代与子代在形态和生理上没有一定的关系，就是说没有遗传性，那么也就无所谓存在什么变异。反之，如果微生物没有发生变异，也就是说所有微生物都是一样的，那也就不存在遗传了，而是直接的复制。所以说微生物的遗传和变异是密切相关、缺一不可的。

同时遗传和变异又是相互矛盾对立的。遗传是尽量保持物种的纯正性，而变异则是尽可能使子代与亲代之间产生差异。但在一定条件下，二者是相互转化的。一些短期内看来是遗传的性状，从长远看，也会发生变异；相反因发生了变异而产生的新的形态或生理性状也会在一定时间内以相对稳定的状态遗传下去。因此，可以说遗传是变异基础上的遗传，变异是遗传基础上的变异。认识和掌握微生物遗传和变异的规律是做好菌种选育的关键。

总之，遗传和变异两者之间的关系可以概述为：遗传是相对的，变异是绝对的，遗传中有变异，变异中有遗传，遗传和变异的辩证关系使微生物不断进化。

早在19世纪科学家们就通过研究得出了微生物的遗传物质结构、突变机制、基因作用等都与高等生物相同，但在生物学特性方面它们又有自己的特点，主要表现为以下几个方面。

① 微生物一般为单细胞或多细胞的个体，体形微小，对环境接触面大而均匀，易受环境的影响而引起个别细胞发生变异。

② 微生物繁殖速度快，环境因素可在短期内多次重复地影响它们的生理活动，易使个体发生变异，并能迅速地传递给后代。

③ 多数微生物如细菌、放线菌和少数霉菌均以无性繁殖为主，或者只有无性繁殖，而且其营养体多数是单倍体，因而，它们容易建立起纯的品系。

④ 微生物的新陈代谢强度大，在短时间内能产生大量的代谢产物，它为人们研究遗传变异提供了方便。

⑤ 微生物中有个体组织结构简单的类型，例如病毒。由于它们的结构很简单，非常适合作为遗传研究材料。

由于微生物具有上述特点，可以在短时间内积累大量的在高等动植物中难以获得的资料，所以，研究微生物的遗传变异的效率要比高等动植物高得多。

近年来，微生物遗传学的发展突飞猛进，它在生物遗传学的领域中占有重要的地位和作用，微生物遗传学的研究大大促进了生物遗传学的发展。

微生物的遗传性是相对稳定的，它可以使种性长期地传给后代而没有显著的质的变化，所以又称遗传保守性。遗传保守性不仅表现在它们最基本的形态和生理属性上，也表现在一些次要的属性上；它还表现在种和种之间、变种与变种之间。例如对于一个菌种，在适宜其保存的条件下，在试管转移几年甚至几十年，其间尽管繁殖了多少代，但它仍然保持原有的种性。

微生物种性的变化有两种情况：一是暂时性的，二是永久性的。微生物在形态和生理特性方面出现的变化，如不能遗传给后代，则属暂时性的，又称为暂时性的改变，这种改变对微生物来说是常见的、是大量。永久性的种性改变是真正的遗传性的变异，是微生物种的某些属性发生不可逆的变化，这是由于发生了基因结构的改变而引起的，所以，它可稳定地遗传给后代。

## 二、遗传和变异的物质基础

核酸是一切生物遗传变异的物质基础，可分为脱氧核糖核酸（DNA）和核糖核酸（RNA）两种。而大多数生物的遗传物质是 DNA，只有少数病毒的遗传物质是 RNA。微生物遗传物质的化学本质是 DNA，DNA 构成微生物特定的基因组从而传递遗传信息。微生物的基因组是指微生物的染色体和染色体以外的遗传物质所携带的基因（也就是我们所说的质粒）的总称。所以说微生物遗传和变异的物质基础是染色体和核外的质粒。

1928 年英国的细菌学家格里非斯（Griffith）首先发现肺炎双球菌的转化现象。1944 年美国的埃弗雷（O. Avery）、麦克利奥特（C. Macleod）及麦克卡蒂（M. Mccarty）等人在格里非斯工作的基础上，首先将组成 S 型肺炎双球菌的各类化学物质进行分离提纯，获得了纯度很高的糖类、脂类、蛋白质以及核酸等。然后把这些化学物质逐个与 R 型肺炎双球菌混合，在动物体外进行培养，观察是哪种物质能引起转化作用。结果发现只有 DNA 能起这种作用，这就证明了在生物体内 DNA 是遗传的物质基础。

1952 年侯喜（A. Hershey）和荣斯（M. Chase）对大肠杆菌 $T_2$ 噬菌体进行了感染实验。同样发现也是由于 DNA 的作用才使噬菌体有了感染能力，同时进一步证明了 DNA 是遗传的物质基础。

DNA 是一种高分子化合物，其相对分子质量最小的为 $2.3 \times 10^4$、最大的达 $10^{10}$。DNA 由四种核苷酸组成，每种核苷酸均含有环状碱基、脱氧核酸和磷酸根三个组分，四种核苷酸的差异仅仅在于碱基的不同。四种碱基是腺嘌呤（A）、鸟嘌呤（G）、胸腺嘧啶（T）、胞嘧啶（C）。DNA 分子就是由许多核苷酸连接在一起形成的多核苷酸长链。

1953 年沃森（Watson）和克里克（Crick）提出了 DNA 双螺旋的结构模型，并确认 DNA 分子结构是两条成对的、方向相反的、细长的多核苷酸链彼此以一定的空间距离，在同一轴上互相盘旋而形成的一个双螺旋式扶梯，每条链均由脱氧核糖-磷酸-脱氧核糖-磷酸交替排列构成。每条长链的侧面是碱基，由脱氧核糖同它们连接。两条链的两个碱基之间则以氢键相连。AT 之间是形成两个氢键，GC 之间是由三个氢键相连。虽然氢键连接很弱，但因数量很多，因此可保持稳定的螺旋状态。

每一条单链上的碱基要与另一条单链的碱基配对必须严格遵循的原则是一条单链上的嘌呤必须和另一条单链上的嘧啶相配对，因此，A 必须和 T 相配，而 G 必须和 C 相配对，即 A+C=G+T。由此认为 DNA 是由一条多核苷酸链 A，T，G，C 与另一条链的 T，A，C，G 相配对形成的双螺旋结构。但是 DNA 链上碱基的排列没有一定的规律，不一定都是 A，T，G，C 的反复，有的 AT 碱基对比 GC 碱基对多，有的二者可能相等，也有可能出现 GC 碱基对多于 AT 碱基对的情形。由此可见 DNA 分子中四种碱基的排列绝不是单调的重复。由于碱基对出现的次数不同，所以，在 DNA 分子中四种碱基含量就会出现差异。

特定菌种或变种的 DNA 分子，其碱基顺序是固定不变的，从而表现出它的遗传稳定性。一旦 DNA 的个别部位的碱基排列顺序发生了变化，如丢掉一个或一小段碱基、增加一个或一小段碱基，改变了 DNA 链的长短和碱基顺序，则会导致死亡或出现遗传性状的变异。碱基的排列顺序本身就蕴藏着遗传信息，一个含有 10 万个以上碱基对的 DNA 分子能储存极其大量的遗传信息，这也就是生物界多种多样遗传性状的分子基础。

绝大多数的细菌和病毒的 DNA 是双链的，也有些噬菌体的 DNA 分子是单链的。

## 三、微生物的变异

同种微生物的不同个体的相应基因的碱基顺序是一样的，或者说特定的微生物菌种其 DNA 的碱基顺序是一定的，并将基因稳定地遗传下去。如果在 DNA 复制或其他情况下，DNA（或基因）的某个部位的碱基被另一种碱基所取代，或者缺失或者增加，从而改变了整个 DNA 分子（或基因）的碱基顺序和（或）其长短，那么相应的基因就可能缺失或改变，其决定的性状就改变了，即发生了变异，有的甚至可能不能生存。通过基因重组也会产生新的变异菌种。突变后所产生的突变体能否继续存在，则决定于突变体所处的生活条件。

基因突变简称突变，是变异的一类，泛指细胞内（或病毒颗粒内）遗传物质的分子结构或数量突然发生的可遗传的变化，可自发或诱导产生，以下将重点介绍。

**1. 基因突变的类型**

基因突变的类型可分为以下几种。

(1) 形态突变型　形态突变型就是指细胞个体形态发生变化或引起菌落形态改变的那些突变型。如细菌的鞭毛、芽孢或荚膜的有无，放线菌或真菌产孢子情况的变异等。

(2) 毒力突变型　毒力突变型是指菌种发生变异而使毒力发生改变（增强或减弱），如毒性大的菌株突变为毒力小或无毒力的菌株。

(3) 致死突变型　致死突变型是指由于变异丧失活力而造成个体死亡的变异类型。

(4) 条件致死突变型　条件致死突变型是指在某一条件下表现致死效应，而在另一条件下不表现致死效应的突变型。如温度敏感突变体，它们不能在亲代能生长的温度范围内生长，而只能在较低的温度下才能生长，其原因往往是由于它们体内的某些酶蛋白的肽链中少数氨基酸发生替换从而降低了它们的抗热性。

(5) 营养缺陷突变型　营养缺陷突变型是指某种微生物经基因突变变异后，由于代谢过程中某种酶的丧失而成为必须添加某种成分才能生长的变异类型。

(6) 抗性突变型　抗性突变型是指抗某种药物、抗噬菌体、抗抗生素等能力的增加或减少的突变体。

（7）抗原性突变型　抗原性突变型是指微生物体中失去某些抗原或增加某些抗原的突变体。如伤寒沙门菌在经多次人工培养后其表面抗原即可发生变化。

此外还有代谢产物突变型、糖发酵突变型等。

**2. 基因突变的原因**

基因突变依据原因的不同分为自发突变和诱发突变。

（1）自发突变　自发突变是指某些微生物在自然条件下发生的突变。实际上这种变异往往是由于人们没有认识清楚而已。

在自然条件下发生的基因突变，其突变率极低，如细菌的自发突变率是 $1 \times 10^{-10} \sim 1 \times 10^{-4}$，即一万到一百亿次裂殖中才出现一个基因突变体。不同的微生物突变率是不一样的，但对于某一种微生物的某一特定性状来讲其突变率却是一定的。我们所说的突变率通常是指每一个细胞发生突变的平均频率，也就是指每单位时间内，每个细胞发生突变的概率或每一世代每个细胞的突变数。由于自发突变概率很低，在育种中只靠自发突变获得的突变体很少，从群体中筛选出个别有价值的优良突变体机会就更少。

（2）诱发突变　诱发突变是人们利用物理或化学方法处理微生物使其发生的突变，具诱变作用的那些因素统称为诱变剂。

应用物理因素或化学物质能够提高突变率，能够获得有价值的优良突变体，所以目前诱发突变已广泛应用于微生物育种的许多方面，如在筛选抗药物菌株、高毒力菌株、代谢产物高产菌株、抗噬菌体菌株等方面均获得了显著成效。

常见的物理诱变因素有紫外线、X 射线、γ 射线、α 射线、β 射线等。

常见的化学诱变剂有：①碱基类似物。如 5-溴尿嘧啶（与胸腺嘧啶相似），可以通过活细胞代谢活动掺入到 DNA 分子中而引起变异，但对休眠细胞和离体的 DNA 分子不起作用。②烷化剂。可使碱基特别是 G 发生烷化，从而使 GC 碱基对变为 AT 碱基对，或相反。③亚硝酸。可使碱基发生氧化脱羧作用。④吖啶。通过插入可引起移码突变，即通过一个核苷酸或几个核苷酸的加入或丢失而引起突变。⑤其他诱变剂。如抗生素、杀菌剂等。

在自发突变和诱发突变中都可能出现回复突变现象。所谓回复突变，是指由出发菌株产生突变菌株后，突变株又发生突变，产生和原出发菌株相同的突变株。这种回复突变体从其突变的类型来讲又称为回复突变型。从发生的必然性来讲，突变的发生是必然的，其突变率是很低的，而且又是无定向的。所以，回复突变的发生也是必然的，其发生的概率就更小。

**3. 基因突变的特点**

① 自发性。在无人为诱发因素的情况下，各种遗传性状的改变可以自发地产生。

② 不对应性。指突变性状（如抗青霉素）与引起突变的原因间无直接对应关系。

③ 稀有性。自发突变不可避免，但突变的频率极低。

④ 独立性。各种性状彼此间独立。
⑤ 可诱导性。通过物理、化学因素诱发，提高突变率。
⑥ 稳定性。突变后新的遗传性状是稳定的。
⑦ 可逆性。实验证明，任何突变既可能正向突变，也可发生回复突变，频率基本相同。

**4. 基因重组**

基因重组又称为遗传传递，是指遗传物质从一个微生物细胞向另一个微生物细胞传递而达到基因的改变，从而形成新遗传型个体的过程。基因重组常见的现象有杂交、转化、转导等，它们引起了微生物遗传性状的变异。

（1）杂交　两个不同遗传型的个体之间细胞融合以后，以一定概率产生新的个体细胞，其具有两个母体细胞的个别基因。杂交分为有性杂交与准性杂交。有性杂交指不同遗传型的两性细胞间发生的接合和随之进行的染色体重组，进而产生新遗传型后代的一种育种技术。准性杂交指同种生物两个不同菌株的体细胞发生融合，且不以减数分裂的方式而导致低频率的基因重组并产生重组子。

（2）转化　受体菌直接吸收了来自供体菌的 DNA 片段，通过交换，把它整合到自己的基因组中，再经过复制使自身获得供体细胞部分遗传性状的现象。如 S 型肺炎双球菌其外表有一层黏液层，R 型肺炎双球菌是肺炎双球菌的变异株，其外表没有荚膜，形成的菌落表面粗糙，无致病能力；把加热杀死的 S 型菌加入到没有荚膜的 R 型菌的培养基中，结果使原来无荚膜的 R 型菌转化成有荚膜的 S 型菌，而且具有荚膜这种性状可以继续遗传下去。

（3）转导　以完全缺陷或部分缺陷噬菌体作为媒介，把供体细胞的 DNA 小片段携带到受体细胞中，交换整合，从而使受体细胞获得供体细胞的部分遗传性状的现象。如将鼠伤寒沙门菌的两株不同的氨基酸缺陷型 LA-22 和 LA-2 分别置于 U 形管的两边，U 形管中间用烧结玻璃滤板隔开，细菌不能通过滤板，但液体及噬菌体可以通过。LA-22 是溶原性菌株，有些会自然裂解而释放出噬菌体 P22，噬菌体 P22 通过滤板感染另一端的敏感菌株 LA-2，LA-2 裂解后，产生大量的噬菌体 P22，其中有些噬菌体包裹有 LA-2 的 DNA 片段，这些噬菌体通过滤板再度去感染 LA-22 菌株，这样 LA-22 就有可能获得 LA-2 菌株的 DNA 片段，从而有可能使 LA-22 由原来的氨基酸缺陷型变为非缺陷型，即实现了基因重组。

**5. 基因工程**

基因工程指采用类似传统工程设计的方法，按照人们的意愿通过一定的程序，对不同生物的遗传物质在离体条件下进行剪切、组合和拼接，使遗传物质重新组合，然后再将人工重组的基因引入适当的受体中进行无性繁殖，并使所需的基因在受体细胞内表达，产生出人类所需的产物或组建新的生物类型。

20 世纪 70 年代初，在生命科学发展史上发生了一个伟大事件，美国科学家 S. Cohen 第一次将两个不同的质粒加以拼接，组合成一个杂合质粒，并将其引入到大肠杆菌体内进行表达。这种被称为基因转移或 DNA 重组的技术立即在学术界引起很大轰动，很多科学家深刻认识到这一发现所包含的深层意义以及将会给生命科学带来的巨大变化，惊呼生命科学的一个新时代的到来，并且预言 21 世纪将是生命科学的世纪。

基因工程的出现使人类跨进了可按照自己的意愿创建新生物的伟大时代，虽然它的诞生不足四十年，但这一学科却获得了突飞猛进的发展。

# 第二节　微生物菌种选育

食品生产中为了有效地利用微生物，首先必须选用合适的优良菌种。人们在生产实践中已经试验出一套行之有效的微生物育种方法。菌种选育方法有自然选育、诱变育种、杂交育种、原生质体融合育种、基因重组育种、基因工程育种等。根据是否有人为因素干扰又可分为两方面，一方面是从自然界丰富的微生物资源中或从生产实践中选取所需的菌种，即从自然界或生产实践中筛选菌种，常称为选种。另一方面可以现有的菌种为基础，运用诱变、转化、转导、杂交、基因工程等技术使菌种发生变异，从而从中选取所需的新的菌种，常称为育种。

菌种选育的根据是微生物具有相对稳定的遗传性和一定程度的变异性。相对稳定的遗传性才能使菌种的选育具有意义，而一定程度的变异性则使人们可以选育出更加优良的菌种。具体来说，菌种选育牵涉的知识很多，如选种时，要根据目标菌的生活特性确定其可能存在的场所，并从中取样，要根据目标菌的培养特性和其他微生物的存在情况和培养特性，确定培养分离的方法从而把目标菌分离出来，得到纯菌种后还要应用适当的方法较准确地进行性能测定等。而在育种时，选好材料菌后，则要根据微生物变异的理论和实践知识，比较有目的地使菌种向着目标菌方向变异，然后分离出目标菌等。

## 一、自然选育

在生产过程中，不经过人工处理，利用菌种的自发突变，从而选育出优良菌种的过程，叫做自然选育。菌种的自发突变往往存在两种可能性：一种是菌种衰退，生产性能下降；另一种是代谢更加旺盛，生产性能提高。如果我们具有实践经验和善于观察的能力，就能利用自发突变而出现的菌种性状的变化选育出优良菌种。例如，在谷氨酸发酵过程中，人们从被噬菌体污染的发酵液中分离出了抗噬菌体的菌种。又如在抗生素发酵生产中，从某一批次高产的发酵液取样进行分离，往往能够得到较稳定的高产菌株。但自发突变的频率较低，出现优良性状的可能较小，需坚持相当长的时间才能收到效果。

自然选育包括采样、增殖培养、培养分离和筛选等。

(1) 采样　采样即从目标菌可能存在的场所采取样品。一般来说，要采用相对好的样品，首先要充分了解目标菌，包括目标菌的类别、生长 pH 值、生长温度、代谢特点、营养要求等生活习性，然后考虑到它们可能存在的场所，从中选出最合适的场所进行取样。如要筛选分解纤维素的菌种，可在枯叶朽木等含腐朽纤维素的场所取样，要筛选酵母菌可以到果园养蜂厂等含糖量丰富的环境进行取样，筛选嗜盐微生物可从盐碱土、海水、盐分高的储藏食品中进行取样，要筛选嗜热微生物可在温泉或其他高温环境中筛选，而要筛选嗜冷微生物则可在冷藏食品、地球两极等温度相对较低的环境中采样。采好样后要尽快分离纯化。

(2) 增殖培养　考虑到有些样品含目标菌很少，杂菌较多，不易直接进行分离纯化，需要增殖培养。增殖培养要根据目标菌的培养特性，创造有利目标菌生长的营养条件和其他环境条件，并最大限度地减缓或抑制其他杂菌的生长。如目标菌具分解纤维素的能力，则在增殖培养时，仅供给纤维素作为唯一的碳源；如目标菌是酵母，则可在糖度较高、pH 值较低的培养基中进行增殖培养；若目标菌是耐高温的生物，则可将样品于 60℃处理 10～30min，然后再增殖培养。

(3) 培养分离　从自然界中采取的样品或经增殖培养后的样品均混杂有多种微生物，所以要进行培养分离，把目标菌分离出来成为纯种。纯种培养分离的方法有平板划线分离培养、稀释倾注平板分离培养、选择培养基和鉴定培养基分离培养、单细胞分离培养等。

(4) 筛选　分离纯化得到的纯种是否能达到目标菌的要求、是否能用于生产，还要进行筛选，包括初筛（定性测定）和复筛（定量测定）。

定性测定可在平皿中进行，主要是观察菌株的生理效应范围（如变色圈、透明圈、生长圈或抑制圈等的有无及大小），进行初步测定。如在谷氨酸生产菌的筛选中，可把待测菌点种到不含有机氮源的平板上，经培养后，将各待测菌的单菌落逐个用打洞器移放到滤纸上，等水分扩大到一定的直径后，将滤纸干燥，喷上茚三酮试剂显色，根据显色情况可了解待测菌的产酸能力。

以上定性测定的结果与实际生产中的发酵培养的情况可能差别很大，所以，作为生产菌种的挑选还必须进行比较精确的定量测定（复筛）。复筛一般是将待测菌培养在锥形瓶中做摇瓶培养或台式小发酵罐中进行培养，然后对培养液进行测定，选出较理想的菌种。

菌种筛选（包括初筛和复筛）工作量很大，效率很低，常常还会无功而终。因此提高筛选效率是选育菌种的最大课题。以下一例可供读者借鉴：1971 年国外报道了在筛选春日霉素生产菌时采用的琼脂块培养法。该法把诱变后的孢子悬液涂在琼脂平板上，待长出小菌落后，用打孔器把小菌落连同琼脂取出，一个个整齐地放在另一无菌空培养皿中，在一定的温度下继续培养 4～5d 后，再将这些琼脂块转移到含供试菌（对春日霉素敏感）的琼脂平板上培养以测定抗生素的效价（即测定透明圈的大小），然后取透明圈大的分别接入斜面培养基。此法的巧妙之处在于在培养的早期即把小菌落连同琼脂块取出并进行分别培养,使各菌落产生的代谢物不会相互扩散,各琼脂块所处条件也基本相同。因此测得的结果可比性高,与摇瓶试验结果相似。而工作效率大大提高。虽然本法有很大进步,但其工作量仍很大,还应继续发明效率更高、更易操作的方法。

## 二、从生产实践中选种

生产菌种在保藏与生产过程中会发生一定概率的自发突变(概率约为 $10^{-4}$),因此生产菌种中会产生一些变异个体,把这些变异个体筛选出来加以试验,可能会从中发现更加优良的菌株。如可以从佐美曲霉 3758 中分离到用于酿酒的糖化菌种,其糖化力比普通的菌株强,培养条件也较粗放。

## 三、人工育种

随着工业化的发展,如果从自然界中选种的话,一方面工作量太大,另一方面获得比现有菌株生产性能更好的菌株的可能性则微乎其微,成功率极低。如果在现有的菌株基础上,通过生化诱变、基因重组等手段进行育种,则能达到事半功倍的效果。

(1) 诱变育种  诱变育种是一类特殊的突变筛选工作,是利用物理化学因素对微生物群体进行处理,促使某些菌体的 DNA 分子结构发生变化,诱发菌株变异,最后从变异的菌体中筛选出所需要的菌株,以供生产和科学研究使用的菌种选育过程。对于这些突变型菌种的共同的要求除了具有特有的功能以外,就是产量上的提高。诱变育种的一般步骤如下:

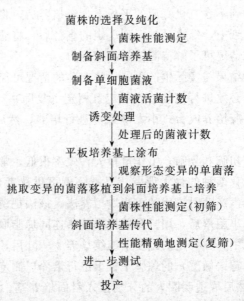

操作说明：

① 菌种的选择。最好是对数期的菌种，发生过变异，具有生长快、培养粗放的优点。

② 斜面培养基的制备。一般以生理盐水或缓冲液制备培养基，尽量用脱脂棉过滤均匀的菌液细胞。但由于各种原因，有些微生物经诱变处理还是不易出现纯的菌落，这种情况下可以采取适当的分离方法加以纯化。

③ 诱变处理。选择诱变剂时，要考虑到实验室条件以及诱变剂的诱变率、杀菌率、使用的方便性等，在保证试验条件完美的情况下才能诱变出性能良好的菌株。常用的化学诱变剂有亚硝酸、硫酸二乙酯、亚硝基胍（NTC）、亚硝基甲基脲、氮芥和秋水仙碱等。

④ 筛选优良菌株。经过诱变处理产生各种性能的变异菌株，要从这些变异菌株中筛选优良的菌株，一定要用效率高的科学的筛选方法。

(2) 基因重组育种　通过基因重组，导致原有基因和染色体的重新组合，从而使菌株发生变异，出现了具有新性状的菌株。如面包酵母和酒精酵母属于两种不同的菌株，其中面包酵母产酒精效率低，对麦芽糖和葡萄糖的发酵力强；酒精酵母产酒精效率高而对麦芽糖和葡萄糖的发酵力却弱，两种菌株进行杂交培育出的菌株既可作为面包厂所用菌株，又可作为酒精厂所用菌株。

(3) 基因工程育种　基因工程育种是在基因水平上的遗传工程育种，是用人为的方法将所需要的某一供体生物的遗传物质——DNA 大分子提取出来，在离体的条件下用适当的工具酶进行切割后，把它与作为载体的 DNA 分子连接，然后与载体一起导入某一更易生长、繁殖的受体细胞中，以让外源遗传物质在其中稳定下来，进行正常的复制和表达，从而获得新物种的一种崭新的育种技术。

# 第三节　菌种的衰退、复壮和保藏

## 一、菌种衰退

随着菌种保藏时间的延长或菌种的多次转接传代，菌种本身所具有的优良遗传性状可能得到延续，也可能发生变异。变异有自发突变和非自发突变两种，其中非自发突变即菌株生产性状的劣化或有些遗传标记的丢失，均称为菌种的衰退。但是在生产过程中，必须将由于培养条件的改变导致菌种形态和生理上的变异与菌种衰退区别开来。因为优良菌株的生产性能是和发酵工艺条件紧密相关的。如果培养条件发生变化，如培养基中缺乏某些必要元素，会导致产孢子数量的减少，也会引起孢子颜色发生改变；温度、pH 值的变化也会使发酵产量发生波动等。所有这些，只要条件恢复正常，菌种原有性能就能恢复正常，因此这些原因引起的菌种变化不能称为菌种衰退。常见的菌种衰退现象中，最易觉察到的是菌落形态、细胞形态和生理等多方面的改变，如畸形细胞的出现、菌落颜色的改变等；菌株生长变得缓慢，产孢子越来越少直至产孢子能力丧失，例如放线菌、霉菌在斜面上多次传代后产生"光秃"现象等，从而造成生产上使用孢子接种的困难；还有菌种的代谢活动、代谢产物的生产能力或其对寄主的寄生能力明显下降，例如黑曲霉糖化能力的下降、抗生素发酵单位的减少、枯草杆菌产淀粉酶能力的衰退等。所有这些都对发酵生产不利。因此，为了使菌种的优良性状持久延续下去，必须做好菌种的复壮工作，即在各菌种的优良性状没有衰退之前，定期进行纯种分离和性能测定。

(1) 菌种衰退原因　菌种衰退的主要原因是有关基因的非自发突变，其次是自发突变、菌种不纯和培养条件的不当。一般而言，菌种的衰退是一个从量变到质变的逐步演变过程。开始时，在群体中只有个别细胞发生非自发突变，这时如不及时发现并采取有效措施而一味地移种传代，则会造成群体中非自发突变个体的比例逐渐增高，最后占优势，从而使整个群体表现出严重的衰退现象。因此，突变在数量上的表现依赖于传代，即菌株处于一定条件下，群体多次繁殖，可使衰退细胞在数量上逐渐占优势，于是衰退性状的表现就更加明显，逐渐成为一株衰退了的菌体。同时，对某一菌株的特定基因来讲，突变频率比较低，因此群体中的个体发生生产性能的突变不是很容易，但就一个经常处于旺盛生长状态的细胞而言，发生突变的概率比处于休眠状态的细胞大得多，因此，细胞的代谢水平与基因突变关系密切，应设法控制细胞保藏的环境，使细胞处于休眠状态，从而减少菌种的衰退。

(2) 菌种衰退的防止　在菌种还未表现出衰退现象以前，要积极采取措施加以防止。防止措施介绍如下。

① 控制传代的次数。即尽量避免不必要的移种和传代，把必要的传代降低到最低水平，以减少突变概率。微生物存在着自发突变，而突变都是在繁殖过程中发生和表现出来的。DNA 在其复制过程中，碱基发生错误的配对均会在后代表现。由此可知菌种传代的次数越多，产生突变的概率也就越多。所以，不论在实验室内还是在生产实践中，必须严格控制菌种的移种和传代次数。

② 创造良好的培养条件。在生产实践中人们发现为菌种提供一个适合的条件，菌种不易发生变异，从而可以在一定程度上防止菌种衰退。

③ 利用不同类型的细胞进行接种传代。由于放线菌和霉菌的孢子一般是单核的，所以用其孢子移种传代比用菌丝传代为好（可防止因菌丝细胞多核而出现不纯）。

④ 对菌种采用有效的保藏方法。在保藏时，保存在有利于菌种休眠的环境中，如控制温度、湿度及其他条件，可以延缓菌种的衰退。

## 二、菌种的复壮

狭义的复壮仅是一种消极的措施，它指的是在菌种已发生衰退的情况下，通过纯种分离和测定生产性能等方法，从衰退的群体中找出少数尚未衰退的个体，以达到恢复该菌原有典型性状的一种措施；而广义的复壮则应是一种积极的措施，即在菌种的生产性能尚未衰退前就经常有意识地进行纯种分离和生产性能的测定工作，以期菌种的生产性能逐步有所提高。也就是说复壮通过两种途径实现：一种是从衰退菌种的群体中找出少数尚未衰退的个体，以达到恢复菌种的原有典型性状；另一种是在菌种的生产性能尚未衰退前就经常有意识地进行纯种分离和生产性能的测定工作，以达到菌种的生产性能逐步有所提高。

具体的菌种的复壮方法如下所述。

① 纯种分离（未退化的）。采用平板划线分离法、稀释平板法或涂布法均可。把仍保持原有优良性状的菌种分离出来，再经扩大培养恢复其典型的优良性状，若能进行性能测定则更好。有时原菌种可能发生正突变，产生更为优良的菌种，分离到更高产的菌株也有可能。还可用显微镜操纵器将生长良好的单细胞或单孢子分离出来，经培养恢复原菌株性状。

② 通过寄主体复壮。寄生型微生物的衰退菌株可接种到相应寄主体内以提高菌株的活力。如经过长期人工培养的杀螟杆菌，其菌的毒力会不断减退，杀虫率降低。这样，可用衰退的菌株去感染菜青虫的幼虫，然后再从病死的虫体内重新分离，即可得到毒力较强的菌株，这样反复多次，就可提高菌株的杀虫效率。

③ 淘汰已衰退的个体。有关人士曾对"5406"抗生素的分生孢子采用$-30\sim-10℃$的低温处理$5\sim7d$，使其死亡率达到$80\%$。结果发现，在抗低温的存活个体中存在未衰退的健壮个体。

④ 联合复壮。对退化菌株还可用高剂量的紫外线辐射和低剂量的亚硝基胍联合处理进行复壮。

### 三、菌种的保藏

菌种是国家的重要自然资源，菌种保藏也是微生物学的一项重要基础工作。1979年7月，我国成立了中国微生物菌种保藏管理委员会（CCCCM），委托中国科学院负责全国菌种保藏管理业务，并确定了与普通、农业、工业、医学、抗生素和兽医等微生物学有关的六个菌种保藏管理中心。各保藏管理中心从事应用微生物各学科的微生物菌种的收集、保藏、管理、供应和交流，以便更好地利用微生物资源为我国的经济建设、科学研究和教育事业服务。菌种保藏机构的任务是广泛收集生产和科研菌种，把它们加以妥善保藏，使之不死、不衰、不乱和便于交换使用。目前国际上很多国家都设立专门的菌种保藏机构。

微生物菌种保藏技术很多，但原理基本一致，即采用低温、干燥、缺氧、缺乏营养、添加保护剂或酸度中和剂等方法，挑选优良菌种，最好是它们的休眠体，使微生物生长在代谢不活泼、生长受抑制的环境中。选用菌种保藏方法，除应能长期保持菌种不发生变异外，还要考虑简便和经济。

常用的菌种保藏方法介绍如下。

（1）低温保藏方法　这是一种极普通的保藏菌种的方法，它是利用低温抑制微生物的生长代谢活动，由此来保藏菌种。根据所用的保藏温度高低分为两种：一种是4℃左右，即用一般的冰箱就可以保藏菌种，菌种采用固体培养、半固体穿刺培养或液体培养等形式。另一种是用更低的温度来进行保藏，如冷冻保藏，温度要求在-20℃左右或更低一些，用低温冰箱或用干冰或用液氮等条件进行保藏菌种。

（2）石蜡油低温保藏法　温度要求在-4~4℃，同时在培养物上覆盖一层灭过菌的石蜡油以隔绝空气，这种保藏方法与单独使用低温保藏的效果相比更好一些。

（3）干燥保藏方法　此法是把菌种接种于适当的干燥载体上。作为干燥的培养物的材料很多，如土壤、细砂、硅胶、滤纸或麸皮等。如培养物为细砂，称为砂土管保藏法，此法适宜产生孢子的放线菌、霉菌等菌种的保藏，可保藏1~10年。

（4）真空干燥冷冻法　这种方法是利用了真空、干燥、冷冻这些有利于菌种保藏的条件。这样保存菌种效果比单独接种在干燥培养物上效果更好。此法需要有抽真空、冷冻和密封的设备，是目前最好的一类综合性的保藏方法，可保藏5~15年。

（5）活体保藏法　活体保藏法也称为寄主保藏法，是将菌体接种于动物体中以保藏菌种。此法适用于一些难以用常规方法保藏的动植物病原菌和病毒。

复 习 题

1. 微生物基因突变的类型及变异的原因分析。
2. 什么叫基因重组，基因重组有哪些类型？
3. 微生物菌种选育的方法有哪些？
4. 何谓菌种衰退，菌种衰退有哪些表现？
5. 菌种衰退的原因是什么，如何预防？
6. 菌种复壮有哪些方法？
7. 常用的菌种保藏方法有哪些？

# 第四章　微生物与食品变质

　　食品变质是指食品在各种因素的作用下，其成分被分解、破坏从而使其在理化性质或感官性状上发生的一切不利变化。造成食品变质的因素有物理因素、化学因素和生物因素等，其中最主要的是微生物的作用。由于微生物的作用而使食品发生不利变化，失去原有营养价值、组织性状及色、香、味的现象被称为食品的腐败变质。食品腐败变质是微生物污染、食品性质和环境条件综合作用的结果，不同的食品在相同微生物的作用下表现出来的变质现象不尽相同，相同的食品在不同微生物的作用下表现出来的变质现象也各不相同。例如：由于食品中的蛋白质被微生物分解从而产生恶臭味物质的变质现象称为腐败，而由于食品中的碳水化合物或脂肪被微生物分解产生酸臭味物质的变质现象则称为酸败。

　　由于引起食品变质的因素与环境条件各不相同，就导致了食品变质的程度也有所不同，有的变质仅仅是食品的色、香、味发生轻微改变，并不影响食品的使用价值与营养价值；而有的变质则导致了食品营养成分的分解，使食品降低甚至丧失了原有的营养价值；更有甚者是不仅使食品丧失营养价值，而且使食品带有一定的毒性，并可引起食物中毒。据不完全统计，在食物中毒案例中，有50%以上属于微生物性食物中毒。在本章里，我们重点讨论食品中的微生物污染及其所引起的食品变质。

## 第一节　食品变质与微生物的生长

　　简单来说，食品变质的过程就是一个食品组分被分解、破坏的过程，而从另一方面说，也是一个食品被微生物吸收和利用的过程。

　　微生物进入食品后，通过对食品组分的吸收、利用来满足自身生长繁殖的需要，并排出各种代谢产物，而这些代谢产物与食品原有组分的特性、营养价值及风味存在很大差异，感官特性往往令人难以接受，甚至对人具有毒害作用，因此，它们常被称为不良物质，而随着食品组分的分解与不良物质的产生，食品的变质情况也愈来愈严重。那么，是不是我们看到的变质现象仅仅是这些不良物质所产生的呢？当然不是，我们知道，随着微生物的生长繁殖，微生物的数量将以惊人的速度增加，而这些微生物细胞的集合体也会使食品表现出各种各样的不良感官性状，如固态食品上的霉点、变色、黏液以及液态食品的浑浊、沉淀等。因此，变质的食品是食品残留物、微生物细胞及其代谢产物的综合体。

了解了食品变质与微生物生长的关系之后,我们来思考两个问题,是不是生活中的每一种食品都容易变质呢?引起不同食品变质的微生物类群是否相同呢?

## 一、食品特性与微生物的生长

我们知道,有的食品很容易腐败变质,如牛奶、鱼等;而有的食品就不太容易变质,如面粉、粮油等。这究竟与什么有关呢?既然食品变质的过程也是一个微生物生长繁殖的过程,那么微生物的生长繁殖速度也就决定着食品腐败变质的速度。在第二章里我们讲过,影响微生物生长繁殖的因素有微生物所需的营养成分及其所处的环境条件。在这里,无论是微生物生长繁殖所需的营养成分还是环境条件都由食品本身来提供,所以,食品本身的特性决定着食品是否容易被微生物吸收利用,也就决定着食品是否容易腐败变质。下面,我们来简单了解一下常见食品的理化特性(具体如表 4-1 所示)。

表 4-1 常见食品的组分及理化特性

| 食品 | 蛋白质含量/% | 脂肪含量/% | 碳水化合物含量/% | pH 值 | $a_w$ |
|---|---|---|---|---|---|
| 肉 | 35~50 | 50~65 | 少量 | 5.1~6.9 | 0.95~0.99 |
| 乳 | 29 | 31 | 38 | 6.5~6.7 | 0.95~1.00 |
| 蛋 | 51 | 46 | 3 | 7.4~9.5 | 0.97 |
| 水果 | 2~8 | 0~3 | 85~97 | 2.9~5.6 | 0.97~0.99 |
| 蔬菜 | 16~30 | 0~5 | 50~85 | 4.2~6.0 | 0.97~0.99 |
| 鱼 | 70~95 | 5~30 | 少量 | 6.6~7.0 | 0.97~0.99 |
| 禽 | 50~70 | 30~50 | 少量 | 5.1~6.9 | 0.97~0.99 |

由表 4-1 中可以看出,仅从 pH 值而言,乳品与鱼类的 pH 值最接近于 7,也就是它们的酸碱度最接近于中性,也就最适合于微生物的生长,在日常生活中,也最容易腐败变质。此外,食品的 $a_w$ 值也影响到微生物的生长,进而影响到它的腐败变质特性,如:大部分新鲜食品的 $a_w$ 值都在 0.95~1.00,能满足大部分微生物的生长需求,很容易腐败变质,而像奶粉一样的干性制品,其 $a_w$ 值仅为 0.20,只可满足耐渗透压酵母和干性霉菌的生长,就不容易腐败变质。此外,食品的温度与渗透压也在一定程度上决定着食品是否容易腐败变质,这与其他理化特性的影响是一致的。

## 二、引起食品变质的微生物

不同食品变质后所表现出来的现象各不相同,引起不同食品变质的微生物类群也不尽相同。引起食品腐败变质的常见微生物类群有细菌、霉菌和酵母菌。在食品腐败变质的过程中主要由哪种微生物起主导作用,这主要取决于食品的营养组分,如蛋白质、碳水化合物、脂肪等。此外，还取决于食品的理化特性及食品所处的环境条件。

(1) 分解蛋白质的微生物　导致蛋白质分解而使食品腐败变质的微生物主要是细菌，其次是霉菌，大部分酵母菌对蛋白质的分解能力较弱。

大部分细菌都有分解蛋白质的能力，但能产生胞外蛋白酶与肽链内切酶的细菌对蛋白质有较强的分解能力，如芽孢杆菌属、假单胞菌属、梭状芽孢杆菌属、变形杆菌属、赛氏杆菌属、黄色杆菌属、无色杆菌属等，其次，大肠菌群、产气气杆菌、产碱杆菌等菌属也具有分解蛋白质的能力。许多霉菌都具有分解蛋白质的能力，如毛霉属、根霉属等。几种常见蛋白质分解菌的存在区域如表4-2所示。

表 4-2　常见蛋白质分解菌的存在区域

| 名　称 | 存在环境 | 存　在　食　品 |
| --- | --- | --- |
| 蜡样芽孢杆菌 | 土壤、空气 | 奶类制品、肉类制品、蔬菜、米饭、甜点心、调味品等 |
| 肉毒梭状芽孢杆菌 | 土壤 | 火腿、香肠、罐头食品、植物性食品（家庭自制的发酵食品，豆浆、面酱、臭豆腐等） |
| 产气荚膜梭菌 | 土壤、空气、水 | 蒸煮后在较高温度下长时间的缓慢冷却且不再加热而直接供餐的禽畜肉类和鱼类 |
| 大肠杆菌 | 土壤 | 牛奶、家禽肉类、牛羊肉类制品 |

按食品的种类分，引起肉类变质的主要是梭状芽孢杆菌、变形杆菌等，引起鱼类变质的主要是黄色杆菌、无色杆菌、假单胞杆菌等，引起面制品变质的主要是芽孢杆菌。

(2) 分解碳水化合物的微生物　导致碳水化合物分解而使食品腐败变质的微生物主要是酵母菌，其次是霉菌和细菌。

大部分酵母菌都有分解糖类、纤维素和果胶的能力，但不能分解淀粉。常见的碳水化合物分解菌有酵母属、圆酵母属和接合酵母属。大部分霉菌可直接分解淀粉，如曲霉属、根霉属、青霉属、毛霉属等，但能够分解纤维素与果胶的霉菌很少。能分解碳水化合物的细菌很少，主要是芽孢杆菌属，它们主要借助于食品自身产生的果胶酶来分解果胶。下面介绍几种常见碳水化合物分解菌的存在区域，如表4-3所示。

表 4-3　常见碳水化合物分解菌的存在区域

| 名　称 | 存　在　环　境 | 存　在　食　品 |
| --- | --- | --- |
| 圆酵母 | 土壤、空气 | 乳制品、酒类 |
| 曲霉 | 土壤、空气、水 | 粮油及其制品、玉米、花生、棉籽 |
| 梭状芽孢杆菌 | 土壤、空气 | 面制品、水果、蔬菜 |

按食品的种类分，引起高糖类食品变质的主要是酵母属、圆酵母属等，引起面制品变质的主要是曲霉属、根霉属、青霉属、毛霉属等，引起果蔬类食品变质的主要是芽孢杆菌属。

(3) 分解脂肪的微生物　导致脂肪分解而使食品腐败变质的微生物主要是霉

菌，其次是细菌与酵母菌。

大部分霉菌都有分解脂肪的能力，但能产生氧化酶与酯酶的霉菌对脂肪有较强的分解能力，如毛霉、根霉、青霉、曲霉等，其次，白地霉、芽枝霉属等菌属也具有分解脂肪的能力。对蛋白质分解能力强的好氧性细菌，大多数也可以分解脂肪，其中荧光假单胞菌对脂肪的分解能力较强，黄杆菌、无色杆菌、葡萄球菌、小球菌等菌属也具有分解脂肪的能力。能分解脂肪的酵母菌不多，但个别酵母菌（如解脂假丝酵母）能产生氧化酶和酯酶，从而分解脂肪。下面介绍几种常见脂肪分解菌的存在区域，如表4-4所示。

表4-4 常见脂肪分解菌的存在区域

| 名 称 | 存 在 环 境 | 存 在 食 品 |
| --- | --- | --- |
| 根霉 | 土壤、空气 | 面制品、水果、蔬菜 |
| 青霉 | 土壤、空气 | 粮食、水果 |
| 葡萄球菌 | 土壤、空气 | 肉制品、剩米饭、糯米糕、熏鱼、奶及奶制品、含奶冷食等 |

按食品的种类分，引起含水量较高食品（馒头、糕点、面包、水果）变质的主要是毛霉、根霉，引起含水量稍少食品（如饼干、肉制品、干制品、粮食）变质的主要是青霉、曲霉。

总之，不同微生物分解食品中营养组分的能力有所不同，了解微生物分解食品组分的特点（表4-5）有利于对导致食品腐败的菌的判断，从而有效地控制食品的变质。

表4-5 微生物分解食品组分的特点

| 食品组分 | 具有显著分解能力的微生物类群 | 举例菌种 |
| --- | --- | --- |
| 蛋白质 | 细菌 | 变性杆菌、芽孢杆菌 |
|  | 霉菌 | 卡门柏干酪青霉 |
| 碳水化合物 | 酵母菌 | 啤酒酵母 |
|  | 霉菌 | 黑曲霉 |
| 脂肪 | 霉菌 | 黄曲霉、黑曲霉 |
|  | 细菌 | 荧光假单胞菌 |

# 第二节　肉及肉制品中的微生物

广义上的肉是指适合人类作为食品的动物机体的所有构成部分。在商品学上，则专指去除皮、毛、内脏、头、蹄、骨后的动物组织。依据动物种类的不同，而分为猪肉、牛肉、羊肉、鸡肉、兔肉等。动物的肉经过不同的加工方法加工后便制成了不同风味的食品，这些食品统称为肉制品。

无论是鲜肉还是肉制品在其生产加工过程中都会受到一定程度的微生物污染，随着肉类的存放，微生物便开始生长繁殖，从而导致肉类食品的腐败变质。本节主要介绍微生物污染肉类食品的过程以及不同肉类食品中的微生物类群，以便于更好地预防微生物对肉类的污染，从而有效延长肉类食品的保质期。

## 一、微生物的污染与肉的变质

肉的变质过程实际上是肉的营养组分——蛋白质、脂肪以及碳水化合物分解、氧化、发酵的过程。蛋白质分解成蛋白胨、多肽、氨基酸，进一步再分解成氨、硫化氢、酚、吲哚、粪臭素、胺及二氧化碳等使肉出现恶臭气味；脂肪、碳水化合物氧化、发酵形成酸性及其他臭味物质使肉出现酸败气味。在这个过程中除了肉类自身酶的参与外，更重要的是微生物的参与，它加速了肉类营养成分的变性，甚至产生一定的毒素，使肉类食品完全丧失食用价值。

微生物对肉类的污染分为以下两个阶段。

- 第一阶段：宰前微生物感染。在动物生长发育过程中有可能会感染一些微生物，如果宰前未经过严格检验，会将其带入食品，造成食品的初次污染。当然，只要动物宰前经过严格检验，初次污染是可以避免的。常见的宰前微生物污染菌有沙门菌、布氏杆菌、结核杆菌、炭疽杆菌、金黄色葡萄球菌、溶血性链球菌等。

- 第二阶段：宰后微生物污染。如果采用健康的畜、禽，则可避免初次污染，因为它们的组织内部是无菌的，但因其腔道及体表都存在微生物，屠宰过程又是在空气中进行，因此宰杀、放血、脱毛、去皮及内脏、分割等环节就可造成微生物的多次污染，这称为二次污染。二次污染不可避免，但可最大限度地减轻。常见的宰后微生物污染菌有沙门菌、大肠杆菌等。

肉类被微生物污染后，开始逐渐变质，在不同的变质阶段，所参与的微生物种类有所不同，具体如图4-1所示。

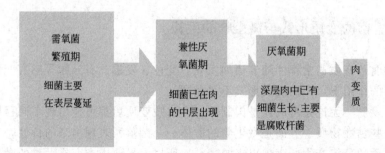

图4-1 肉类的变质过程

## 二、不同状态肉类中的微生物类群

不同状态肉中的微生物类群各不相同，下面，分别介绍不同状态肉类中的微生物类群。

（1）鲜肉中的微生物　鲜肉中污染的微生物主要有细菌和霉菌，常见的有腐生的假单胞菌属、腐败芽孢杆菌属、梭状芽孢杆菌属、变形杆菌属、八叠球菌属、环杆菌属、链球菌属、小球菌属等细菌以及交链孢霉属、曲霉菌属、毛霉属、根霉属、青霉属、芽枝霉属、念珠霉属等腐败霉菌，有时还出现酵母菌和致病菌。其中，假单胞菌及某些酵母菌能使鲜肉发黏和变色，变形杆菌、枯草杆菌及霉菌能使肌肉发霉和腐败。鲜肉中可能的病原微生物有炭疽杆菌、结核分枝杆菌、布氏杆菌、沙门菌、鼻疽杆菌、钩端螺旋体、口蹄疫病毒等。

（2）冷藏肉和冰冻肉中的微生物　部分病原微生物能在低温下生存，是冷藏肉和冰冻肉中的微生物主体。常见的有沙门菌、结核分枝杆菌、口蹄疫病毒、炭疽杆菌等。沙门菌在 $-165℃$ 可存活 3d，结核分枝杆菌在 $-10℃$ 可存活 2d，口蹄疫病毒在冻肉骨髓中可存活 144d，炭疽杆菌在低温也可存活。此外，冷藏肉与冻藏肉中还存在一些嗜冷微生物，常见的有假单胞杆菌、假丝酵母、枝孢霉等。

（3）熟肉中的微生物　熟肉制品经过加热处理后，原来污染于食品上的微生物已基本上被杀灭，可能存在的微生物大部分是嗜热微生物，如嗜热脂肪芽孢杆菌、嗜热解糖梭状芽孢杆菌等。但这些微生物并不是熟肉制品中微生物的主体，熟肉制品中微生物的主体是一些真菌，如根霉、青霉及酵母菌等，这主要在于真菌的孢子能广泛分布于加工厂的环境中，很容易污染熟肉表面并导致变质。

（4）香肠和灌肠中的微生物　香肠和灌肠中的微生物主要以耐热的链球菌为主，此外还有酵母菌、微杆菌及一些革兰阴性杆菌。

（5）腌腊肉制品中的微生物　腌腊肉制品本身的渗透压较高，对大部分微生物有一定的抑制能力，所以腌腊肉制品中以耐高渗微生物为主，常见的有盐杆菌属、嗜盐球菌属、脱盐淡微球菌、腌肉弧菌等。

### 三、肉的变质形式与微生物的生长

肉的腐败变质通常都伴随着诸如发黏、变色、发霉、有异味等感官变化，在不同微生物的作用下，肉的变质形式不尽相同。

（1）发黏　无论是鲜肉还是肉制品，在腐败变质后都可能出现不同程度的发黏现象，这些黏性物质一方面是微生物的群体——菌落所表现出来的特性，另一方面则是蛋白质的分解产物所表现出来的特征，所以，导致肉类变质发黏的微生物常常是蛋白质分解菌，如芽孢杆菌属、产碱杆菌属等。

（2）变色　肉类腐败变质后颜色总是出现各种各样的变化，有的变色在于营养成分的代谢产物与肉中其他组分的结合所形成的产物呈色，如：含硫蛋白质分解释放出的硫化氢与肉中的还原型血红蛋白结合而形成硫化氢血红蛋白所呈现的灰绿色；而有的则在于微生物代谢过程中产生不同的色素呈色，如：黏性沙雷菌、粉红色微球菌、黏性赛氏杆菌能使肉制品出现红色斑，黄杆菌属、葡萄球菌属、蓝色假单胞菌能使肉制品出现黄色斑，而黑梭菌、黑色色杆菌则能使肉制品出现黑色斑。

（3）发霉　肉类变质后的发霉现象通常是霉菌的作用，依据霉菌的不同而表现出不同的特征。如被青霉污染，就表现出绿色霉斑；被美丽枝霉或刺枝霉污染，就长出羽毛状菌丝；被黄曲霉污染，就出现黄色霉斑；被黑曲霉污染，就出现黑色霉斑；若被白地霉污染，则表现出白色霉斑。

（4）产生异味　肉类的变质往往也伴随着异味的产生，通常有酸味、臭味与哈喇味。酸味通常是由碳水化合物的分解产物发出的，所以导致肉类发酸的微生物通常是酵母菌或霉菌，如啤酒酵母、黑曲霉等；臭味通常是由蛋白质的分解产物发出的，所以导致肉类发臭的微生物通常是细菌或霉菌，如变性杆菌、芽孢杆菌、假单胞菌、梭状芽孢杆菌、毛霉、根霉等；哈喇味通常是由脂肪的分解产物发出的，所以导致肉类产生哈喇味的微生物通常是霉菌或细菌，如黄曲霉、黑曲霉、荧光假单胞菌等。

## 第三节　乳及乳制品中的微生物

常见的乳品有鲜乳、原乳、消毒乳、灭菌乳等，常见的乳制品有乳粉、炼乳等。无论是鲜乳还是乳制品，它们均含有丰富的蛋白质、极易吸收的钙、完全的维生素等，适宜于多种微生物的生长繁殖，尤其是鲜乳及其制品更易受到微生物的污染而腐败变质。本节我们主要介绍乳及乳制品中的微生物以及由微生物所引起的乳品变质现象。

首先我们了解几个基本概念。

（1）消毒乳　指原乳经过滤、净化、低温杀菌、包装等处理而得到的乳品。常用杀菌方法：巴氏灭菌 $61\sim65℃/30min$，高温短时灭菌 $72\sim75℃/4min$ 或 $80\sim85℃/(10\sim15)s$。

（2）灭菌乳　指原乳经过滤、净化、高温杀菌、包装等处理而得到的乳品。常用杀菌方法为超高温瞬时灭菌：$140℃/2s$。

（3）乳粉　指原乳经调整成分、杀菌、真空浓缩及喷雾干燥而制成的乳制品。

（4）炼乳　指将原乳浓缩至原体积的 $40\%$ 左右的乳制品。按加工时加糖与否，又可分为甜炼乳（加糖）和淡炼乳（不加糖）。

### 一、微生物的污染与乳的变质

同肉的变质过程一样，乳品的变质过程也是在微生物的作用下使蛋白质、碳水化合物、脂肪分解的过程。

微生物对乳品的污染分为以下三个阶段。

- 第一阶段：产乳器官的污染。在健康乳牛乳房的乳头管及其分支内常有许多细菌存在，主要有小球菌属和链球菌属的细菌，其次还有乳杆菌属和棒状杆菌属类细菌。这些菌往往随着挤奶的过程而混入鲜乳中，尽管不可避免，但我们可以通过弃掉适量初乳的方法来大大减少细菌在鲜乳中的数量。此外，当乳牛发生乳房炎时，牛乳中会出现乳房炎病原菌，如无乳链球菌、乳房链球菌、金黄色葡萄球菌、化脓棒杆菌、大肠杆菌、牛型结核杆菌、牛布氏杆菌等，这些病原菌也会随着乳汁流出而污染乳品，当然，只要我们在挤奶前对奶牛进行认真体检，这种污染也是可以避免的。

- 第二阶段：挤乳过程的污染。挤乳过程是乳品与外界环境的初次接触阶段，受环境的影响较大，也是乳制品最易受到微生物污染的一个环节，但污染的微生物种类和数量不太固定，受牛舍的空气、饲料、挤奶用具、容器、牛体表面等环境卫生情况以及挤奶工人和其他管理人员卫生情况的影响较大。

- 第三阶段：挤乳后的污染。挤乳后的鲜乳要经过简单的初加工过程，这一过程也易受到微生物的污染，同挤乳过程一样，其污染的微生物种类受加工环境的影响较大，也没有固定的类群与数量。

乳品被微生物污染后，开始逐渐变质，在不同的变质阶段，所参与的微生物种类有所不同，出现的现象也有所不同，具体如表 4-6 所示。

表 4-6 乳品的变质过程

| 时期 | 维持时间 | 微生物变化 | 原理 | 现象 |
| --- | --- | --- | --- | --- |
| 抗菌期 | 24～36h 左右（10℃左右） | 微生物总数减少 | 鲜乳中的溶酶体、抗体、补体等具有杀菌作用的物质杀灭了部分微生物 | 无明显现象 |
| 乳酸链球菌期 | 约为数小时到几天 | 乳酸链球菌为优势类群 | 乳中抗菌物质减少或消失后，乳酸链球菌成为优势类群，使乳液酸度不断升高，当酸度达到一定时，乳酸链球菌的生长也被抑制，不再继续繁殖，数量开始下降 | 出现乳凝块 |
| 乳酸杆菌期 | 约为数小时到几天 | 乳酸杆菌为优势菌 | 当 pH 值下降到 6 左右时，乳酸杆菌开始生长，当 pH 值下降到 4 时，乳酸链球菌受到抑制，乳酸杆菌成为优势菌继续产酸 | 出现大量的乳凝块、乳清 |
| 真菌期 | 约数天到几周 | 耐酸的酵母菌和霉菌为优势菌群 | pH 值达 3～3.5 时绝大多数细菌被抑制，甚至死亡，耐酸的酵母菌和霉菌利用乳酸和其他有机酸开始生长，使乳液的 pH 值逐渐升高，接近中性 | 无明显现象 |
| 胨化期 | 约为数小时到几天 | 微生物总数增多 | 当乳由酸被中和至微碱性时，乳中的胨化细菌开始发育，分解酪蛋白；霉菌和酵母菌继续活动，将乳中固形营养物质分解无余 | 乳凝块逐渐消失，最后使乳变成澄清而有毒性的液体，并且有臭味产生 |

## 二、不同形式乳中的微生物类群

不同形式乳中的微生物类群各不相同，下面，我们分别介绍不同形式乳类中的微生物类群。

**1. 鲜乳中的微生物**

鲜乳中的微生物优势种类是细菌、酵母菌和少数霉菌，有时也有支原体和病毒。细菌中主要包括乳酸菌、胨化细菌、脂肪分解菌、产气菌、产碱菌和病原菌。

（1）乳酸菌　乳酸菌是一类能分解碳水化合物产生乳酸的细菌的总称，它们能发酵鲜乳使其变酸。

① 乳链球菌。适宜在 30～35℃ 的条件下生长，可产生乳链菌肽，鲜乳的自然酸败主要由它引起。该菌在健康牛的乳房中不存在，可能存在于乳牛的毛、粪或工具器皿中。

② 乳脂链球菌。适宜在 30℃ 条件下生长，具较强的分解蛋白质的能力，常与乳链球菌混合培养。

③ 保加利亚乳杆菌。适宜在 45～50℃ 的条件下生长，在 10℃ 以下时不生长，能分解碳水化合物产生较多的乳酸。

④ 粪链球菌。此菌是人和动物的肠道细菌，卫生条件差时可发现该菌，在 10～45℃ 的范围内均可生长。

⑤ 液化链球菌。可强烈分解蛋白质，酪蛋白分解后可产生苦味。

⑥ 嗜热链球菌。适宜在 40～45℃ 的条件下生长，在 20℃ 以下时不生长，但可耐 62～65℃ 的温度。可分解乳糖、蔗糖和果糖产酸。

⑦ 嗜酸乳杆菌。适宜在 37～40℃ 时生长，在 15℃ 以下时不生长。

（2）胨化细菌　胨化细菌是使鲜乳产生凝固与腐败的细菌。它能分解酪蛋白，使生成的副酪蛋白与钙形成不溶性的副酪蛋白钙盐，从而表现出凝块变质现象。此外，胨化细菌还能使乳品中的脂肪发生分解产生酸败现象。常见的胨化细菌有芽孢杆菌属中的枯草芽孢杆菌、地衣芽孢杆菌、蜡状芽孢杆菌；生长的适宜温度范围是 20～40℃；假单胞菌属中的荧光假单胞菌、腐败假单胞菌生长温度范围为 25～30℃。

（3）脂肪分解菌　脂肪分解菌是指一类对脂肪具有明显分解能力的细菌，主要是 $G^-$ 的无芽孢杆菌，如无色杆菌、假单胞菌等。

（4）产气菌　这类微生物能分解糖类产酸产气，使鲜乳出现凝固现象并产生臭味。如大肠菌群细菌与产气气杆菌。

（5）产碱菌　这是一类可分解牛乳中有机酸的细菌，分解的结果造成乳品的 pH 值上升，主要是 $G^-$ 的需氧细菌，如粪产碱杆菌、黏乳产碱杆菌。

（6）病原菌　鲜乳中的病原菌主要有三种：一是人体病原菌，常见的有沙门菌、痢疾志贺菌、霍乱弧菌与白喉棒杆菌等；二是动物病原菌，常见的有金黄色葡萄球菌与无乳链球菌；三是人畜共有的病原菌，常见的有牛结核分枝杆菌、溶血性链球菌和炭疽杆菌。

**2. 其他乳及乳制品中的微生物**

消毒乳经过消毒后，还存在少量的耐热微生物，如嗜热链球菌。理论上，灭菌乳中没有微生物存在。乳粉中有少量的乳酸链球菌、小球菌、乳酸杆菌存在，也可能有金黄色葡萄球菌和沙门菌。甜炼乳中的微生物类群与鲜乳中相似，淡炼乳中以芽孢杆菌为主。

## 三、乳的变质形式与微生物的生长

不同的乳品其变质形式也各不相同，影响其变质的微生物也存在一定差异，下面，我们分别来看一下不同乳品的变质情况。

**1. 鲜乳的变质形式**

（1）产酸变质　产酸变质是微生物分解乳中的乳糖产生大量乳酸等产物，使鲜乳变酸、乳蛋白发生凝固的一种变质现象。引起乳品产酸变质的微生物有乳酸菌、丁酸菌等。

（2）产气变质　微生物分解乳糖形成乳酸或乙酸，并进一步分解有机酸产生二氧化碳和氢气，使乳类发生产气变质。引起乳品产气变质的微生物有大肠菌群、产气气杆菌等。

（3）胨化变质　前已叙及，微生物分解酪蛋白，使生成的副酪蛋白与钙形成不溶性的副酪蛋白钙盐，从而表现出凝块变质的现象。引起乳品胨化变质的微生物有枯草芽孢杆菌、荧光假单胞菌等。

（4）稠化变质　乳中的糖被分解产生碳酸盐，从而使呈碱性并伴随着黏稠度增高的变质现象。引起乳品黏稠化变质的微生物有粪产碱杆菌、黏乳产碱杆菌等。

（5）产生异味　微生物分解乳中的营养成分，从而产生一些具有酸臭气味的物质的变质现象。引起乳品产生异味的微生物有粪链球菌、丁酸菌等。

（6）变色　这是由于微生物本身带色或其代谢产物含有色素物质而导致乳品颜色发生改变的变质现象。引起乳品变色的微生物有葡萄球菌、假单胞菌、霉菌等。

**2. 甜炼乳的变质形式**

（1）胀罐　这是由于微生物分解甜炼乳中蔗糖产生大量气体而表现出来的现象。引起乳品发生胀罐的微生物有酵母菌、乳酸菌、丁酸菌等。

（2）变稠　这是微生物产生的凝乳酶使炼乳中的酪蛋白析出的现象。引起乳品发生变稠现象的微生物有芽孢菌、链球菌、葡萄球菌、乳酸杆菌等。

（3）霉变　微生物污染时会形成各种颜色的纽扣状干酪样凝块，使甜炼乳呈现金属味和干酪味的现象。引起乳品发生霉变的微生物有曲霉、芽枝霉、放线菌等。

**3. 淡炼乳的变质形式**

（1）凝固乳　这是使淡炼乳凝固成块，色泽变浅的现象。由于作用的微生物不同，凝乳又可分为甜性凝乳和酸性凝乳。使淡炼乳发生凝固的微生物有枯草芽孢杆菌、凝乳芽孢杆菌、嗜热芽孢杆菌等耐热芽孢菌。

（2）产气乳　这是使淡炼乳产气从而使罐膨胀爆裂的现象。使淡炼乳产气的微生物有大肠菌群、产气气杆菌、酵母菌等。

（3）苦味乳　这是使淡炼乳中酪蛋白分解并产生苦味物质的现象。常见的酪蛋白分解菌有芽孢杆菌和耐热性杆菌。

**4. 其他乳制品的变质**

导致奶油发霉的通常是霉菌，导致产生鱼腥味的通常是鱼杆菌和乳卵孢霉，导致产生臭味的通常是酵母菌、霉菌和假单胞菌；导致干酪膨胀的通常是大肠菌群、产气杆菌和酵母菌，导致表面液化的通常是乳酸菌、胨化细菌，导致表面变色、发霉、产生苦味的通常是霉菌。

### 四、微生物在乳品中的作用

并不是所有的微生物对乳品都是有害的，我们也可以根据微生物的特点对其加以应用，使其在乳品生产中得到有效利用。如可以利用乳酸链球菌和乳酪链球菌能产酸、柠檬酸链球菌和副柠檬酸链球菌能产生芳香物质的特性来生产酸乳酪；可利用嗜热链球菌、保加利亚乳酸杆菌与乳酸链球菌在适当温度下的协同发酵作用来生产酸奶；还可利用乳酸菌与酵母菌协同发酵后会形成酒精的特性来生产酸奶酒、马奶酒等酸乳制品。

## 第四节　罐藏食品中的微生物

罐藏食品是指将原料经过预处理后，经过装罐、密封、杀菌等环节而制成的可长时间保存的食品。依据所用原料性质的不同，分为低酸性罐头（pH 值＞5.3）、中酸性罐头（4.5≤pH 值≤5.3）、酸性罐头（3.7≤pH 值＜4.5）和高酸性罐头（pH 值＜3.7）。尽管罐藏食品经过了严格的密封、杀菌处理，但由于杀菌不彻底、罐头密封不良等因素的存在，其中仍可能有一定的微生物残留与污染，最终导致罐藏食品的腐败变质。本节我们主要介绍罐藏食品中的微生物以及由微生物所引起的变质现象。

在讨论本节之前，我们先来了解以下几个基本概念。

（1）商业灭菌　食品经过杀菌处理后，按照所规定的微生物检验方法，在所检食品中无活的微生物检出，或者只能检出极少数的非病原微生物，但它们在食品的保藏过程中不可能生长繁殖，这种从商品角度对某些食品提出的灭菌要求，称为商业灭菌。

（2）胀罐　指在各种因素的作用下，使罐藏食品罐内产生气体而导致罐盖或罐底向外鼓起的现象。

（3）平盖酸败　指微生物分解碳水化合物产酸而不产气，使被污染的罐藏食品只发生酸败而不胀罐的变质现象。

## 一、微生物的污染与罐藏食品的变质

当然，导致罐藏食品变质的因素很多，有物理因素、化学因素和生物因素。如因温度过高或排气不良而造成的金属容器腐蚀穿孔；又如罐头容器的马口铁与内容物相互作用引起的氢膨胀（主要发生于中酸性罐头）；再如由于微生物生长繁殖产气而造成的胀罐。在这里，我们仅讨论由于生物因素中的微生物作用而导致的罐藏食品的变质。

微生物对罐藏食品的污染主要有两个阶段。

- 第一阶段：生产过程中的污染。在罐藏食品的生产过程中，由于原辅料、工器具、人员等各种因素的介入，会不同程度地带入一定量的微生物。这些微生物通过杀菌工序来杀灭，如果杀菌不彻底，比如温度过低或时间不够，就会造成一定量的微生物残留，形成生产过程中的微生物污染。尤其是一些耐热菌和芽孢，遇到适当的条件后即开始生长、繁殖，从而导致罐藏食品的腐败变质。此外，如果罐藏食品的密封环节没有做好，造成密封不严，微生物就会随冷却水浸入食品，最终导致罐藏食品的腐败变质。

- 第二阶段：后期污染。罐藏食品的后期污染往往也起因于罐藏食品的密封环节，如果密封不严，微生物就会在储藏、运输、销售等环节中侵入罐藏食品，其生长繁殖后导致罐藏食品的腐败变质。

## 二、罐藏食品中的微生物类群

罐藏食品中的微生物以细菌为主，其次还有酵母菌和少数霉菌。

**1. 细菌**

（1）嗜热性芽孢杆菌　在罐藏食品中，常见的嗜热性芽孢杆菌有嗜热脂肪芽孢杆菌和凝结芽孢杆菌。它们都是兼性厌氧菌，能耐 50～60℃ 的高温，能分解罐藏食品中的糖类物质产酸而导致罐藏食品变质。但它们也有所不同，嗜热脂肪芽孢杆菌适合在中性罐藏食品中生长，当食品的酸度小于 pH5 时便会抑制它的生长，而凝结芽孢杆菌却能耐受较高的酸度，能在 pH4.5 以下的酸性罐藏食品中生长。由于嗜热性芽孢杆菌的生长繁殖常常会分解食品中的糖类物质产酸而不产气，所以，它们通常是引起平盖酸败的原因菌。

（2）嗜温性芽孢杆菌　在罐藏食品中，常见的嗜温性芽孢杆菌有多黏芽孢杆菌、浸麻芽孢杆菌、枯草芽孢杆菌、巨大芽孢杆菌和蜡状芽孢杆菌等。它们都是好氧性细菌，一般在25~40℃的环境中生长。但它们也有所不同，多黏芽孢杆菌和浸麻芽孢杆菌一般在酸性环境中生长，多见于酸性罐藏食品，而枯草芽孢杆菌、巨大芽孢杆菌和蜡状芽孢杆菌一般在中性偏酸环境中生长，多见于低酸性罐藏食品。此外，多黏芽孢杆菌和浸麻芽孢杆菌能分解食品中的组分产酸产气，而其他菌群分解食品组分后只能产酸而不能产生气体，所以，多黏芽孢杆菌和浸麻芽孢杆菌通常是引起胀罐的原因菌，而其他嗜温性芽孢杆菌则通常是引起平盖酸败的原因菌。

（3）嗜热梭状芽孢杆菌　在罐藏食品中，常见的嗜热性梭状芽孢杆菌有嗜热致黑梭状芽孢杆菌和嗜热解糖梭状芽孢杆菌。它们都能分解罐藏食品中的组分而产生气体，然而结果却截然不同，原因是，致黑梭状芽孢杆菌分解的是蛋白质，所产生的硫化氢气体会与罐藏食品容器中的铁质结合而消耗，致使没有气体溢出，使变质表现为平盖酸败；而解糖梭状芽孢杆菌分解的却是碳水化合物，它产生的是二氧化碳和氢气，不会与罐内物质结合，从而使变质表现为胀罐。

（4）嗜温梭状芽孢杆菌　在罐藏食品中，常见的嗜温梭状芽孢杆菌有肉毒梭状芽孢杆菌、生芽孢梭状芽孢杆菌、巴氏固氮梭状芽孢杆菌和酪酸梭状芽孢杆菌等。它们都是厌氧菌，但分解食品中各种营养组分的能力有所不同。其中，肉毒梭状芽孢杆菌和生芽孢梭状芽孢杆菌对蛋白质的分解能力较强，巴氏固氮梭状芽孢杆菌和酪酸梭状芽孢杆菌分解碳水化合物的能力较强。

（5）非芽孢细菌　在罐藏食品中，常见的不产芽孢细菌主要有两类，一类是大肠杆菌、产气肠杆菌、变形杆菌等，另一类是嗜热链球菌、乳链球菌、粪链球菌、液化链球菌、乳酸杆菌等。它们大部分能分解糖类化合物产酸产气，通常是引起胀罐的原因菌，个别菌只能分解糖类产酸，如液化链球菌，通常是引起平盖酸败的原因菌。

此外，罐藏食品中还存在一些致病菌，常见的有溶血性链球菌、致病性葡萄球菌、肉毒梭菌、产气荚膜梭菌、沙门菌和志贺菌等。

**2. 酵母菌**

常见的酵母菌有球拟酵母属、假丝酵母属和啤酒酵母等。它们能发酵糖类产酸产气，是引起胀罐的原因菌。

**3. 霉菌**

罐藏食品中的霉菌很少，常见的有纯黄丝衣霉菌、纯白丝衣霉菌、青霉属、曲霉属和柠檬酸霉属等。

酵母菌和霉菌往往是由于杀菌温度不够、漏罐或罐内真空度不够而出现，主要存在于酸性或高酸性食品中，常引起胀罐。

## 三、罐藏食品的变质形式与微生物的生长

罐藏食品变质后表现出来的现象可谓多种多样，常见的有以下4种形式。

(1) 胀罐（胖听） 依据引起胀罐因素的不同，可以把罐藏食品的胀罐分为物理性胀罐、化学性胀罐和生物性胀罐。物理性胀罐主要是指由于罐内食品装得太多，排气不足；杀菌时降压速度太快，气温和气压变化影响罐内真空度，搬动时产生严重的碰撞等因素而引起的罐头外形失常现象。化学性胀罐主要是指由于罐头原料中的有机酸与罐头内壁表面作用产生氢气，使罐内的真空度消失，压力增大的失常现象。这两种胀罐不影响产品的内在质量，尚能食用。生物性胀罐是指由于罐藏食品中含有微生物或者污染了微生物，使食品的营养组分被分解而产生气体并最终导致罐盖或罐底向外鼓起的变质现象。这种胀罐使食品失去了食用价值甚至产生了一定毒性，也是危害最大的一种胀罐现象。

导致不同罐藏食品胀罐的微生物各不相同，引起高酸性罐藏食品胀罐的微生物有球拟酵母属、假丝酵母属和啤酒酵母等，引起酸性罐藏食品胀罐的微生物有多黏芽孢杆菌、浸麻芽孢杆菌、酪酸梭状芽孢杆菌、纯黄丝衣霉菌、纯白丝衣霉菌、乳酸杆菌等，引起中酸性罐藏食品胀罐的微生物有嗜热解糖梭状芽孢杆菌、大肠杆菌、产气肠杆菌、变形杆菌、嗜热链球菌、乳链球菌、粪链球菌、液化链球菌等，引起低酸性罐藏食品胀罐的微生物有肉毒梭状芽孢杆菌和生芽孢梭状芽孢杆菌等。

(2) 平盖酸败（平听） 平盖酸败主要是由酸败类微生物污染而引起的，罐藏食品表面不产生胀罐、变形等异状，但产生不正常的酸味和杂味，使食品失去了使用价值。导致平盖酸败的微生物习惯上称为平酸菌。

导致不同罐藏食品发生平盖酸败的微生物各不相同，引起酸性罐藏食品发生平盖酸败的微生物有凝结芽孢杆菌等，引起中酸性罐藏食品发生平盖酸败的微生物有嗜热链球菌、乳链球菌、粪链球菌、液化链球菌等，引起低酸性罐藏食品发生平盖酸败的微生物有嗜热脂肪芽孢杆菌、枯草芽孢杆菌、巨大芽孢杆菌和蜡状芽孢杆菌等。

(3) 变色 罐藏食品的变质除了表现为胀罐和平盖酸败外，有时还会出现变色现象。通常是由霉菌和嗜热性梭状芽孢杆菌引起，最典型的微生物是嗜热致黑梭状芽孢杆菌，它能使含硫蛋白质水解而产生硫化氢，硫化氢进一步与罐藏食品容器中的铁结合，使食品变为黑色。

(4) 浑浊或沉淀 罐藏食品还常常会出现汤汁中有沉淀现象，产生这种现象的原因是多方面的。有的是由于罐内微生物的作用，使蛋白质分解，产生沉淀；有的是由于罐内壁擦伤，使铁、锡与内容物接触的地方生成黑色硫化物沉淀于罐底；有的是由于仓温过高，使脂肪分解、糖类转化，进而使汤汁浑浊；还有的是因为仓温过低，内容物冻结，当解冻之后，组织松离，质地软化，汤汁浑浊，出现碎的悬浮

物。浑浊与沉淀现象往往伴随于微生物引起的其他变质形式中，大部分微生物都参与这一变质现象。

# 第五节 蛋及蛋制品中的微生物

蛋一般是指禽类动物的卵，常见的有鸡蛋、鸭蛋、鹅蛋、鹌鹑蛋等。鲜禽蛋经过不同的加工方法制成的食品统称为蛋制品。常见的蛋制品有松花蛋、香卤蛋、咸蛋、茶叶蛋、糟蛋等再制蛋制品，也有冰冻蛋、冰蛋黄、冰蛋白等冰蛋制品，还有全蛋粉、蛋黄粉、蛋白粉、干蛋白片等脱水蛋制品。蛋及蛋制品营养丰富，不仅是人类的良好营养品，更是微生物的良好培养基，特别容易被微生物污染而腐败变质。

下面主要介绍蛋及蛋制品中的微生物以及微生物与蛋类食品变质的关系。

在讨论本节之前，我们先来了解以下几个基本概念。

（1）新鲜蛋　指蛋壳坚固、不硌窝、无裂纹。灯光透视时气室高不超过11mm，整个蛋呈微红色，蛋黄不见或略见暗影。打开后，蛋黄膜不破裂并带有韧性以及蛋白不浑浊的禽蛋。

（2）靠黄蛋　靠黄蛋又称黏皮蛋，指由于经久储藏，未曾翻动或受了潮，使蛋白变稀，蛋白密度大于蛋黄，使蛋黄上浮，黏在蛋壳上的禽蛋。黏壳程度轻者黏壳处带红色，称为红黏壳蛋；黏壳程度重者黏壳处带黑色，称为黑黏壳蛋，黑色面积占整个蛋黄面积的二分之一以上者，视为重度黑黏壳蛋，黑色面积占整个蛋黄面积二分之一以下者，视为轻度黑黏壳蛋。除黏壳外，蛋白、蛋黄界限分明，无变质发臭现象。

（3）散黄蛋　指打开蛋壳后蛋白和蛋黄混在一起，且蛋液变稀的轻微变质禽蛋。

（4）泻黄蛋　指打开蛋壳后，蛋白、蛋黄全部变稀、浑浊，且蛋白变为灰绿色，并带有难闻气味的中度变质禽蛋。

（5）霉蛋　指鲜蛋受潮或雨淋后发霉的禽蛋。仅壳外发霉，内部正常者称为壳外霉蛋；壳外和壳膜内壁有霉点、蛋液内无霉点和霉味，品质无变化者，视为轻度霉蛋；表面有霉点，打开后壳膜及蛋液内均有霉点，并带有霉味者，视为重度霉蛋。

（6）酸败蛋　指打开蛋壳后，蛋液变稠或有凝块出现，且散发出酸臭气味的重度变质禽蛋。

（7）臭蛋　臭蛋又称黑腐蛋，指蛋壳呈乌灰色，打开蛋壳后，蛋内混合物呈灰绿色或暗黄色并带有恶臭味，甚至蛋壳因受内部硫化氢气体膨胀作用而破裂的严重变质禽蛋。

## 一、微生物的污染与蛋的变质

无论是鲜蛋还是蛋制品，都含有丰富的营养物质，极易受到微生物的污染，微生物对蛋品的污染分为三个阶段。

- 第一阶段：卵巢内污染。一旦家禽卵巢或子宫感染了微生物，微生物就会在卵形成过程中进入卵黄，产生带菌蛋。在这一阶段，常见的微生物有沙门菌、类白喉杆菌、微球菌等。
- 第二阶段：产蛋时污染。产蛋过程是蛋品与外界环境的初次接触阶段，尽管有蛋壳的保护，随着鲜蛋的预冷收缩，部分微生物会随气体进入蛋内，造成蛋品污染。在这一阶段，污染的微生物种类和数量不太固定，受禽舍的空气、饲料、禽体表面等环境的影响较大。
- 第三阶段：产蛋后污染。鲜蛋往往要经过一定的储藏和加工过程，这一过程也易受到微生物的污染，同产蛋时的污染一样，其污染的微生物种类受储藏或加工环境的影响较大，也没有固定的类群与数量。这里有一点值得一提，就是在鲜蛋储藏过程中，人们往往会因为鲜蛋有蛋壳保护，而放松对环境中微生物的控制，这一点是错误的，因为在这一过程中，微生物会通过鲜蛋的气孔而进入鲜蛋内部，造成蛋品的微生物污染，需要特别注意。

## 二、不同形式的蛋及蛋制品中的微生物类群

不同形式蛋中的微生物类群各不相同，下面，我们分别来看一下不同形式蛋类中的微生物类群。

(1) 鲜蛋中的微生物　正常的鲜蛋内部是无菌的，这与鲜蛋的结构有关，如图 4-2 所示，蛋壳内部与外部均有一层蛋壳膜，可有效防止微生物的侵入，并且，鲜蛋的蛋白中还有一定含量的溶菌酶，具有一定的抑菌与杀菌作用。然而，鲜蛋的组织结构会在鲜蛋的形成与产出过程中受到一定程度的破坏，导致鲜蛋中也存在一定量的微生物。鲜蛋内的微生物主要以细菌和霉菌为主，其中大部分是腐生菌，也有致病菌。常见的细菌有枯草杆菌、变形杆菌、假单胞菌、沙门菌、大肠杆菌、链球菌等，常见的霉菌有毛霉、青霉、枝霉、葡萄孢霉、分枝孢霉、芽枝霉等。其中，常见的致病菌有金黄色葡萄球菌和变形杆菌等。

(2) 再制蛋制品中的微生物　再制蛋制品是指将鲜蛋经过煮制使蛋白质变性成固体后，再经过卤制、腌制等过程使其具有特殊风味的蛋制品。依据煮制后是否去壳可分为去壳蛋制品和带壳蛋制品，如市面上常见的去壳香卤蛋和带壳香卤蛋。由于该类蛋制品在加工过程中都添加了一定量的防腐物质，具有一定的抑菌和防腐作用，所以，再制蛋制品中的微生物不多，常以一些嗜盐和嗜热微生物为

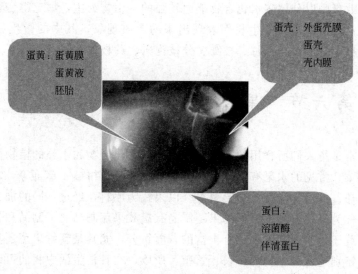

图 4-2　鲜蛋的组织结构

主，这些微生物的类群与加工过程的环境条件关系很大，常随环境的不同而不同。此外，再制蛋制品中还存在一些致病菌，如沙门菌、枯草杆菌、金黄色葡萄球菌等。

（3）冰蛋制品中的微生物　冰蛋制品是指将鲜蛋去壳后，再经过过滤、灭菌、装盘、速冻等加工工艺制成的蛋制品。由于冰蛋制品是在对鲜蛋去壳后才进行的各项加工，并且没有经过高温处理，所以，冰蛋制品中的微生物和鲜蛋中的微生物类群相似，并且还因蛋壳的破裂而带有大量的蛋壳上的微生物类群。然而，由于冰蛋制品经过了低温处理，所以其中的微生物类群以嗜冷菌为主。冰蛋制品中常见的微生物有大肠杆菌、产碱杆菌、变形杆菌等。

（4）脱水蛋制品中的微生物　脱水蛋制品是指将鲜蛋去壳后，再经过喷雾干燥等过程而制得的含水量极低的蛋制品。由于脱水蛋制品中的水分含量极低，不适合大部分微生物的生长，并且大部分微生物也常因喷雾、干燥处理而脱水死亡，所以脱水蛋制品中的微生物以耐热、耐低水环境的芽孢菌为主。

## 三、蛋的变质形式与微生物的生长

依据蛋品变质的程度，可以把蛋的变质形式分为六种，前面已介绍过不同变质形式的概念及现象，在这里，我们仅介绍导致这些变质形式的微生物类群。对于靠黄蛋、散黄蛋和泻黄蛋、臭蛋这四种变质形式，都是由于蛋中蛋白质的分解而产生的现象，尤其是臭蛋是由于蛋白质分解所产生的硫化氢气体而表现出来的变质现象，所以，这四种变质形式的蛋品中以分解蛋白质能力较强的微生物为主，如变性杆菌、假单胞菌、大肠杆菌等。对于酸败蛋，是由于蛋中碳水化合物的分解而产生的现象,酸败蛋中以分解碳水化合物能力较强的微生物为主,如毛霉、青霉等。对于霉蛋,常常是由于霉菌的生长而表现出来的变质现象,其中的微生物以霉菌为主,常见的霉菌有毛霉、青霉、枝霉、分枝孢霉、芽枝霉等。

## 第六节 果蔬及其制品中的微生物

果蔬通常是指人们所食用的富含矿物质、碳水化合物和水分的植物性食品,包括水果和蔬菜。常见的水果有苹果、梨、香蕉、葡萄、柑橘、草莓等,常见的蔬菜有茄子、番茄、黄瓜、洋葱、马铃薯等。以果蔬为原料,经过不同的加工工艺加工而成的食品称为果蔬制品,常见的果蔬制品有罐藏果蔬制品、干制品和果蔬汁。无论是新鲜果蔬还是果蔬制品都含有丰富的营养组分,尤其是新鲜果蔬还具有很高的水分含量,特别适合微生物的生长、繁殖,所以,在日常生活中我们可以看到,果蔬及其制品都特别容易腐败变质。当然,果蔬类食品的变质不仅与微生物有关,还与果蔬的组分有关,果蔬中本身含有的酶类也是果蔬类食品变质的另一主要原因,在这里,我们仅讨论微生物对果蔬类食品变质的影响。在果蔬制品中,罐藏类果蔬制品中的微生物在第四节已经讲过,这里不再多讲;干制果蔬制品的水分含量很低,不适合微生物的生长,不容易腐败变质,这里也不再多讲;这里主要介绍新鲜果蔬以及果蔬汁中的微生物学。

### 一、微生物的污染与果蔬及果蔬汁的变质

一般情况下,正常果蔬内部是无菌的,然而,在果蔬类食品生长与加工过程中却常常受到微生物的污染。微生物对新鲜果蔬的污染主要有三个阶段。

- 第一阶段:果蔬开花时期。这一时期,微生物常通过空气或其他传播途径污染果蔬花蕾,随着果实的形成而进入果蔬食品内部。常见的微生物有酵母菌和细菌,不同果蔬中的微生物各不相同。
- 第二阶段:果蔬生长时期。这一时期进入果蔬的微生物通常是一些病原微生物,它们常常通过对植物的侵染而进入果蔬食品。这一时期的微生物类群常随食品种类、生长地区、生长时间的不同而不同,没有固定的类群。
- 第三阶段:果蔬储藏时期。这一时期是微生物导致果蔬食品腐败变质的主要时期。在前两个阶段,尽管有少部分微生物进入食品内部,但果蔬食品的酸性环境对微生物的生长繁殖有一定的抑制作用,使食品不至于腐败变质,然而在这一时期,由于果蔬食品经历了采摘过程,使食品表皮受到破坏,从而使食品表层与环境中的微生物大量进入,其中,适合酸性环境的微生物大量生长繁殖,最终导致果蔬食品的腐败变质。在这一时期,果蔬食品中的微生物有霉菌、酵母菌和嗜酸细

菌。起初霉菌在果蔬表皮或其污染物上生长，然后霉菌侵入果蔬组织，首先分解果蔬中的纤维素、果胶、淀粉、糖类等生物大分子，使其变成简单物质。继而酵母菌开始生长，快速分解糖类、酸类。随着霉菌与酵母菌对营养组分的分解，果蔬食品的酸度略有下降，一些嗜酸细菌便开始生长繁殖，最终导致新鲜果蔬的腐败变质。

微生物对果蔬汁的污染除了通过上述阶段污染果蔬汁的原料外，还通过果蔬汁的加工过程污染果蔬汁。尤其是对新鲜果蔬的压榨、破碎过程，可以说就是一个将果蔬表皮上的微生物接种于果蔬汁的过程，这一过程引入了大量的微生物，具体种类与新鲜果蔬表皮上的微生物类群一致。

## 二、新鲜果蔬和果蔬汁中的微生物类群

新鲜果蔬中的微生物类群与果蔬汁中的微生物类群差别不大，但由于新鲜果蔬加工成果蔬汁的过程使二者的营养组分发生了一定的变化，所以它们中的微生物类群也不尽相同。

（1）新鲜果蔬中的微生物　新鲜果蔬中污染的微生物主要有霉菌、酵母菌和少数耐酸细菌。常见的霉菌有白边青霉、绿青霉、扩张青霉、串珠镰刀霉、交链孢霉、黑曲霉、黑根霉、灰绿葡萄孢霉、柑橘茎点霉、马铃薯疫霉等；常见的酵母菌有圆酵母、红酵母等；常见的细菌有乳酸菌、醋酸菌等。

（2）果蔬汁中的微生物　果蔬汁中的微生物与新鲜果蔬中的微生物类群基本相同，主要有霉菌、酵母菌和少数耐酸细菌。然而，与新鲜果蔬不同的是，果蔬汁中的纤维素、色素有所减少，并且含氧量较新鲜果蔬有所增加，所以果蔬汁中的酵母菌占主导地位。常见的酵母菌有假丝酵母属、圆酵母属、隐球酵母属、红酵母属、酵母属等；常见的霉菌有青霉属、曲霉属、交链孢霉属、芽枝霉属等。常见的细菌有乳酸菌、植物乳杆菌、乳明串珠菌、嗜酸链球菌等。需要指出的是，不同果蔬汁中的微生物类群不尽相同，不同新鲜度的果蔬汁中的微生物类群也不尽相同（具体参见表4-7）。如新鲜苹果汁中的酵母菌多属于假丝酵母属、圆酵母属或红酵母属，而变质苹果汁中的酵母菌多属于酵母属；新鲜葡萄汁中的酵母菌是克勒酵母、葡萄酒酵母，而变质葡萄汁中的酵母菌则多属于汉逊酵母属和毕赤酵母属。

表4-7　常见食品中的主要微生物类群

| 食品 | 苹果 | 梨 | 柑橘 | 葡萄 | 番茄 | 马铃薯 |
|---|---|---|---|---|---|---|
| 微生物类群 | 交链孢霉、黑曲霉、苹果枯腐病菌、假丝酵母属、圆酵母属 | 梨轮纹病菌、黑根霉、灰绿葡萄孢霉、青霉属 | 白边青霉、绿青霉、柑橘褐色蒂腐病菌 | 灰绿葡萄孢霉、克勒酵母、葡萄酒酵母 | 茄绵疫霉、镰刀霉属、番茄交链孢霉 | 马铃薯疫霉、镰刀霉属、软腐病欧氏杆菌 |

### 三、果蔬和果蔬汁的变质形式与微生物的生长

新鲜果蔬与果蔬汁的物理状态不同，所表现出来的变质形式也存在很大差异。

**1. 新鲜果蔬的变质形式**

（1）腐烂　新鲜果蔬受到微生物的污染后，其组织细胞中的构架组分被微生物分解利用，从而使果蔬细胞组织疏松，也就是我们看到的腐烂现象。参与这一破坏活动的微生物以霉菌为主，常见的有白边青霉、绿青霉、扩张青霉、串珠镰刀霉、交链孢霉、黑曲霉、黑根霉、灰绿葡萄孢霉、柑橘茎点霉、马铃薯疫霉等。

（2）霉变　微生物污染果蔬后，会在果蔬上大量生长繁殖，当其繁殖到一定程度后，便形成了肉眼可见的菌落，也就是我们看到的霉变现象。形成这一现象的微生物也是以霉菌为主，不同的霉菌所表现出来的霉变形式各不相同，如青霉使果蔬表现出青色霉变，而黑曲霉则使果蔬表现出黑色霉变。

（3）酸败　果蔬腐败变质后，通常会散发出酸败气味，这通常是由微生物分解果蔬中的糖类而产生的酸性物质发出的。参与这一分解过程的微生物以酵母菌和细菌为主，常见的有圆酵母、红酵母、乳酸菌、醋酸菌等。

**2. 果蔬汁的变质形式**

（1）浑浊（沉淀）　果蔬汁的变质过程往往伴随着浑浊或沉淀的出现，这一现象的出现是多种因素作用的结果，如由于果蔬汁化学条件的改变而导致部分组分的析出，又如由于微生物细胞大量繁殖而聚合成胶体颗粒，在众多因素中最主要的是微生物的生长繁殖。产生这一现象的微生物主要是酵母菌和霉菌，常见的有圆酵母、雪白绿衣霉、拟青霉等。

（2）变色　果蔬汁的变质也常常伴随着颜色的改变，这一现象可能是由于果蔬汁组分的氧化、褐变引起的，也可能是由于微生物生长繁殖所产生的色素扩散到果蔬汁中所形成的，最主要的原因是微生物的作用。产生这一现象的微生物主要是霉菌，常见的有白边青霉、绿青霉、扩张青霉、黑曲霉、黑根霉等。

（3）产生异味　果蔬汁变质后，往往会散发出酒精味、酸味。酒精味通常是由于酵母菌发酵果蔬汁产生乙醇而发出的，常见的酵母菌有酒香酵母、啤酒酵母。酸味通常是由于细菌分解糖类或酸类产生乙酸、乳酸而发出的，常见的细菌有乳酸菌、醋酸菌。

## 第七节　鱼贝类及其制品中的微生物

鱼贝类通常是指生长于水中的动物，生长于淡水水域中的称为淡水鱼贝类，生长于海水水域中的称为海水鱼贝类。常见的有鲫鱼、鲤鱼、牡蛎、扇贝、螺、章

鱼、鱿鱼、虾、蟹等。新鲜鱼贝类经过不同的加工方法而制成的产品称为鱼贝类制品。常见的鱼贝类制品有腌制品和干制品。鱼贝类食品中含有丰富的优质蛋白、不饱和脂肪酸、重要矿物质和维生素等良好营养成分，是人类青睐的营养食品，正因为其营养丰富，所以鱼贝类也是微生物喜欢光顾的对象，常常会因为微生物的污染而导致其腐败变质。下面我们主要讨论鱼贝类及其制品中的微生物以及微生物与鱼贝类食品变质的关系。

## 一、微生物的污染与鱼贝类及其制品的变质

一般情况下，鲜活的鱼贝类组织内是无菌的，然而，在鱼贝类的生长与加工过程中却常常受到微生物的污染。微生物对鲜活鱼贝类的污染主要有两个阶段。

- 第一阶段：鱼贝类生长时期。在这一时期微生物常常通过水与鱼饵而进入鱼贝类的鳃及消化道内。这一时期的微生物以细菌为主，常见的有假单胞菌、无色杆菌、黄杆菌、产碱杆菌、气单胞菌、短杆菌等。
- 第二阶段：鱼贝类运输、储藏时期。这一时期是微生物导致鱼贝类食品腐败变质的主要时期。在第一阶段，尽管有一定量的微生物进入鱼贝类体内，但其体内的免疫系统会在一定程度上抑制微生物的生长，甚至杀灭微生物，不至于造成鱼贝类腐败变质。然而，在鱼贝类的运输、储藏过程中，由于它们的生长条件发生了变化，致使其免疫能力大大降低，这就为微生物的生长繁殖提供了条件，当然，在这一时期污染鱼贝类食品的微生物除了生长时期的细菌外，还有其所处环境中的微生物，它们没有固定的类群，随环境条件的不同而不同。

微生物对鱼贝类制品的污染除了通过上述阶段污染其原料外，还通过鱼贝类制品的加工过程污染鱼贝类制品。尤其是对新鲜鱼贝类的剖腹处理过程会引入大量的微生物，具体种类与新鲜鱼贝类体表的微生物类群一致。

## 二、不同形式鱼贝类及其制品中的微生物类群

不同形式鱼贝类中的微生物类群各不相同，一般情况下，新鲜鱼贝类中的微生物类群最多，数量也最大。下面，我们分别来看一些不同形式鱼贝类中的微生物类群。

（1）新鲜鱼贝类中的微生物　新鲜鱼贝类中的微生物主要来自于水体环境，以细菌为主。常见的有假单胞菌、无色杆菌、黄杆菌、产碱杆菌、气单胞菌等。

（2）冷藏或冻藏鱼贝类中的微生物　对于冷藏或冻藏鱼贝类来说，它们中的微生物类群大部分与新鲜鱼贝类中的相同，但其由于受低温环境的影响，使新鲜鱼贝类中的部分不耐冷菌被杀死，只留下一些嗜冷菌，所以，冷藏或冻藏鱼贝类中的微生物以嗜冷性细菌为主，常见的有无色杆菌、极毛菌、黄杆菌、产碱杆菌等。

(3) 腌制鱼贝类制品中的微生物　由于腌制鱼贝类制品经过了加盐或加糖处理，所以其渗透压很高，只有一些耐高渗微生物或嗜盐微生物才能生存，所以，腌制鱼贝类制品中的微生物以耐高渗或嗜盐细菌为主。常见的有玫瑰小球菌、盐地假单胞菌、盐杆菌、盐地赛氏杆菌等。

(4) 干鱼贝类制品中的微生物　干鱼贝类制品是指将新鲜鱼贝类经过晾制而得到的水分含量较低的鱼贝类制品。由于干鱼贝类制品中的水分含量极低，不适合大部分微生物的生长，并且大部分微生物也常因晾制过程而脱水死亡，所以干鱼贝类制品中的微生物以耐低水环境的芽孢菌为主。

### 三、鱼贝类及其制品的变质形式与微生物的生长

尽管鱼贝类食品的变质形式多种多样，但是大部分都是由于微生物分解鱼贝类中的蛋白质而产生的现象，其作用的微生物类群基本相同，只是不同的蛋白质分解程度而表现出来的不同现象而已。

(1) 体表浑浊　这是鱼贝类变质的前兆，一般在鱼贝类即将变质时出现。其原因主要是在微生物与鱼体自身酶的作用下而导致鱼贝类体表黏液蛋白的分解而产生的现象。

(2) 鱼鳞脱落　随着鱼贝类体表蛋白的分解，它们的表皮组织开始逐渐疏松，疏松到一定程度鱼鳞便开始逐渐脱落，此时，鱼贝类已开始逐渐变质。

(3) 溃烂　其实，伴随着鱼鳞的脱落，鱼贝类消化道内的细菌也在迅速生长繁殖，而致使鱼贝类内部组织溃烂。一般情况下，我们看不到鱼贝类体内的溃烂，只能根据鱼鳞的脱落程度来判断鱼贝类的溃烂情况。

(4) 发臭　发臭现象是鱼贝类食品严重变质的标志。随着鱼贝类体内营养组分的分解，便有一些恶臭物质产生，使鱼贝类出现恶臭现象。常见的恶臭味物质有硫醇、氨、硫化氢、粪臭素等。

(5) 变色　变色现象一般发生于腌制鱼贝类制品，一方面是某些嗜盐菌落本身的颜色，另一方面是一些嗜盐菌产生的色素而表现出来的现象。如：腌鱼食品常常因为嗜盐细菌的生长而出现橙色。

## 第八节　其他食品中的微生物学

除了上述食品以外，其他的各种各样的食品也都会不同程度地受到微生物的污染，其中，不同食品中的微生物类群也各不相同。

粮食及其制品中的微生物以霉菌为主，此外，还有一些酵母菌与细菌。粮食中的微生物以霉菌为主，霉菌中有田野霉和储藏霉两大类。田野霉是指在粮食生长过

程中污染粮食的主要霉菌类群，以寄生菌和兼性寄生菌为主，腐生菌较少，还有一部分产毒霉菌。常见的田野霉有禾谷镰刀菌。储藏霉是指在粮食储藏过程中污染粮食的主要霉菌类群，以腐生菌为主，常见的有青霉、曲霉等。粮食制品中的微生物包含霉菌、细菌和酵母菌，它们中没有固定的类群，因加工环境的不同而不同。

　　饮料中也存在不同类群与数量的微生物，常因饮料性质的不同而不同，在含酒精类饮料中以酵母菌为主，在酸性饮料中则以嗜酸菌为主。此外，饮料还常常被一些致病菌污染。总之，饮料中的微生物类群错综复杂，与饮料的用水、配方及加工工艺关系很大，没有固定的微生物类群。

　　低温储藏食品中的微生物以嗜冷性微生物为主，因食品种类的不同而不同。常见的细菌有极毛杆菌、黄杆菌、小球菌、乳酸菌等，常见的酵母菌有假丝酵母、圆酵母、红酵母等，常见的霉菌有青霉、毛霉、分枝孢霉、交链孢霉等。

　　总之，不同食品中微生物的种类各不相同，不同加工工艺与储藏条件的食品中的微生物类群也存在差异。在实际生产中，我们应具体问题具体分析，以便于正确确定食品中的微生物类群，找出最佳的杀灭方案来有效控制食品中的微生物，进而有效延长食品保质期。

## 复 习 题

1. 分解蛋白质的微生物主要有哪些？
2. 分解碳水化合物的微生物主要有哪些？
3. 分解脂肪的微生物主要有哪些？
4. 肉的变质形式有哪些？
5. 鲜乳的变质形式有哪些？
6. 甜炼乳的变质形式有哪些？
7. 淡炼乳的变质形式有哪些？
8. 罐藏食品中的细菌主要有哪些类型？
9. 罐藏食品的变质形式有哪些类型？
10. 新鲜果蔬的变质形式有哪些类型？
11. 果蔬汁的变质形式有哪些类型？
12. 鱼贝类及其制品的变质形式有哪些类型？

# 第五章 微生物与食品保藏

在各种自然环境中都可以发现微生物存在，而食品在生产加工和保存过程中，有很多的机会受到微生物的污染。由于食品中含有丰富的营养物质，如果再有适宜的环境条件，微生物就会在食品表面迅速生长繁殖，从而造成食品的变质，降低食品的营养价值，甚至对人的健康产生影响。因此，食品保藏是食品生产中的一个重要环节，研究食品变质与食品微生物之间的关系无论对于现实还是在理论上来说都具有重要意义。

## 第一节 食品污染

食品污染途径主要是环境污染。从作物的生长到收获，从生产加工、储存、运输、销售、烹调到食用前整个过程的各个环节，由于各种条件和各种因素的作用，可使某些有害物质进入食物，以致使食物的营养价值和卫生质量降低。引起食品污染的因素，一般主要有以下三种。

（1）微生物的污染　引起污染的微生物主要是细菌和霉菌，这些微生物可以分解食品中各种有机物质。微生物在污染食物后又可在适宜的条件下大量生长繁殖。食物中的蛋白质、脂肪及糖类在微生物的作用下分解并产生复杂的变化，可使食物的感官性质恶化、营养价值降低，甚至引起严重的腐败、霉烂和变质，直至完全失去食用价值。某些细菌或霉菌还可能产生各种危害人体健康的毒素，如肉毒梭菌毒素、黄曲霉毒素等。

（2）寄生虫和虫卵污染　能够对食品造成污染的寄生虫主要包括蛔虫、猪肉绦虫、蛲虫、肺吸虫、旋毛虫等。还有蔬菜瓜果中的蛔虫。食品中常可以见到污染螨类，如面粉中寄生粉螨、肉类制品中的肉食螨和砂糖中的革螨等，均可引起食品在短期内变质，同时通过食品可引起人类疾病。

（3）化学污染　食品中的化学污染主要来自于农药、工业三废、食品添加剂和食品包装材料等。

## 第二节 食品保藏中的微生物学问题

食品中由于含有丰富的营养物质，可以为人类提供各种各样的营养，同时，也为微生物的生长提供了良好的基质。当微生物在食品中生长繁殖时，食品中的各种营养基质就会被微生物分解利用，这将对食品的色、香、味及组织状态产生影响，使其失去营养价值，甚至可以影响到人类的健康。食品腐败的原因有很多，如物理因素、化学因素和生物因素。在储藏、流通期间，食品的腐败主要与微生物在食品中繁殖所引起的复杂化学和物理变化有关。因此围绕微生物所采取的各种措施是最有效的。

在食品保藏过程中，主要是控制微生物的生长环境，如食品中的水分、营养、pH值、温度等。只要能控制其中的一项或几项，就可以抑制微生物的生长和繁殖，从而达到较好的保藏效果。

## 一、预防食品的微生物污染

根据食品的来源，在人类所食用的各种食品中，可以将食品分为动物性食品和植物性食品。植物性食品一般指可食植物的根、茎、叶、花、果、籽、皮、汁，以及食用菌和藻类，或以其为主要原料的加工制品。动物性食品一般指动物体及其产物的可食部分，或以其为原料的加工制品。无论是动物性食品还是植物性食品，在活体状态下，其组织的内部菌数很少，它们一般都有可以起到防护作用的致密组织。如果蔬的外皮、鱼和动物的皮肤组织、蛋类的蛋壳等都起着天然防护层的作用。但是当防护层因某种原因被破坏时，微生物就会大量地侵入，在食品中生长繁殖。

在食品保藏前，食品中污染的微生物的来源是多方面的，概括地说主要有土壤、水、空气、人和动植物、加工设备、原料和包装材料等方面。也就是说，当食品与外界接触时，只要环境中有微生物存在，食品就会受到微生物的污染，而微生物在食品中的种类和数量直接影响到食品加工和食品保藏的质量。我们可以根据微生物的污染来源，采取相应的措施，以减少微生物对食品造成的污染。

土壤、水和空气中的各种各样的微生物通过一定的途径可以对食品造成污染。因此在食品保藏时，清洗是食品加工的重要工序，除了可以消除食品表面的污物外，对于微生物也可以起到去除的作用。

此外，食品的加工环境、加工设备、加工用水及操作人员等都可能成为微生物的污染源。如加工人员能从其他的环境中把微生物传递给食品。为此要注意这方面的卫生管理，还可以进行杀菌处理。

由于食品的腐败主要是由于微生物的作用引起的，所以只要能做好预防，减少微生物与食品的接触机会，就可以对食品的保藏起到很好的作用。可以说防止微生物的侵染是食品生产、储藏与加工过程中的一个重要问题，必须采取有效的措施。

## 二、食品中微生物的减少和去除

在食品的生产和销售过程中，杜绝微生物的污染是无法做到的，食品中总是或多或少地存在一定量的微生物，为了保证食品安全必须要对食品进行处理，使食品中的微生物降低到最低程度，其数量也达到相关的标准，并且不能够有致病菌的存在。

可以用来杀菌的方法有很多，一般来说，主要的杀菌方法有清洗、加热、干燥、调节渗透压、添加防腐剂、辐射等。这些方法中有的既是加工过程又是储藏工艺，但目的都是减少微生物的数量。

清洗多用于生鲜食品的表层处理。实验证明，水果在经过清水洗涤后，可以将其表面的微生物大部分除去。当然要求清洗用水必须是清洁的，反之则还有可能造成二次污染。在用水清洗之后，应尽快地去除水果表面的水分，因为过多的水分再加上合适的温度，微生物会加速繁殖，造成食品的腐败。如果在清洗用水中加入一些化学试剂，如氯气等，则可以增强去除微生物的效果。

加热时产生的高温可以引起微生物变性，进而引起微生物死亡，故可用于杀菌。在食品加工过程中，这是一种很常用的方法。但在应用时，过高的温度或者是过长的加热时间都可能使得食品的营养价值降低，也即不同程度地降低食品的营养价值以及影响食品的风味、颜色和质地等。因此为了达到杀菌的目的，必须要选择最适当的方法。

干燥可引起微生物细胞脱水，对菌体的新陈代谢产生障碍，甚至可以引起菌体死亡。但不同的微生物由于其抵抗力不同，在干燥的环境中，有的微生物只是处于休眠状态，在合适的条件下，其仍可以生长繁殖。

微生物的生长也和环境的渗透压有一定关系。在低渗透压时，菌体吸水膨胀，严重时可以造成菌体破裂而死亡。在处于高渗透压的环境下时，菌体则发生脱水，从而造成微生物脱水甚至死亡。一般来说，高渗透压相对于低渗透压会对微生物造成更大的损害，在低渗透压下微生物较易生长，但在高渗透压下，微生物常因脱水而死亡。这同时也和微生物的耐受能力有关。

无论是动物性食品还是植物性食品，若不及时加工或有效保存，食品就会败坏变质。防腐剂可防止由微生物引起的食品变质，延长食品的保存期。防腐剂主要是利用化学方法来杀灭微生物和抑制微生物的生长，从而延长食品的保存时间。但是防腐剂可能对人体的健康产生影响。因此在使用过程中，不但要考虑到杀菌效果，而且要考虑到可能对人体造成危害。应严格按相关标准来进行添加。

食品利用放射线杀菌，温度不会上升，同时操作也比较方便，这对于食品中的微生物可以起到较好的杀灭效果，是一项有很好应用前景的杀菌方法。

### 三、控制食品中的微生物生长与繁殖

虽然食品在经过杀菌处理后,其中的微生物数量可以大大降低,但在食品中总是会残留有少量的微生物。如果在保存过程中,采取一些措施,如利用低温、干燥、添加防腐剂等来控制微生物的生长与繁殖,就可以延长食品的保存时间,达到食品保藏的目的。

## 第三节 食品的杀菌与保藏

引起食品变质的原因有多种,可以说食品保藏是一门独立的学科。食品保藏主要是围绕防止微生物的污染、杀灭微生物和抑制微生物的生长而采用的各种方法,使食品尽可能地保持原有的营养价值和色、香、味等,延长保质期。为了达到这一目的,就要采用各种方法对食品进行处理,以改变微生物生长的环境,防止微生物的生长和繁殖。

人类在长期的实践过程中,总结出了很多可以保存食品的方法。随着科学技术的进步,新的保藏方法也在不断地被利用。但是这些方法主要是利用影响微生物的一些因素,如温度、水分、渗透压、辐射以及一些化学物质,这些因素都可以对微生物的生长起到一定的抑制作用,进而可以延长食品的保存时间。同时,涉及这些因素的方法中,有些不但是保藏方法,同时也是加工方法,可以使食品的风味、营养有所改变。

### 一、食品的加热杀菌保藏

加热杀菌在生活中及工业生产中都得到了广泛的应用。如生活中的煮沸、油炸等方法,都是利用高温杀灭食品中的微生物,进而延长食品的保存时间。

**1. 影响加热杀菌效果的因素**

在对食品的加热过程中,主要有三方面的影响:一是和食品本身相关的因素,如食品成分、pH值、体积和形状等;二是和微生物相关的因素,如微生物的种类、数量等;三是和加热相关的因素,如加热方式、时间等。

(1) 食品本身的相关因素 食品中的水分含量直接影响杀菌效果。水分含量越高,微生物的抗热力越差,即使是对同一种微生物也如此。根据研究,在食品水分含量较多的情况下,120℃、20min可以完全灭菌,但是在水分含量较少的情况下,完全灭菌则需要160~180℃经3~4h。

食品的pH值在加热杀菌时也会影响杀菌效果。一般来说,pH值在中性时对于加热杀菌的影响最小,微生物的耐热能力最强。酸和碱都可以加强杀菌效果,而

且酸的效果比碱要好。

按照酸度可以把食品分为以下 4 类。

① 非酸性食品。pH 值在 5.3 以上。它们包括肉类食品、牛乳、玉米、豌豆等。

② 低酸性食品。pH 值在 4.5~5.3 之间。如南瓜、菠菜、芦笋等。

③ 酸性食品。pH 值在 3.7~4.5 之间。这类食品如番茄、梨等。

④ 高酸性食品。pH 值在 3.7 以下。主要有泡菜等。

因此 pH 值在 4.5 以上时,微生物在加热灭菌时应加强。但是高温总是会给食品的营养价值造成损失,在实际生产中要注意杀菌效果,同时也要尽量保存食品的营养价值。

在食品中加入柠檬酸、乳酸和乙酸可以用来调节 pH 值。在相同的 pH 值下,乙酸的效果最好,乳酸次之,柠檬酸最差。

食品的体积和形状也会对杀菌效果造成影响。加热灭菌的效果一般来说和食品的体积成反比。另外相同体积的食品也会因其不同的形状而对杀菌效果造成影响,一般来说,食品的厚度会影响到热的传递,厚度越大则杀菌效果越差。

(2) 与微生物相关的因素　食品中微生物的数量会直接影响到杀菌的效果,实验证明,食品中微生物的数量越大,特别是一些耐热的微生物数量大,将会延长杀菌时间,或者是需要提高杀菌温度。

不同种类的微生物对热的抵抗力也有很大的不同,各种微生物都有自己的最高生长温度。对多数微生物来说,在 50~65℃ 10min 就可以被杀死。而对一些耐热微生物来说,如生活在积肥中的微生物,可以在 80℃下生长,在 121℃下经 10min 才能被杀死。一般来说,具有芽孢的微生物的抗热能力较强。

另外对于同一种微生物,在处于不同的生长阶段时,其抗热性也不相同,一般来说老龄细胞比幼龄细胞抗热性强。

(3) 杀菌方式对微生物的影响　对微生物进行加热杀菌时,不同的杀菌方式也会影响到杀菌的效果。如在加热过程中采用摇动的方式要比静置的效果要好。

**2. 加热方法**

对于食品的加热杀菌,采用高温处理不但可以起到杀菌的效果,而且对于有些食品来说,还可以使食品的可消化性提高,对于肉类食品来说,还可以起到改变风味的效果。但就大多数食品来说,过高的温度会使食品的色泽、风味和化学成分发生改变。因此食品的加热杀菌不能只考虑杀菌的效果,还要兼顾到食品的品质,必须要选择合适的方法。

各种微生物都有其一定的适应生长温度,如果食品的温度提高到超过了微生物可以耐受的程度时,其生长将受到抑制或者会导致其死亡。大多数不耐热的细菌、酵母菌和霉菌在 60℃时 10~15min 即死亡,100℃ 5min 可杀死一切细菌繁殖体。细菌芽孢和霉菌孢子对热的抵抗力强。热杀菌技术在食品工业中应用十分普遍,常用的方法有煮沸消毒法、巴氏消毒法、流通蒸汽灭菌法、高压蒸汽灭菌法等。

(1) 常压杀菌　常压杀菌是指在100℃以下的杀菌操作,如巴氏杀菌,可用于水果、乳制品等不要求完全无菌的食品。

煮沸、烘烤、油炸是家庭和食品工业常用的加工方法,由于加热是在常压下进行的,温度不是太高,最高为100℃,所以对一些嗜热微生物杀菌效果不明显,只能杀死大部分的微生物。如烘烤食品,食品的外部温度虽然可以达到200℃左右,但其内部却只有100℃左右,对于一些耐热微生物来说,杀菌的效果不佳。

水浴加热是一种很常用的杀菌方法,多用于罐头食品。水浴时须根据食品的种类不同而选择不同的温度。食品经过杀菌后应及时冷却,过长的加热时间会对果蔬类食品的品质造成影响。

目前的常压杀菌多采用蒸汽或热水喷淋式连续杀菌。食品在杀菌过程中要经过一个半封闭式的隧道,隧道可以长达十几米。在隧道中分为若干部分,在不同的部分可以使用不同温度的水或蒸汽喷淋,以进行加热或冷却。通常可以分为五个部分,前两个部分为不同温度的预热区,第三部分为杀菌区,第四和第五部分为不同温度的预冷却区。

(2) 加压杀菌　加压杀菌是在密闭容器内进行杀菌,一般杀菌温度在120℃左右。

罐装食品的杀菌最常使用的是静置式杀菌釜,如图5-1所示。杀菌的方法一般是先把杀菌的食品放入小车内,再由轨道进入杀菌釜内,通蒸汽进行杀菌。

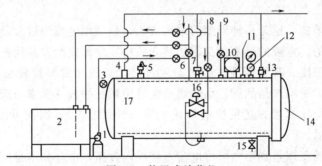

图 5-1　静置式杀菌釜

1—水泵；2—水箱；3—溢流管；4,7,13—放空气管；5—安全阀；
6—进水管；8—进汽管；9—进压缩空气管；10—温度记录仪；
11—温度计；12—压力表；14—锅体；15—排水管；16—薄膜
阀门；17—锅体

使用时的一般程序介绍如下。

首先是进蒸汽和排除空气,此时杀菌釜内的温度快速升高,釜内的空气被排出,釜内的食品也开始升温至杀菌温度。不同的食品对温度与时间的要求不同,依据不同的食品而保持相应的杀菌温度和时间,由于釜内的蒸汽传热不匀,所以温度应以食品的中心温度达到要求为准。杀菌完成后的食品还要及时冷却,在冷却时需要大量的冷却水,当罐内的温度达到常温时排出冷却水。冷却水排出后才能打开釜盖，取出灭菌的食品。

（3）超高温短时杀菌　根据温度对食品和微生物的影响规律，对于热敏性食品的杀菌，可以考虑使用超高温短时杀菌法，简称UHT。这种杀菌方法一方面可以达到较好的杀菌效果，另一方面还可以最大限度地保存食品的营养价值。其杀菌的一般条件是：加热温度135～150℃，加热时间为2～10s。

这种杀菌方法主要是针对一些热敏性物质，如牛奶如果在高温下保持较长的时间，则有可能发生一些不良的化学反应，其蛋白质和乳糖发生美拉德反应；蛋白质发生分解而产生不良气味等。为了避免有效成分的破坏同时抑制褐变，牛奶在生产中一般控制在137～145℃、2～5s的杀菌条件，这样既可以满足灭菌要求，又能减少对牛奶品质的损害。

按照换热方式，UHT系统可分为间接加热和直接加热系统。直接加热的优点是加热快、冷却快，其过程一般不超过1s，更接近于理想加热模式，对乳中化学物质的影响相对较小。但是，系统中由于闪蒸是在降压条件下完成，乳中的风味物质也将随水蒸气的蒸发而损失掉，这一点尤其不利于风味乳制品的生产。

间接加热系统采用板式或管式换热器，板式换热器在设计上因能使物料产生更为激烈的湍流而具有良好的换热效率，同时板式换热器组装与拆卸容易，便于手工拆卸清洗。这一点尤其在板上沉淀过厚的情况下有益。但同时由于板间流道较窄，容易产生沉淀堵塞流道，引起系统压力急剧上升，使生产运转时间比管式换热系统要长，增大了生产成本。

（4）欧姆杀菌　这是一种新型的杀菌方法，是利用电流通过食品产生的热量来达到杀菌的目的。常规的热杀菌是靠加热介质将热量传递给食品物料，当食品内部颗粒达到杀菌温度，其周围液体物料必须过热，必然导致颗粒食品杀菌后质地变软、外形改变，影响产品品质。而欧姆杀菌可使颗粒的加热速率与液体的加热速率十分接近，获得比常规方法更快的加热速率（1～2℃/s），因而可缩短加工时间，得到高品质产品。

欧姆杀菌的原理是利用电极将电流直接导入食品，由食品本身所产生的热量直接杀灭食品中的细菌。所用电流为50～60Hz的低频交流电，食物的电导率、密度、形状、温度等对欧姆加热都有不同程度的影响。

欧姆杀菌装置主要由泵、欧姆加热器、保温管、控制仪表等组成。欧姆杀菌具有许多优点，可产生新鲜、味美的产品；能加热连续流动的产品而不需要热交换表面；操作平稳、维护简单、易于控制。同时，欧姆杀菌对维生素等的破坏较小。

（5）微波加热杀菌　微波是一种电磁波，可产生高频电磁场。介质材料由极性分子和非极性分子组成，在电磁场作用下，极性分子从原来的随机分布状态转向依照电场的极性排列取向，在高频电磁场作用下，造成分子的运动和相互摩擦从而产生能量，使得介质温度不断提高。因为电磁场的频率极高，极性分子振动的频率很大，所以产生的热量很高。当微波加热应用于食品工业时，在高频电磁场作用下，食品中的极性分子（水分子）吸收微波产生热量，使食品迅速加热干燥。

用微波处理食品，可以使食品中的微生物丧失活力或死亡，从而达到延长保存期的目的。一方面，当微波进入食品内部时，食品中的极性分子，如水分子等不断改变极性方向，导致食品的温度急剧升高而达到杀菌的效果。另一方面，微波能的非热效应在杀菌中起到了常规物理杀菌所没有的特殊作用，细菌细胞在一定强度的微波作用下，改变了它们的生物性排列组合状态及运动规律，同时吸收微波能升温，使体内蛋白质同时受到无极性热运动和极性转动两方面的作用，使其空间结构发生变化或破坏，导致蛋白质变性，最终失去生物活性。因此，微波杀菌主要是在微波热效应和非热效应的作用下，使微生物体内的蛋白质和生理活性物质发生变异和破坏，从而导致细胞死亡。

微波杀菌与其他杀菌方法相比，有以下特点。

① 节能高效、安全无害。常规热力干燥、杀菌往往需要通过环境或传热介质的加热才能把热量传至食品，而微波加热时，食品直接吸收微波能而发热，设备本身不吸收或只吸收极少能量，故节省能源，一般可节电30%～50%。微波加热不产生烟尘、有害气体，既不污染食品，也不污染环境。通常微波能是在金属制成的封闭加热室内和波导管中工作，所以能量损失极小，十分安全可靠。

② 加热时间短、速度快。常规加热需较长时间才能达到所需干燥、杀菌的温度。由于微波能够深入到物料内部而不是靠物体本身的热传导进行加热，所以，微波加热的速度快，干燥时间可缩短50%或更多。微波杀菌一般只需要几秒至几十秒就能达到满意的效果。

③ 保持食品的营养成分和风味。微波干燥、杀菌是通过热效应和非热效应共同作用，因而与常规热力加热比较，能在较低的温度就可获得所需的干燥、杀菌效果。微波加热温度均匀，产品质量高，不仅能高度保持食品原有的营养成分，而且保持了食品的色、香、味、形。

④ 易于控制、反应灵敏、工艺先进。微波加热控制只需调整微波输出功率，物料的加热情况可以瞬间改变，便于连续生产，实现自动化控制，提高劳动效率，改善劳动条件，可节省投资。

微波灭菌比常规灭菌方法更利于保存活性物质，即能保证产品中具有生理活性的营养成分和功效成分是其一大特点。因此它应用于人参、香菇、猴头、花粉、天麻、蚕蛹及其他功能性基料的干燥和灭菌是非常适宜的。微波技术也能应用于肉、肉制品、禽制品、水产品、水果、蔬菜、罐头、奶、奶制品、面包等食品方面的灭菌。

## 二、食品的非加热杀菌保藏

所谓非加热保藏主要是相对于加热保藏来说的。相对于加热保藏来说，非加热保藏是一种冷杀菌,在不加热的条件下可以完成对食品的微生物进行处理。非加热主要是利用其他的灭菌机理进行灭菌,这样可以避免食品因为加热而造成的某些成分被破坏。非加热杀菌方法有许多种,如利用射线的辐照杀菌法、紫外线杀菌法、超声波杀菌法、放电杀菌法、臭氧杀菌法、高压杀菌法等。

**1. 利用射线保藏食品**

比紫外线更短的 X 射线和 γ 射线能使被照射的物质的分子产生电离作用,具有非常强的穿透力,能够有效杀灭样品中的微生物。微生物对电离辐射的敏感性是有差异的。与营养细胞相比,细菌的芽孢有较强的抗辐射能力。微生物的细胞物质在一定强度的放射线的照射下,其中的各种物质会受到射线的影响,根据受影响的程度而产生不同的变异甚至死亡。

食品的辐射保藏是指用射线辐照食品,从而达到延长食品保质期的一种保藏技术。通过辐射保藏可以最大限度地减少食品的损失,使它在一定期限内不发芽、不腐败变质、不发生食品的品质和风味变化,从而延长食品的保藏期,提高食品的质量和加工适应性。

食品利用射线杀菌,温度不会上升,同时操作也比较方便,又由于射线有一定的穿透能力,还可以对密封包装的食品进行杀菌,并可以实行连续化作业。辐射保藏技术是一门新的技术,比现有保藏技术有其优越性的一面,是继传统的物理、化学保藏方法之后的又一发展较快的食品保藏新技术和新方法。

辐射保藏食品主要是利用 X 射线和 γ 射线照射食品。这些高能射线能引起食品及其中的生物产生一系列的化学反应,使它们的生长发育、新陈代谢受到抑制或破坏,从而导致食品中的微生物和昆虫被除杀死,延长食品的保藏时间。

在食品辐射保藏的剂量下会导致一些主要的生物学效应:①抑制新陈代谢和生长发育。如抑制马铃薯、洋葱的发芽,推迟水果成熟等。②杀灭害虫。辐射可以杀死食品外部和内部的害虫。③消毒灭菌。辐射可以杀死食品中的大肠杆菌、沙门菌及其他微生物。④促进生物化学反应。辐射能加速酒的陈化等。

辐照技术属于冷处理技术,是一种物理保藏法,采用不同的辐射量可以起到不同的效果。按剂量划分可分为低剂量辐射、中剂量辐射、高剂量辐射。

(1) 低剂量辐射

① 抑制蔬菜发芽。有些蔬菜,如马铃薯、大葱等,在保存过程中可能会发芽。当其发芽后,不仅影响感官,而且会降低产品质量甚至产生有毒物质。以低剂量辐照处理,即可阻止其储存期发芽。如果根茎作物尚处于休眠状态,对阻止储存期的发芽也是有效的。实验证明,采用低剂量辐照处理同时还能消灭马铃薯茎蛾的卵及早期幼虫。

② 防止食品虫害。辐照可以杀死生长在食品中的昆虫或寄生虫。如大米、小麦、干菜豆、谷粉和通心粉可以用大约 1kGy 的剂量辐照,以消灭象鼻虫。

③ 延长水果和蔬菜的生理过程。用 1kGy 以下的剂量辐照可抑制多种水果、蔬菜中的酶的活性,也可相应降低植物体的生命活力,从而延长其成熟,减少腐

烂，延长保藏期。这对香蕉、芒果、番木瓜、常青果、柑橘、蘑菇、芦笋、番茄等都有效。其中，芒果用 0.25～0.30kGy 剂量处理即可延迟其成熟与老化，而不影响其品质和主要营养成分，达到延长货架期的目的。

(2) 中剂量辐照

① 辐照巴氏杀菌。辐照巴氏杀菌就是利用辐照对食品进行消毒与防腐。消毒就是杀灭食品中除病毒与芽孢菌以外的非芽孢病原菌，主要是沙门菌，所需剂量 2～8kGy；防腐就是杀灭腐败微生物，延长食品的保藏期，剂量范围在 0.4～1.0kGy 之间。此方法特别适用于保藏在冷冻条件下的未烹调预包装食品及真空包装的预烹调肉类制品，例如，用 1.5～2.5kGy 的剂量辐照处理鳕鱼，在 2～3℃ 的冷藏条件下可保藏三个月，而未辐照的鳕鱼只能保藏一个月。实验表明，在指定的剂量下对肉类及家禽类的产品进行处理，可以杀灭其中的沙门菌，或者可使其数量减少到不会感染正常人的水平，并可延长食品冷藏温度在冰点以上的储藏期。

② 保证食品室温保藏的货架稳定性。造成新鲜农副产品（如鱼肉、水果或蔬菜等）霉变的大多数微生物对低剂量辐照很敏感，采用 1～5kGy 剂量辐照可使霉变微生物减少好几成，因此可以延长这些食品的货架期，若采用较低剂量（1～2kGy）辐照草莓、芒果、桃子等水果，可以有效地控制霉菌生长，减少这些水果在运输、销售过程中的损失，使之保藏期得到延长。但辐照技术与其他技术一样，不可能使质量低劣或已经腐败的食品变好。

③ 改善食品的工艺品质。用 2.5kGy 或 5kGy 的剂量辐照大豆后，可改进豆奶和豆腐的品质，提高产率；以 2～4kGy 剂量辐照薯干酒和劣质酒，可以加速陈化、消除杂味儿而提高品质；牛肉经 1～10kGy 剂量辐照后，其蛋白纤维会产生降解而使牛肉变得特别鲜嫩；对葡萄进行辐照处理，可以增加葡萄汁的产量；辐照脱水蔬菜，可以提高其复水性能，减少烹饪时间。

(3) 高剂量辐照　高剂量辐照常用于香料和调料以及调味品的消毒。天然香料与调味品易生虫长霉，传统的加热和消毒法不但有药物残留，而且容易导致香味挥发，甚至生成有毒化合物。采用辐照技术对香料和调味品进行杀虫灭菌，不仅可使传染性微生物失去活性，并可保持其原有风味。如辣椒粉经 5kGy 剂量辐照后，样品已检测不出霉菌；干香葱粉经 4kGy 剂量辐照后，微生物数量明显减少，经 10kGy 的剂量辐照，细菌数量减少到 10 个以下。

为了达到最佳的杀菌效果，所用的辐射剂量不能高于达到预期效果所要求的剂量。实践证明，在食品的保藏方面，辐照可以降低未成熟水果的抗腐败能力，而对放置时间较长的水果效果不显著。因此，水果在收获后，应尽快进行处理。另外在处理过程中，辐射还会受到其他因素的影响，如包装，即包装必须采用合适的材料，使之在处理过程中不仅可防止脱水作用，而且可以保护产品。水分含量和氧气也可以影响到辐射的效果，水分含量低时，对产品的辐射作用以及对微生物的作用相对于含水量较高的食品影响要小。一般情况下，高氧含量能加速微生物的死亡，在厌氧的条件下，同样的微生物则需要更高的辐射剂量。

**2. 超声波杀菌保藏**

声波是机械振动能量的一种传播形式。振动频率在16kHz以上的声波称为超声波，它是不为人耳所听见的一种声波。声波可在气体、液体和固体中传播。声波传播时，介质粒子并未向外传播，而只是相对于它的平衡位置作振动，向外传播的只是运动形式和能量。

一般来说，在应用到食品保藏时，主要利用的是16000Hz以上的超声波。超声波对细菌的作用主要是产生强烈的机械振动，使细胞破裂死亡。超声波在作用于液体物料时，产生空化效应，在空化泡剧烈收缩和崩溃的瞬间，泡内会产生几百兆的高压、强大的冲击波及数千度的高温，从而对微生物产生粉碎和杀灭作用以及加热和氧化作用。

利用频率大于20kHz的超声波处理对液态食品的杀菌是有效的，当累积灭菌时间达4min时，所处理的酱油样品的微生物总数指标达到了合格标准。

不同的微生物对超声波的抵抗力不同。如伤寒沙门菌在4.6MHz的超声波中可以完全被杀灭，但是对葡萄球菌只能是部分地被杀死。另外就是在用超声波杀菌时，个体大的微生物更易被杀死，杆菌比球菌更易受到伤害，但是芽孢不易被杀死。

在一定压力条件下，将超声波与加热处理相结合的处理比单独使用超声波处理需要时间短，效果更好，国外将此法称为MTS法，但对处理时间、压力、温度、声频或声强的具体参数需花费大量时间进行试验而确定，在这方面的研究目前尚很缺乏，有待进一步探讨，且对超声波杀菌的具体原理也应深入研究。

**3. 高压杀菌保藏**

高压处理技术是利用数千气压的静水压加压食品。先将食品原料充填到塑料等柔软的容器中密封，再投入到有数千静水压的高压（200MPa以上的大气压）装置中加压处理。在高压作用下，细胞内的气泡将会破裂，菌体细胞变长，质壁发生分离。高压还会造成蛋白质的变性，直接影响到酶的活性，对微生物的新陈代谢造成影响，甚至致其死亡。

食品中存在着大量的微生物，主要有细菌、霉菌、酵母菌等，其中有些是导致食品腐败、变质、引起食物中毒的微生物。在300MPa以上的压力下细菌、霉菌、酵母菌等均被杀死。但一些芽孢杆菌属的芽孢耐压性较强，需在600MPa的高压下才能被杀死。食品在加压杀菌时，温度、食品质地、浓度和pH值等都对杀菌效果有影响。沙门杆菌在20℃、200MPa的压力下还有一小部分存活；当温度为-20℃时，在相同的压力下则全部被杀死。在加压处理糖液杀菌时，当糖液浓度为40%时，杀菌效果减少；如果糖液浓度达到50%时则完全没有杀菌效果。糖的种类对高压处理的杀菌效果也有影响，种类不同，杀菌效果也不同。盐类对加压杀菌有显著的保护作用，使杀菌效果降低。因此，在加压杀菌时，除应注意以上因素外，还应对蛋白质浓度、表面活性物质等加以注意，以免影响杀菌效果。

高压处理食品还可以起到很好的护色作用。如用高压处理蒜泥和蒜粒后并在5℃下保存，蒜泥在保存开始时变成青绿色，以后黄色增加；而对蒜粒的处理效果较好，可以防止变色。还有在对绿茶饮料进行杀菌处理时，用加热方法杀死绿茶中的耐热性芽孢时会产生褐色，影响绿茶饮料的质量。采用高压处理并适当提高温度即能杀死芽孢，保持绿茶原有的色泽，并防止褐色的产生。

利用高压处理技术和水经加压在0℃以下一定范围不冻结的特性，可使食品中酶的活性下降，微生物活动停止，减少食品的质变。利用高压处理技术对草莓、牛肉、猪肉等进行不冻结储藏已有报道，可以保持其感官的新鲜度，抑制游离氨基酸的生成。不冻结储藏经加压处理使肉组织内液体流失，减少储藏中蛋白质变性，提高保存效果。

水果加压杀菌后可延长保鲜时间，提高新鲜味道，但在加压状态下酸无法发挥作用，因此掌握在最好吃的状态下保存水果也较为理想。

## 三、利用低温保藏食品

利用低温保藏食品是食品保藏中的一种重要的方法，在低温下保藏食品，可以使食品的营养得到较好的保存，对一些生鲜食品，如水果、蔬菜等更具优越性。因此，低温保藏是一种应用最为广泛的方法。食品低温保藏就是利用低温以控制微生物生长繁殖和酶活动的一种方法。低温可以降低食品中酶的活性，从而减弱食品中营养成分的氧化作用及生化过程。低温可以减缓食品中微生物的生长和繁殖速度，绝大多数致病菌和腐败菌的繁殖在10℃以下大为减弱；温度降低到最低生长点时它们即停止生长并出现死亡。

**1. 低温保藏原理**

食品在低温的环境下，本身的酶活性会受到一定程度的抑制。食品中的微生物的生长繁殖也会因自身生化反应减弱而变缓，处于休眠状态，从而使食品在一定的时间内可以很好地保存其营养价值。

对于食品微生物来说，当温度从其最适生长温度下降到最低生长温度时，其生长的速度会受到抑制，但是它们的生长代谢活动并没有停止，只是比较缓慢。在温度低于0℃时，对于一些耐寒微生物来说，仍可以生长，如霉菌中的侧孢霉菌属、枝霉属等以及细菌中的假单胞菌属、无色杆菌属等。

微生物在低温下所表现出的不同反应还和微生物的种类、生长阶段、储藏时间以及食品的种类和性质有关。在低温保藏时，对食品进行冻结和解冻可以促进微生物的死亡，但是对食品的品质影响较大。

**2. 利用低温保藏食品的方法**

低温保藏食品应用广泛，通常分为冷藏和冷冻两种形式。

(1) 低温冷藏　冷藏温度一般为-2~15℃,而4~8℃为常用的冷藏温度,储存期一般从几天到数周。在保证食品不冻结的情况下,冷藏温度愈接近冻结温度,储藏期愈长。冷藏不能阻止食品腐败变质,只能减缓食品变质速度,嗜冷微生物仍然可以生长繁殖。另外冷藏并不是对所有的食品都适用,如番茄、香蕉、瓜类、马铃薯和甘薯等只能在10℃以上的温度储藏,才能保存其良好的品质。

(2) 冷冻保藏　冷冻保藏就是采用缓冻或速冻方法先将食品冻结,而后再在能保持食品冻结状态的温度下储藏的方法。储藏温度为-20~-12℃,而以-18℃最为适用。冷冻适用于长期储藏,短的可达数日,长的可以年计。冷冻食品可以保持原始的新鲜度,保证食品的质地、色泽和风味不发生明显的变化。所以冷冻是食品长期储藏的重要方法。冷冻又分为速冻和缓冻,速冻食品的质量比缓冻食品要好。

速冻的优点是:①冻结时间短,允许盐分扩散和分离出水分以形成纯冰晶的时间也随之缩短。②形成的冰晶体颗粒小,对细胞的破坏性比较小。③将食品温度迅速降低至微生物生长活动温度以下,可以及时阻止冻结时食品成分的分解。而缓冻时,食品中的冰晶是在细胞间隙中形成的。由于结晶的形成增加了可溶性物质浓度,使渗透压升高,故促使细胞内的液体渗向该处,使得冰晶越来越大,乃至压破细胞膜。其结果是食品融解时,大冰晶溶化成的多量水分不能再回到细胞内,食品会失去原状,营养物质也流向细胞外,造成丢失。

食品在解冻时应采用缓慢解冻的方法,用冷水浸泡食物,或者将食物放在6~8℃使其自然解冻。缓慢解冻时,含营养物质的组织汁液冰晶会缓慢融化,还原成组织汁液,从而保持食物应有的营养和风味。急速解冻的方法是用热水浸泡食物,这种解冻会使组织汁液冰晶体快速融化,来不及渗入组织而流失,因此丢失了一部分营养物质和芳香味物质。

## 四、利用干燥保藏食品

利用干燥保藏食品是一种古老的方法,同时也是现代食品保藏的重要方法之一。在新的脱水技术应用之前,干燥一直是利用日晒、风干、烟熏的方法来完成的,这些方法多是借助于自然界,具有简便、经济的优点,但是干燥较为缓慢,耗费大量的人力,占地面积大。新的脱水技术克服了这些不足,使产品的质量和产量以及储藏性得到了进一步的提高,但是利用自然条件的干燥方法仍具有一定的地位。干燥保存食品具有很多的优点,食品的营养成分可以得到较好的保存,同时,干制食品质量轻、体积小,便于储藏和运输,还可以节省包装材料。

**1. 食品干燥的原理**

作为食品的动植物材料,除谷物和豆类外,均含有60%~90%的水分,由于酶和微生物的作用,很容易引起变质和腐败。除去部分或大部分水分,使水分活度低于微生物生长繁殖的最低$a_w$值,就可以使食品安全地储藏与保鲜,同时也便于包装和运输。

各种食品都有一定的水分活度值。各种微生物的活动和各种化学反应也都有一定的水分活度阈值。利用脱水与干燥降低了食品的水分活度值，从而使微生物得不到可以利用的水分而无法生长和发生作用，另外食品本身酶的活性也受到抑制从而使某些化学反应由于缺水而无法进行，以达到保藏食品的目的。

**2. 原料处理**

在食品干燥过程中，可能会产生褐变、变色、褪色以及组织上的变化，食品复水后，其硬度、咀嚼性、口感等很可能就会与干燥前不同。因此，作为储藏与保鲜的要求，就必须防止干燥过程中的不利变化，即在干燥前必须进行适当的处理。

（1）热烫　加热使酶失去活性的处理称为热烫，它可以阻止酶发挥作用。尤其是蔬菜类，在干燥前必须进行预处理。热烫具有操作简便、可均匀加热以及在热水中可加入或追加食盐、氯化钙等品质稳定剂和谷氨酸钠等调味剂等特点。

（2）硫熏、亚硫酸处理　为了防止柿子、苹果、杏等在干燥和保藏中的恶变，需进行必要的处理，如放在密闭室中，点燃适量的硫黄，使其成为二氧化硫气体来熏。这样，浸入到果子内部的二氧化硫就可以转变成为亚硫酸，作为强还原剂而阻止酶的作用，同时还具有漂白、杀菌和抑制非酶褐变反应的作用。由于硫熏之后，果实细胞活性降低，水分移动容易，因此还有间接加速干燥的作用。在干燥前用亚硫酸液（或亚硫酸盐液）浸渍处理可增加防止干燥蔬菜类变色及虫害的效果。

（3）表面组织的破坏　葡萄和无花果之类的水果果皮上覆盖着蜡类物，阻碍干燥的进行，所以在干燥前用沸腾的稀碱液做极短时间的浸渍处理以除去蜡类物质可以加速干燥。

（4）防止氧化　鱼干易产生像油炸物似的黄色褐变、酸败发臭，胡萝卜和番茄粉末易氧化褪色而失去独特的红色，油脂中的不饱和脂肪酸和胡萝卜素由于易被氧化而恶变，所以含有这类物质的食品在干燥前，有必要添加抗坏血酸等抗氧化剂。

（5）浓缩　牛乳和水果之类的多水分食品在干燥前，有必要用真空蒸发罐等预先浓缩几倍后再进行喷雾或冻结干燥。

**3. 食品干燥方法**

（1）自然干燥　自然干燥是自古就采用的、不需什么设备，依靠太阳和风进行干燥或荫干的一种干燥方法。该法具有简便、经济等长处，但也有使品质受到限制的不足。然而即使在今天，鱼贝类和海藻的干燥仍采用自然干燥。此外，香蕈、萝卜干等也采用自然干燥。

由于自然干燥耗费时间长，在此期间易发生显色、变色、褪色、氧化等现象以及由自身酶引起的分解，如葡萄干之类的食物常产生与新鲜时完全不同的风味、质地和结构。另外，由于蒸发了大量的水分而使干燥物收缩变形，增加了加工强度。目前所看到的大部分自然干燥物，不能复水到与新鲜时的一样，仅仅是作为不同类型的食品来食用。用自然干燥的方法可以保藏的食品还有米、麦和豆类等。

（2）热风干燥　依靠太阳和风干燥不可能达到全年生产一致的品质，也就是说无法进行大规模的工业生产，为此需要采用人工热风干燥。一般热风干燥是把食品放在网栅或钢制带式运输机上，送入通热风的干燥器中进行的。根据食品的性质、性状决定温度、湿度、风速和风向，分别采用适用于各类不同食品的各种类型干燥机。干燥机有箱式、隧道式、带式、回转式、透气式等各种型式。

（3）喷雾干燥　牛乳和咖啡之类的液体放在干燥箱的浅盘中，用热风干燥时，除了在表面产生硬膜外，再加上褐变或蛋白质变性等缺陷而不能得到优质的产品。这类液状食品，用喷雾干燥则可得到优质产品，不仅是乳粉和速溶咖啡，而且在果汁、粉末油脂、大豆蛋白质等的干燥过程中也广泛应用。

（4）薄膜干燥　粉状糯米类的婴儿食品、速溶土豆泥等多采用此种简单的方法。在缓慢回转、内部加热的圆筒表面上涂以液状、糊状食品薄层，通过一次次往返干燥，把连续累积的产品粉碎、筛选而制成粉末。另外，也有卷在圆筒上而制成薄膜，以及在高真空干燥机内低温干燥成产品的做法。

（5）真空干燥　在热风干燥中，如果热风温度高，过快干燥常引起褐色和变色、褪色、蛋白质变性以及维生素的破坏，如果采用低温则需很长时间，有的物料将发生酶的反应而影响品质。为此，可以采用在密封装置中真空干燥的方法。把加热温度和真空度适当调节，可以达到在低温下迅速干燥的目的，并由此可得到品质十分优良的产品。

（6）冻结真空干燥　冻结真空干燥也称冷冻升华干燥，是将含水物料冻结后，在真空环境下加热，使物料中水分直接除去，从而使物料脱水获得冻干制品的过程。真空冷冻干燥属于物理脱水。以前，此法多在实验室小规模地进行，而工业上用于抗生素、输血用的血清、血浆和疫苗的制造等。现在，世界各国也开始将此法用于食品制造，其逐渐成为可以得到优质产品的方法。

## 五、食品的化学保藏

食品的化学保藏就是利用在食品中添加化学防腐剂和抗氧化剂来抑制微生物的生长和推迟化学反应发生，从而达到保藏的目的。在食品生产和储运过程中利用化学制品可提高食品的耐藏性和尽可能保持其原有品质，也即可防止食品变质和延长保质期。

化学保藏法包括盐藏、糖藏、醋藏、酒藏和防腐剂保藏等。其中的盐藏和糖藏主要是提高食品的渗透压来抑制微生物的生长，醋和酒在食品中达到一定的浓度也可以对微生物的生长繁殖起到一定的抑制作用，防腐剂能对微生物酶的活性起到抑制作用，还可以破坏微生物细胞的膜结构。

化学保藏过程中用到的化学制品主要是指成分明确、结构清楚，从化学工业中生产出来的制品。它们能抑制微生物生长，防止食品腐败变质，所以称之为化学防腐剂。如苯甲酸、山梨酸、丙酸、亚硝酸盐等。

**1. 盐藏**

使用食盐来保存食品是一种很古老的方法，如腌制食品。利用食盐来保藏食品时，食盐对食品的微生物有一定的抑制作用，同时还可以赋予食品新的风味，具有一定的加工效果。

食盐的防腐作用主要有以下几方面。

① 食盐在添加到食品中以后，会慢慢渗入到食品的水分中去，使渗透压增高，当其超过微生物细胞内的渗透压时，微生物中的水分便向外渗透，这可以使细胞质与细胞壁分开，微生物的正常生长活动则受到影响。

② 可以使食品脱水，造成食品的水分活度降低，抵制微生物生长。

③ 食盐可以直接产生氯离子，对微生物具有一定的抑制作用。

④ 减少水中氧的溶解度，抑制好氧菌的生长。

⑤ 降低蛋白酶的活性。

不同的微生物对食盐的耐受能力表现出较大的差异。其中的嗜盐性微生物在较高浓度（15%）的溶液中仍可以生长，这一类微生物有红色细菌、接合酵母属和革兰阳性球菌等。无色杆菌属等一般的腐败微生物在食盐浓度约为5%的情况下，生长便可受到抑制。肉毒梭状芽孢杆菌等病原菌在食盐浓度7%~10%时，生长也受到抑制。一般的霉菌对食盐有较强的耐受力。有些霉菌在25%的浓度下仍可以生长。

由于不同的微生物对食盐的耐受能力不同，因而可以通过不同的食盐浓度来确定微生物的菌群。如肉类食品中食盐浓度在5%以下时，会由于细菌的繁殖而出现网状物；当食盐浓度在5%以上时，生长的微生物主要是霉菌；食盐浓度超过20%以上时，生长的微生物种类主要是酵母菌。

**2. 糖藏**

糖藏与盐藏一样，也是利用可以增加食品的渗透压、降低水分活度从而抑制微生物生长的一种储藏方法。

一般的微生物在糖浓度超过50%时，其正常的生长就会受到影响。但对有些耐渗透性强的酵母菌和霉菌来说，在糖浓度高达70%以上仍可以生长。而如果在其中添加少量酸时，可以有效降低微生物的抗渗透能力。这样，即使在较低的糖浓度下，微生物的生长也可以受到抑制。

果酱等食品类因原料果实含有有机酸，在加工时又添加蔗糖，并经加热处理，因此在渗透压、酸和加热等三个因素的作用下，可以对微生物起到很好的抑制作用，使之具有很好的保藏性。但有时果酱也会因为微生物的生长而变质腐败，其主要原因是糖浓度不足。所以在加热与保持一定的酸度的同时，不能忽视必要的糖的浓度。

渗透压与糖溶液的浓度呈一定的比例关系，各种糖的防腐效果以分子量最小、溶解度最大的为好。因此，用转化糖或葡萄糖要比同样重量的蔗糖效果要好。但是在使用时应注意，转化糖在长期的储藏过程中会出现溶解度变小的情况，造成结晶体析出，渗透压下降，同时也会对外观造成不良影响。

**3. 防腐剂保藏**

一些化学物质对微生物具有抑制或杀灭作用，这类物质称为防腐剂或杀菌剂。在食品中添加符合国家标准许可种类和浓度要求的防腐剂可以抑制食品微生物生长，使食品在生产、加工、储存、销售过程中避免腐败变质。食品上常用的防腐剂主要是有机酸及其盐类，如丙酸和丙酸钠、柠檬酸、乳酸、苯甲酸和苯甲酸钠等。

**4. 气调储藏**

气调储藏是指在特定的气体环境中的保藏方法，广泛应用于苹果、梨、蒜薹等果蔬的保鲜储藏，还用于肉、禽、蛋、鱼、花卉、粮食、油料、药材、干果、皮货等方面。

正常大气中氧的体积浓度约为20.9%，二氧化碳的体积浓度约为0.03%。气调储藏多是在低温储藏的基础上，调节空气中氧、二氧化碳的含量，即改变储藏环境中的气体成分组成，降低氧的体积浓度至2%~5%，提高二氧化碳的体积浓度到0~5%，或者是充填$CO_2$、$N_2$等气体置换原有空气，使食品处于特殊的气体环境中，以抑制微生物的生长和食品的呼吸代谢，达到保持食品新鲜度和减少损失的目的。

以果蔬为例，新鲜果蔬在采摘后，仍进行着旺盛的呼吸作用和蒸发作用，从空气中吸取氧气，分解消耗自身的营养物质，产生二氧化碳、水和热量。由于呼吸要消耗果蔬采摘后自身的营养物质，因此延长果蔬储藏期的关键是降低呼吸速率。储藏环境中气体成分的变化对果蔬采摘后的生理有着显著影响，低氧含量能够有效地抑制呼吸作用，在一定程度上减少蒸发作用，抑制微生物生长；适当的高体积浓度的二氧化碳可以减缓呼吸作用，对呼吸跃变型果蔬有推迟呼吸跃变启动的效应，从而延缓果蔬的后熟和衰老。降低温度可以降低果蔬呼吸速率，并可抑制蒸发作用和微生物的生长。采用气调储藏法能有效地抑制果蔬的呼吸作用，延缓衰老（成熟和老化）及有关的生理学和生物化学变化，改进储藏质量，达到延长果蔬储藏保鲜的目的。

目前常用的气调方法有塑料薄膜帐气调、硅窗气调、催化燃烧降氧气调、充氮降氧气调和真空保藏法等。

(1) 塑料薄膜帐气调法　这是利用塑料薄膜对氧气和二氧化碳有不同的渗透性以及对水透过率低的原理来抑制果蔬在储藏过程中的呼吸作用和水蒸发作用的储藏方法。塑料薄膜一般选用0.12mm厚的无毒聚氯乙烯薄膜或0.075~0.2mm厚的聚乙烯塑料薄膜。由于塑料薄膜对气体具有选择性渗透，可使袋内的气体成分自然地形成气调储藏状态，从而推迟果蔬营养物质的消耗和延缓衰老。

(2) 硅窗气调法　根据不同的果蔬及储藏的温湿度条件，选择面积不同的硅橡胶织物膜热合于用聚乙烯或聚氯乙烯制成的储藏帐上，作为气体交换的窗口，简称硅窗。硅胶膜对氧气和二氧化碳有良好的透过性和适当的透气比，可以用来调节果蔬储藏环境的气体成分，达到控制呼吸作用的目的。选用合适的硅窗面积制作的塑料帐，其气体成分可自动恒定在氧气体积浓度为3%～5%、二氧化碳体积浓度为3%～5%。

（3）催化燃烧降氧气调法　使用催化燃烧降氧机以汽油、石油液化气等为燃料，与从储藏环境中（库内）抽出的高氧气体混合进行催化燃烧反应。反应后无氧气体再返回气调库内，如此循环，直到把库内气体含氧量降到要求值。

（4）充氮降氧气调法　从气调库内用真空泵抽除富氧的空气，然后充入氮气，这两个抽气、充气过程交替进行，以使库内氧气含量降到要求值，所用氮气来源一般有两种：一种是用液氮钢瓶充氮；另一种是用制氮机充氮，其中第二种方法一般用于大型的气调库。

（5）真空保藏　在真空条件下，微生物的生理生化活动受到抑制，可以使食品得以较长时间的保藏。真空是一种特殊的气调形式，必须在一定的容器中才能实现，因此，它实际上又是一种包装形式。真空包装是将物品装入气密性容器后，在容器封口之前抽真空，使密封后的容器内基本没有空气的一种包装技术。

真空包装按排气方法不同有加热排气和抽气密封两种。前者是通过对装填了食品的包装容器先进行加热，通过空气的热膨胀和食品中水分的蒸发将包装容器中的空气排出，再经密封、冷却后，使包装容器内形成一定的真空度。抽气密封则是在真空包装机上，通过真空泵将包装容器中的空气抽出，在达到一定真空度后，立即密封，使包装容器内形成真空状态。与加热排气法相比，抽气密封法具有能减少内容物受热时间和更好地保全食品的色、香、味等优点，因此，抽气密封法应用较为广泛，尤其对加热排气传导慢的产品更为合适。

采用真空包装技术包装的食品容器内的真空度通常在600～1333Pa，所以，真空包装实际上是不能做到完全真空的，也是没有必要的。因此又将真空包装称为减压包装或排气包装。

复　习　题

1. 食品中微生物的减少和去除如何进行？
2. 食品的杀菌保藏方法有哪些？
3. 食品的加热杀菌方法有哪些？
4. 食品的非加热杀菌保藏方法有哪些？
5. 低温保藏食品的原理是什么，有哪些种类？
6. 食品化学保藏的原理是什么，保藏方法有哪些？

# 第六章 微生物在食品发酵工业中的应用

人类利用微生物的发酵作用制造食品的历史悠久,而且制造的食品种类繁多。例如各类调味品的生产、酒类的酿制、发酵肉制品以及发酵奶制品等,均在当今人类生活中占有重要地位。

## 第一节 微生物在调味品生产中的应用

### 一、味精

味精即 L-谷氨酸钠,具有强烈的肉类鲜味,不仅用作调味品,在医药和工农业生产中也有着广泛的用途。工业上生产味精常以淀粉类物质为主要原料,把淀粉水解成糖然后再与其他原料配料后,接种谷氨酸发酵菌并控制适当的条件进行谷氨酸发酵,生成谷氨酸。发酵完毕后用等电点法或离子交换等方法提取发酵液中的谷氨酸,经加碱中和成谷氨酸钠,再经除铁、脱色、浓缩和结晶得到成品味精。

**1. 谷氨酸生产菌**

自然界中很多微生物都能产生谷氨酸,但糖制原料谷氨酸发酵应用的发酵菌通常用棒状杆菌属(*Corynebacterium*)、短杆菌属(*Brevibacterium*)、节杆菌属(*Arthrobacter*)和小杆菌属(*Microbacterium*)中的一些菌株。也有用芽孢杆菌属(*Bacillus*)、小球菌属(*Micrococcus*)的菌株来生产的。我国在生产中常用棒杆菌和短杆菌。

**2. 谷氨酸发酵工艺流程**

以淀粉为原料,采用淀粉水解糖发酵生产谷氨酸的工艺流程如图 6-1 所示。谷氨酸发酵是深层发酵和代谢控制发酵的代表性工艺,以下将对其进行较为详细的介绍,以期对微生物发酵工艺有一个较全面的了解。

**3. 谷氨酸代谢控制发酵技术**

近 40 多年来,随着谷氨酸和其他多种氨基酸的发酵成功而发展起来的代谢控制发酵,应用生物化学和遗传学方法,阐明了微生物某代谢中间产物或终产物的生物合成途径、遗传控制及代谢调节机制。在此基础上,应用多种遗传育种手段,解除微生物的代谢控制机制,打破微生物正常的代谢调节,人为地控制微生物的代

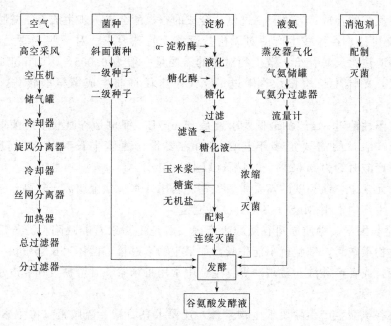

图 6-1　淀粉质原料发酵生产谷氨酸工艺流程

谢,从而使微生物大量合成目的产物;合理控制发酵条件,对发酵过程进行最优化控制,使目的产物大量积累。

(1) 发酵培养基组成　谷氨酸发酵培养基组成包括碳源、氮源、无机盐和生长因子等。配制时,要根据菌种特性、原料来源及价格、发酵过程控制、产物提取等多方面因素综合考虑。

① 碳源。碳源是谷氨酸发酵生产的主要原料,用量大,是产品成本构成的主要部分。谷氨酸发酵采用的碳源有葡萄糖、甘蔗或甜菜糖蜜、淀粉水解糖、玉米粉水解糖、大米粉水解糖、烃类、乙酸和乙醇等。国外采用糖蜜低糖流加发酵工艺,产酸 12% 以上。国内多以淀粉水解糖为原料,一些厂采用一次低中糖,糖浓度 12.5%~13%,产酸 6.5%~7%;有些厂采用一次高中糖,糖浓度 14%~16%,产酸 7%~8.5%;有些厂采用中糖,中后期补糖,初糖 12%~13%,补糖 2%~4%,产酸 8%~8.5%;少数厂采用一次高糖,糖浓度 18%~20%,产酸达 9%。

② 氮源。谷氨酸生产菌利用无机氮比有机氮迅速,所以,生产中常用无机氮尿素、液氨或氨水作氮源。尿素首先在谷氨酸生产菌的脲酶作用下水解为 $NH_3$ 和 $CO_2$ 后参与发酵。

由于在发酵过程中一部分 $NH_3$ 要用于菌体生长,约占总耗氮的 3%~8%,一部分用于合成谷氨酸,约占 30%~80%,一部分用于调节 pH 值,还有一部分随排气逸出,所以,谷氨酸发酵时所需的 C/N 比要比一般的发酵生产高。一般发酵生产 C/N 为 100:(0.2~2.0)。在长菌阶段,如 $NH_4^+$ 过量会抑制菌体生长。在产酸阶段,如 $NH_4^+$ 不足,$\alpha$-酮戊二酸不能被还原氨基化,而造成 $\alpha$-酮戊二酸积累,减少了谷氨酸的合成；若 $NH_4^+$ 过量，合成的谷氨酸会进一步生成谷氨酰胺。

③ 无机盐。谷氨酸生产菌对无机盐营养无特殊要求。对一些主要元素如磷、钾、镁等应注意及时补给。微生物对磷的需要量一般为 $0.005\sim0.01mol/L$。若磷含量不足，菌体生长缓慢；若磷过量，代谢途径将向生成缬氨酸转化，积累缬氨酸。

革兰阳性菌对 $Mg^{2+}$ 的最低要求量是 $25mg/L$。钾也是谷氨酸生产菌重要的矿质营养，产酸时的需要量多于长菌时的需要量，菌体生长时的需要量大约为 $0.01\%$，产酸时约为 $0.02\%\sim0.1\%$（以 $K_2SO_4$ 计）。

微量元素中，锰和铁的需要量较大些。若用井水，含金属离子较高，锰和铁也可不加。生产中常用 $MnSO_4 \cdot 4H_2O$ 补充锰。

④ 生长因子。糖质原料谷氨酸生产菌一般是生物素营养缺陷型。若培养基中不含或生物素贫乏，细胞就不能生长。如果生物素过量，菌体生长繁殖快，结果长菌不产酸，或者产乳酸、琥珀酸等。生产中常用玉米浆、甘蔗糖蜜和麸皮水解液等作为生物素源。

有些谷氨酸生产菌除要求生物素外，还要求亮氨酸、硫胺素（维生素 $B_1$）等作为生长因子。

(2) 谷氨酸发酵条件的控制　谷氨酸发酵条件包括温度、pH 值、溶解氧等。发酵温度一般控制为 $30\sim37℃$，pH 值控制在中性或微碱性（尿素兼作调节 pH 值），发酵在氧的参与下进行，氧气也要适量供给，具体条件如表 6-1 所示。

表 6-1　谷氨酸发酵控制的温度、pH 值及溶解氧

（引自食品微生物学，殷蔚申主编，1990）

| 发酵时期 | 温度/℃ | pH 值 | 溶氧系数($K_d$)/(mol/mL·min·大气压) |
| --- | --- | --- | --- |
| 发酵前期（菌体生长期） | $30\sim32$ | 7.5 左右 | $(4\sim6)\times10^{-7}$ |
| 发酵中后期（谷氨酸合成期） | $34\sim37$ | 7.2 左右 | $(1.5\sim1.8)\times10^{-6}$ |

**4. 谷氨酸发酵培养基的制备**

(1) 淀粉水解糖的制备　谷氨酸生产菌一般都不能直接利用淀粉或糊精。利用淀粉质原料发酵生产谷氨酸应首先将淀粉水解（糖化）制成水解糖又称淀粉糖，其主要成分是葡萄糖。目前所使用的淀粉质原料有玉米淀粉、马铃薯和甘薯淀粉、大米淀粉、野生植物淀粉等，以及大米或碎米粉、玉米粉等。我国多采用玉米淀粉，少数厂家采用大米或碎米粉、玉米粉。

制备淀粉水解糖的方法有酸解法、酶酸法、酸酶法和酶解法（也称双酶法）四种，目前常用的是双酶法。双酶法即先利用 α-淀粉酶将淀粉水解为短链糊精和低聚糖，使淀粉的可溶性增加，反应液的黏度显著下降，流动性增强，所以这个过程称为液化。然后，再利用糖化酶将糊精和低聚糖水解成葡萄糖，这个过程称为糖化。

双酶法采用的酶催化剂有中温 α-淀粉酶、高温 α-淀粉酶和糖化酶等。

常用的高温 α-淀粉酶的制糖工艺流程为：淀粉→调浆→液化→灭酶→糖化→灭酶→压滤→糖液。

（2）发酵培养基的配制和灭菌

① 发酵培养基的配制。发酵培养基不仅供给菌体生长能需要的营养和能量，而且还是形成谷氨酸的物质基础，所以，发酵培养基中要含有足够的碳源和氮源，其含量远高于种子培养基。发酵培养基的组成和配比要根据菌种、设备、工艺和原料来源以及质量的不同而不同。几种常用的发酵培养基组成如表6-2所示。

表6-2 几种常用的谷氨酸发酵培养基配比

（引自邱立友，2000）

| 培养基成分 | FM-415 | S9013 | WTH-1 | T6-13 | S9114 |
|---|---|---|---|---|---|
| 水解糖含量/% | 15～16 | 初糖13～15<br>流加糖3～4 |  | 12.5 |  |
| 玉米浆含量/% | 0.15～0.2 | 0.1～0.15 | 0.3 |  |  |
| 甘蔗糖蜜含量/% | 0.15～0.2 | 0.18～0.22 |  | 0.1～0.3 | 初糖8,流加糖12 |
| 甜菜糖蜜含量/% |  |  | 15～17 |  |  |
| 磷酸氢二钠含量/% |  | 0.17 |  | 0.17 |  |
| 磷酸氢二钾含量/% | 0.1～0.14 |  |  |  |  |
| 硫酸镁含量/% | 0.04～0.06 | 0.04 | 0.04 | 0.06 | 0.04～0.06 |
| 磷酸含量/% |  |  | 0.075～0.09 |  | 0.075～0.09 |
| 氯化钾含量/% |  | 0.12 |  | 0.05 | 0.08 |
| 氢氧化钾含量/% |  |  | 0.075～0.09 |  |  |
| $Fe^{3+}$,$Mn^{2+}$含量/(mg/L) |  |  |  | 各2 |  |
| 纯生物素含量/(μg/L) |  |  | 70～100 |  |  |
| 尿素含量/% |  |  | 2.0 | 0.6 |  |
| 消泡剂含量/% | 0.03 | 0.03 | 0.03 | 0.03 | 0.03 |
| pH值 | 7.2 | 7.2 | 7.5～7.7 | 7.2 | 7.2～7.5 |

② 灭菌。实罐灭菌灭菌条件是：50L 种子罐 0.07～0.1MPa，115～120℃，维持 10～20min；250L 种子罐 0.07MPa，115℃，维持 8min；500L 种子罐 0.07MPa，115℃，维持 8min；20000L 发酵罐 0.07MPa，115℃，维持 5min。连续灭菌条件是 110～115℃维持 8min 左右。

**5. 淀粉糖原料谷氨酸发酵工艺**

以淀粉糖为原料发酵生产谷氨酸推广和应用的发酵工艺有一次低中糖发酵工艺、一次高中糖发酵工艺、中糖发酵中途补糖发酵工艺、一次高糖发酵和高生物素添加青霉素流加糖发酵工艺等。现以一次高中糖发酵工艺和高生物素添加青霉素流加糖发酵工艺为例加以介绍。

（1）一次高中糖发酵工艺 该工艺采用一次高中糖15%～16%，限量供给生物素控制细胞膜透性，但由于初糖浓度较高，渗透压也较高，菌体生长受到一定抑制，所以，与低中糖发酵工艺相比，适当增加生物素用量，控制总 ΔOD 值在0.8~0.85，产酸率可达8%以上，转化率50%以上，谷氨酸产量和设备利用率都有所提高。现以FM-415、S9114等菌株一次高中糖发酵工艺为例加以介绍。

① 发酵培养基。参见表6-2。$60m^3$发酵罐定容45t。

② 接种量和罐压。接种量1%~2%；罐压0.1MPa。

③ 搅拌。三档六弯叶涡轮搅拌器，搅拌转速150r/min。

④ 温度控制。开始34℃，每隔5~6h升高1℃，20h以后，每隔4h升高1℃，结束时达40℃。

⑤ pH值控制。用液氨调pH值。前期为pH7.0，8h后上升至7.2~7.3，16h后一直保持pH7.1，后期稍降，放罐时pH6.5~6.6。

⑥ 通风量控制。分三级升风和三级降风，通风量要比一次低中糖工艺要高。开始时，通风比为1∶(0.08~0.1)；ΔOD为0.25时，升至1∶0.15；当ΔOD为0.5以上时，升至1∶(0.18~0.19)；当ΔOD为0.6~0.65时，升至最大风量，通风比达1∶(0.24~0.25)，保持10h以上；当残糖下降至3.5%以下时，第一次降风至1∶0.2；残糖下降至2.5%以下时，第二次降风至1∶0.13；第三次降风至1∶0.09，直至发酵结束。

(2) 高生物素添加青霉素流加糖发酵工艺　该工艺的特点是，采用较低初糖浓度（8%~10%），渗透压低，利于长菌，再中间补糖。接种量大（10%）、高生物素（50~100μg/L），菌体生长快，发酵前期菌体量多。添加青霉素后，菌体能同步进入产酸型，所以产酸速度快，产酸高，转化率高，发酵周期可稳定控制，发酵周期短，设备利用率高，是国外普遍采用的发酵工艺。下面以S9114和FM-415等菌株进行该工艺发酵生产为例加以介绍。

① 发酵培养基。参见表6-2。发酵罐开始定容45%~50%，以留出较大的流加糖空间，最后装料系数达80%。

② 接种量和罐压。接种量10%，罐压0.1MPa。

③ 温度控制。开始33~34℃，之后每隔6h升高1℃，后期温度至37~38℃。

④ pH值控制。前期pH7.0；8h后提高至7.2~7.3；20h后稍降至7.1~7.0；放罐时pH6.5~6.6。

⑤ 通风量控制。采用梯形控制，两头小，中间大。ΔOD为0.2时提一次风；ΔOD为0.35~0.4时添加青霉素后要提一次风；ΔOD为0.6~0.65时再提至最大风量（也可加青霉素后就提至最大）；20~22h降一次风；24~26h降一次风；28h再降一次风。通风量一般要比限量供给生物素工艺大50%~100%。

⑥ 总ΔOD值的控制和添加青霉素。总ΔOD值控制在0.7~0.8。青霉素添加时期一般要掌握在发酵3.5~4.5h，ΔOD为0.35~0.4时，加入青霉素为3~5U/mL的发酵液，加入后ΔOD值再净增加一倍，即增殖一代后，保持稳定。若添加青霉素后，ΔOD值控制不住，有时还需再补加1~2次适当浓度的青霉素。

⑦ 流加糖的控制。流加糖液的浓度应在30%～50%。一般从7～8h起，残糖降至5%以下，即可连续或分多次流加糖。流加糖的量大于初糖的量较为有利，放罐残糖在1%以下。采用该工艺，产酸率达9%，转化率为50%以上，生产周期30h左右。

## 二、食醋

食醋是我国传统的酸性调味品，它不仅是人们喜爱的调味佳品，还具有多种营养保健和药用功能，在我国已有2000多年的酿造历史。全国各地生产的食醋品种很多，著名的有山西老陈醋、镇江香醋、四川麸醋、江浙玫瑰米醋、福建红曲醋、东北白醋等。以淀粉质原料酿制食醋，需经过糖化、酒精发酵和乙酸发酵三个阶段。食醋中的主要成分是乙酸（3%～5%），除此之外，还含有多种氨基酸、有机酸、还原糖、矿物质、香味成分和色素物质，这些物质一起构成了食醋的色、香、味，因此，食醋是富含营养的酸性调味品。

**1. 生产原料**

酿醋原料依其性质和在生产上所起的作用分为四大类，即主料、辅料、填充料和添加剂。生产食醋所用原料的种类和配比对食醋品质有较大的影响。

（1）主料　主料即富含淀粉或糖分或乙醇的三类物质，是发酵过程中生成乙酸的主要原料，如谷物、薯类、野生植物、果蔬、糖蜜、酒类等。

酿醋常用的谷类原料有高粱、大米、糯米、玉米、小米、小麦等。薯类原料有甘薯（红薯）、马铃薯、木薯等。富含碳水化合物的水果、蔬菜也可用来酿制食醋，如苹果、柑橘、香蕉、梨、枣、葡萄、李子、杏、猕猴桃、山楂、番茄、西瓜、海带等。果蔬原料中还含有较多的维生素和矿物质等，使用其酿制的食醋具有较高的营养与保健作用。富含糖分的甘蔗糖蜜、甜菜糖蜜、蜂蜜等也适于酿制食醋。食用酒精、白酒、果酒和啤酒等用于酿制食醋，可简化生产工序，缩短生产周期，提高劳动生产率。

（2）辅料　酿醋需要大量辅助原料，以提供微生物活动所需要的营养物质或增加食醋中糖分和氨基酸含量，在固态发酵中，辅料还起着吸收水分、疏松醋醅、储存空气的作用。辅料一般采用细谷糠（也叫统糠）、麸皮或豆粕。因为在米糠、麸皮或豆粕中，不但含有碳水化合物，而且还含有丰富的蛋白质、维生素和矿物质。因此，辅料与食醋的色、香、味有密切的关系。

（3）填充料　固态发酵制醋和速酿法制醋都需要填充料，其主要作用是疏松醋醅、积存和流通空气，以利于醋酸菌的好氧发酵，并用作醋酸菌细胞的吸附载体。常用的填充料有谷壳、稻壳（砻糠）、高粱壳、玉米秸、玉米芯、高粱秸、刨花、浮石、多孔玻璃纤维等。

填充料要求接触面积大，纤维质具有适当的硬度及惰性。

(4) 添加剂　酿制食醋常用的添加剂有食盐、蔗糖、香料、香辛料、中草药、炒米色和果汁等。乙酸发酵成熟后，需加入食盐，以抑制醋酸菌活动，防止其对乙酸的进一步分解，食盐还能起调和食醋风味的作用。蔗糖能增加甜味和浓度。香辛料、中草药、果汁这些增香调味料赋予食醋特殊的风味和营养保健功能。炒米色则可增加食醋的色泽及香气。

由于添加剂一般都有不同程度增加食醋成品固形物的作用，所以它们不仅能增进食醋的色泽和风味，并能改善食醋的体态。

**2. 酿造微生物**

传统酿醋往往不单独接种微生物，它是利用自然界中的野生菌制曲、发酵，因此涉及的微生物种类非常复杂。新法制醋均采用人工选育的纯培养菌株进行制曲、酒精发酵和乙酸发酵，发酵周期短，原料利用率高。

(1) 糖化微生物　淀粉液化、糖化微生物能够产生糖化酶、α-淀粉酶、蛋白酶以及单宁酶、纤维素酶、半纤维素酶、果胶酶等。酶系丰富的糖化菌生产的麸曲用于酿制食醋，有利于提高产品的质量。我国食醋生产先后采用的糖化菌分属于米曲霉、甘薯曲霉、黑曲霉等的多个菌株。

(2) 酒精发酵微生物　食醋生产中，以淀粉质为原料糖化后进行酒精发酵，进行酒精发酵的生物催化剂是酵母菌。常用的酵母菌株有 K 字酵母、南阳混合酵母、拉斯 12 号和产酯酵母等。

(3) 乙酸发酵微生物　醋酸菌是乙酸发酵的主要菌种，能将酒醪（醇）中的酒精氧化生成乙酸。醋酸菌是两端浑圆的杆状菌，单个或呈链状排列，有鞭毛，无芽孢，革兰阴性。在高温或高盐浓度或营养不足等培养条件下，菌体会伸长，变成线形或棒形、管状膨大等。醋酸菌为好氧菌，必须供给充足的氧气才能进行正常发酵。其生长繁殖的适宜温度为 28～33℃，最适 pH5.4～6.3。对醋酸菌最适宜的碳源是葡萄糖、果糖等六碳糖，其次是蔗糖和麦芽糖。醋酸菌不能直接利用淀粉等多糖类。

常见和常用的醋酸菌有奥尔兰醋酸杆菌、许氏醋酸杆菌、恶臭醋酸杆菌、AS1.41 醋酸菌、沪酿 1.01 醋酸菌和沪酿 1.079 醋酸菌等。

**3. 食醋酿造工艺**

酿制食醋原料先经糖化和酒精发酵生成酒精，再调整酒精浓度为 5%～10% 左右，用醋酸菌进行乙酸发酵生成乙酸等。发酵完毕经用 80℃ 左右温度加热杀菌、过滤、配制等工序得到成品食醋。我国食醋酿造工艺相当多样化，既有传统工艺，也有现代工艺。根据乙酸发酵阶段各物料状态不同，可将食醋酿造工艺分为两大类，即固体发酵工艺和液体发酵工艺。在固体发酵工艺中，有些工艺的糖化和酒化也是在固态条件下进行的，称之为固-固法。如一般固体发酵工艺、山西老陈醋生产工艺、镇江香醋生产工艺和四川老法麸醋等。有些固体发酵工艺的糖化和酒化是在液态条件下进行的，称之为液-固法。如酶法液化通风回流制醋工艺、酶法液化翻缸（池）制醋工艺和生料酿醋工艺等。

（1）一般固体发酵制醋工艺　醋酸菌在充分供给氧气的条件下生长繁殖，能把基质中的乙醇氧化为乙酸，这是一个生物氧化过程，其反应式为：

$$C_2H_5OH + O_2 \longrightarrow CH_3COOH + H_2O$$

① 工艺流程

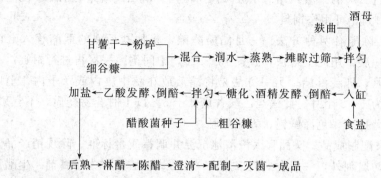

② 操作方法

ⅰ．原料配比及处理。甘薯干（或碎米）100kg，细谷糖（统糠）175kg，蒸料前加水275kg，蒸料后加水125kg，麸曲50kg，酒母40kg，粗谷糠（砻糠）50kg，醋酸菌种子40kg，食盐3.75～7.5kg。

甘薯干或碎米先经粉碎成甘薯干粉或碎米粉，加细谷糠混合均匀，再加水润料，随翻随加，使水与原料充分拌匀吸透。润水完毕，装锅上蒸1h（加压蒸料为0.15MPa，40min），出锅冷却至30～40℃。

ⅱ．添加麸曲及酒母。熟料冷却后，第二次撒入冷水，翻拌，摊平。将麸曲铺于面层，再将经搅匀的酒母均匀地撒上，然后进行一次彻底翻拌，即可装入缸内。入缸醋醅的水分含量以60%～62%为适宜。

ⅲ．淀粉糖化及酒精发酵。醋醅入缸后，摊平，一般每缸装醋醅160kg左右，醅温应在24～28℃。当醅温上升至38℃时，进行倒醅。倒醅后5～8h，醅温又上升到38～39℃，再行倒醅一次。此后，正常醋醅的醅温在38～40℃之间，经48h后逐渐降低，每天倒醅一次。至第五天醅温降低至33～35℃，表明糖化及酒精发酵已告完成。此时醋醅的酒精含量达到8%左右。

ⅳ．乙酸发酵。酒精发酵结束后，每缸拌入粗谷糠（砻糠）10kg左右及醋酸菌种子8kg。粗谷糠的用量要根据气温不同适量增减，夏季适当减少，冬季适当增加。加入粗谷糠及醋酸菌种子后，第一天醅温不会很快升高，第2～3天醅温就会很快升高，这时醅温最好掌握在39～41℃，一般不超过42℃。每天倒醅一次。约经12d左右，醅温开始趋于下降，每天取样测定乙酸含量。冬季掌握乙酸含量在7.5%以上，夏季掌握在7%以上，而醅温下降至38℃以下时，表明乙酸发酵结束，应及时加盐。

ⅴ．加盐及后熟。乙酸发酵完毕，立即加盐。一般每缸醋醅夏季加食盐3kg，冬季只需1.5kg。加盐后，再放置两天，作为后熟。

ⅵ. 淋醋。淋醋采用淋缸三套循环法。如甲组淋缸放入成熟醋醅，用乙组淋缸淋出的醋倒入甲组缸内浸泡20～24h左右，淋下的称为头醋；乙组缸内的醋渣是淋过头醋的头渣，用丙组缸淋下的三醋放入乙组缸内，淋下的作为套二醋；丙组淋缸内的醋渣是淋过二醋的二渣，用清水放入丙组缸内，淋出的就是套三醋。丙组缸的醋渣残酸仅0.1%，可用作饲料。

ⅶ. 陈酿。陈酿有两种方法：一是醋醅陈酿，将加盐后熟的醋醅移入缸内砸实，上盖食盐一层，用泥土封顶，放置15～20d，中间倒醅一次再进行封缸。一般存放期为一个月，即行淋醋。另一方法是将醋液放在院中缸内或坛子内，上口加盖，陈酿时间为1～2个月。此法当乙酸含量低于5%以下时容易变质，不宜采用。陈酿后质量显著提高，色泽鲜艳，香味醇厚。

ⅷ. 灭菌及配制成品。头醋移入澄清池沉淀并调整质量标准。除现销产品及高档醋不需添加防腐剂外，一般食醋均应加入0.1%苯甲酸钠作为防腐剂。生醋用蛇管热交换器进行灭菌，灭菌温度在80℃以上。最后定量装坛封泥，即为成品。

(2) 酶法液化通风回流制醋工艺　该制醋工艺自1967年在我国上海研究成功后，迅速在全国各地得到了推广应用。其特点是，采用α-淀粉酶制剂进行液化，速度快，节约能源，再加麸曲进行糖化，可提高原料利用率；糖化和酒化阶段在液态下进行，乙酸发酵为固态发酵；乙酸池的近底处设有假底，假底下的池壁上开有通风洞，可使空气自然进入，利用固态醋醅的疏松，使醋酸菌得到足够的氧进行乙酸发酵。另外，利用假底下积存的温度较低的醋汁定时回流喷淋在醋醅上，以降低醅温，调节发酵温度，代替人工倒醅，从而减轻了劳动强度，提高了生产效率，产品质量稳定。

① 工艺流程

（α-淀粉酶、氯化钙、碳酸钠）　　　　　　　　酒母

碎米→浸泡→磨浆→调浆→加热→液化→糖化→冷却→液态酒精发酵→

（麸皮、砻糠、醋酸菌种子）　　食盐

酒液→拌和入池→固态乙酸发酵→加盐→淋醋→加热灭菌→装坛→成品

② 操作方法

ⅰ. 原料及处理。原料配比（以一个发酵池计算）：碎米1200kg，碳酸钠（纯碱）1.2kg（以碎米的0.1%计），氯化钙2.4kg（以碎米的0.2%计），中温α-淀粉酶2.4kg（以每克碎米用8U计，所用α-淀粉酶为4000U），麸曲60kg（以碎米的5%计），酒母500kg，水3250kg（配发酵醪用），麸皮1400kg，砻糠1650kg，醋酸菌种子200kg，食盐100kg。

先将碎米用水浸泡，使米粒充分膨胀，然后将米与水按1∶1.5比例均匀送入磨粉机（水磨），磨成70目以上细度的粉浆（浓度为18～20°Bé）。用水泵送到粉浆桶调浆，用碳酸钠调至pH6.2～6.4（精密试纸测定），再加入氯化钙，然后加

入中温 α-淀粉酶，充分搅拌，使加入的酶很快地均匀分布在浆液中，打开粉浆桶的出料阀，缓缓放入液化桶内连续液化。

ⅱ. 液化与糖化。先在液化锅内加水至与蒸汽管相平，再将水升温至90℃，开动搅拌器，保持不停运转，然后将粉浆液缓缓连续放入，液化温度掌握在85~90℃，待粉浆全部进入液化锅后，维持10~15min，以碘液检查，遇碘液反应呈棕黄色表示液化完全，最后缓缓升温至100℃，保持10min，以达到灭菌的目的。液化完毕后，将液化醪送入糖化桶内，冷却至（63±2）℃时加入麸曲，糖化3h，待糖化醪冷却到27℃后，用泵送入酒精发酵罐内。

ⅲ. 酒精发酵。将糖化醪3000kg送入发酵罐后，同时加水3250kg，调节pH值至4.2~4.4，接入酒母500kg，使发酵醪总量为6750kg。酒精发酵温度一般控制在33℃左右为最适，不超过37℃，不低于30℃。发酵周期为64h左右。酒精发酵结束，酒醪的酒精含量为8.5%左右，酸度0.3~0.4左右。然后将酒醪送至乙酸发酵池。

ⅳ. 乙酸发酵。将酒醪、麸皮、砻糠与醋酸菌种子用制醅机充分混合后，均匀送入乙酸发酵池内。面层要加大醋酸菌种子的接种量。然后耙平，盖上聚乙烯薄膜开始乙酸发酵。进池温度控制在40℃以下，以35~38℃为最适宜。面层醋醅的醋酸菌生长繁殖快，升温快，24h左右即可升到40℃，但中间醅温低，所以要进行一次松醅，将上面和中间的醋醅尽可能疏松均匀，使温度一致。松醅后每逢醅温达到40℃即可回流，使醅温降至36~38℃。回流每天进行6次，每次放出醋汁100~200kg回流，一般回流120~130次后醋醅即可成熟。此时测定醋醅中酒精含量已甚微，酸度也不再上升。一般乙酸发酵时间为20~25d，夏季需30~40d。

ⅴ. 加盐。乙酸发酵结束，成熟醋醅的醋汁酸度已达6.5~7g/100mL。但为避免乙酸继续氧化分解成二氧化碳和水，应立即加入食盐100kg，以抑制醋酸菌氧化作用。池内加盐的方法是将食盐置于醋醅面层，用醋汁回流，使其全部溶解。加盐后，由于大池不能封池，久放则容易生热，影响产量，可立即淋醋。

ⅵ. 淋醋。淋醋仍在乙酸发酵水泥池内进行。先打开醋汁管阀门，再把二醋汁分次浇在面层，从醋汁管收集头醋。下面收集多少，上面放入多少。当乙酸含量降到5g/100mL时停止。以上淋出的头醋一般可配制成品。每池产量为10t，平均每公斤碎米出醋8kg。头醋收集完毕，再在上面分次浇入三醋，下面收集的叫二醋。最后上面加水，下面收集的叫三醋。二醋和三醋供淋醋循环使用。

ⅶ. 灭菌及配制成品。方法与上述一般固态发酵制醋完全相同。

（3）液体深层发酵工艺　液体深层发酵工艺酿醋是利用发酵罐液体深层发酵生产食醋的方法，将淀粉质原料经液化、糖化后先制成酒醪或酒液，然后在发酵罐里完成乙酸发酵。液体深层发酵工艺酿醋具有机械化程度高、操作卫生条件好、原料利用率较高（可达65%~70%）、生产周期缩短为七天、产品质量稳定等优点，缺点是醋的风味较差。

① 工艺流程

（α-淀粉酶、氯化钙、碳酸钠）（酒母、乳酸菌）　醋酸菌种子

大米→浸泡→磨浆→调浆→液化→糖化→酒精发酵→液体深层乙酸发酵→压滤→配兑→灭菌→陈醋→成品

② 操作方法

ⅰ. 碎大米的液化与糖化、酒精发酵。参阅本节中的酶法液化通风回流制醋工艺。

ⅱ. 乙酸发酵。将酒醪和蛋白质水解醪混合，用泵送入发酵罐，定容14000L，开动搅拌器搅拌通风，保持温度32℃，然后接种。醋酸菌种子按10％接种量逐级扩大，一级种子罐200L，二级种子罐2000L。培养液均用酒液，通风比1∶0.1，培养前期可酌情减少风量。培养温度32～35℃，每小时记录罐温、通风量一次；如罐温过高，应加强冷却降温。后期每隔1～2h测一次总酸，待酒精氧化完毕，酸度不再上升时，即为发酵完成。一般发酵时间约为65～72h。液体深层发酵制醋也可采用分割法取醋，当乙酸发酵成熟即可放去醋醪1/3量，同时加入1/3酒醪继续发酵，每20～122h重复一次。目前生产上多采用此法。

ⅲ. 压滤。乙酸发酵结束，为了提高食醋糖分，可在醋醪中加入一定数量的糖液，以达到出厂标准。混合均匀后，送至板框压滤机进行压滤。

ⅳ. 配兑。醋液压滤后，取样测成品，加盐配兑合格后，通过列管式热交换器加热至75～80℃灭菌，然后输入成品储存罐，储存期满后进行包装。储存的过程实际上也是陈酿的过程。速酿食醋往往风味不够理想，在陈酿过程中，食醋中所含有的糖、醇、有机酸、甘油、氨基酸等成分，通过氧化-还原等作用，促进了香气和色素的形成，有利于提高食醋的风味。经过陈酿的食醋，一般说来均比陈酿前入口和顺，无杂味，有香气，色深而澄清。生产单位应创造条件适当延长储存期。一般1kg大米能出5％食醋6.8～6.9kg。

## 三、酱油

酱油起源于我国，已有3000多年的生产历史。酱油是利用曲霉等微生物产生的蛋白酶和淀粉酶等酶系，在长时期的发酵过程中，将大豆、小麦等蛋白质原料和淀粉质原料水解生成多种氨基酸和糖类，并经细菌、酵母菌进一步发酵而成的色、香、味俱佳的调味品。

酱油生产中常用的霉菌有米曲霉、黄曲霉和黑曲霉等，应用于酱油生产的曲霉菌株应符合如下条件：不产黄曲霉毒素及其他真菌毒素；酶系全、酶活力高，尤其是蛋白酶活力要高，有谷氨酰胺酶活力；对环境适应性强，生长繁殖快；酿制的酱油风味好。

**1. 生产原料及原料处理**

酱油酿制原料依据其性质及对酱油成分的贡献，一般分为蛋白质原料、淀粉质原料、食盐和水。蛋白质原料绝大部分都采用豆饼和豆粕。淀粉质原料过去多采用小麦和面粉，现在绝大多数厂家一般改用麸皮，或辅以面粉、小麦以及玉米、碎米、薯干等富含淀粉的原料。食盐和水在酿造酱油时用量很多。

先将麸皮与辅料用拌和机拌匀，再加水充分拌和。由于一次加水蒸煮后熟料黏度高，团块多，过筛困难，一般采用两次润水方法。即在混合原料中先加 40%～50% 的水，蒸熟过筛后再补充清洁的冷开水 30%～45%。为防止杂菌污染，可在冷开水中添加按总原料计 0.3% 的食用级冰醋酸或 0.5%～1% 的乙酸钠拌匀。蒸料时先开启蒸汽，排尽冷水，分层进料。注意原料必须洒于冒蒸汽处，洒料要求松散，切忌将原料压实而堵塞蒸汽，导致蒸料不匀。进料完毕、全面冒汽后加盖蒸煮。常压蒸煮冒汽后维持 1h，焖 30min，或采用加压蒸煮：0.1MPa 维持 30min 出锅，然后过筛，移入拌有台上摊开，适当翻拌，使之快速冷却。

**2. 酱油生产菌种**

酱油生产所用的菌种主要是米曲霉（$Asp.\ oryzae$）。生产上常用的米曲霉菌株有 AS 3.951（沪酿 3.042）、UE328、UE336、AS 3.863、渝 3.811 等。

近几年生产中常常是两菌种以上复合使用，即采用黑曲霉 AS3.350 或 $F_{27}$ 与沪酿 3.042 混合制曲，可以提高原料蛋白质及碳水化合物的利用率，提高成品中还原糖、氨基酸、色素以及香味物质的水平。除曲霉外，还有酵母菌、乳酸菌参与发酵，它们对酱油香味的形成也起着十分重要的作用。

**3. 种曲制备**

（1）工艺流程

一级种→二级种→三级种

麸皮、面粉→加水混合→蒸料→过筛→冷却→接种→装匾→曲室培养→种曲

（2）试管斜面菌种培养

① 培养基。5°Bé 豆饼汁 1000mL，可溶性淀粉 20g，$MgSO_4$ 0.5g，$KH_2PO_4$ 1g，$(NH_4)_2SO_4$ 0.5g，琼脂 25g，0.1MPa 蒸汽灭菌 30min。

② 培养。斜面培养基接种后，30℃恒温培养 3d，沪酿 3.042 米曲霉长出茂盛的黄绿色孢子；黑曲霉 $F_{27}$ 和 AS3.350 长满茂盛的黑褐色孢子，即可用作锥形瓶菌种扩大培养。

（3）锥形瓶菌种扩大培养

① 培养基。麸皮 80g、面粉 20g、水 80～90mL 或麸皮 85g、豆饼粉 15g、水 95mL。原料混匀后分装入带棉塞的锥形瓶中，瓶中料厚度约 1cm 左右，湿热灭菌（0.1MPa）30min，灭菌后趁热摇松曲料。

② 培养。曲料冷却至室温后接入试管斜面菌种，摇匀，30℃培养 18h 左右，当瓶内曲料已发白结饼，摇瓶 1 次，将结块摇碎，继续培养 4h，再摇瓶 1 次，经

过48h培养,菌丝充分生长形成结饼状即可扣瓶,以促进底部曲霉生长,继续培养1d,待曲料全部长满孢子即可使用。

(4) 种曲制备具体工艺

① 原料配比。种曲原料配比可选用下列各种配方：a. 麸皮 80kg,面粉 20kg,水 70kg 左右；b. 麸皮 100kg,豆饼粉 15kg,水 90kg 左右；c. 麸皮 100kg,水 95kg 左右。

原料按配比混匀后,用扬料机将料充分打散混匀,然后适当堆积润水。常压蒸煮 1h 后,再焖 30min。如果加压蒸煮,则在 0.11MPa（1.1kg/cm$^2$）维持 30min。出锅后用扬料机打散并摊晾。

② 培养。待曲料品温降至 40℃ 左右即可接种,将锥形瓶种曲与少量灭过菌的干麸皮拌和均匀后,撒在熟料上,使米曲霉孢子与曲料充分混匀,接种量一般为 0.5%~1%。制种曲的两种常用方法介绍如下。

ⅰ. 竹匾培养。接种完毕,将曲料移入竹匾内摊平,厚度约 2cm,种曲室温度控制在 28~30℃,培养 16h 左右,当曲料上出现白色菌丝,品温升高到 38℃ 左右时可进行翻曲。翻曲前置换曲室内的空气,将曲块用手捏碎,用喷雾器补加 40℃ 左右的无菌水,加水量 40% 左右,喷水完毕,过筛 1 次,使水分均匀。然后分匾摊平,厚度 1cm 左右,上盖湿纱布,以保持足够的湿度。翻曲后,种曲室温控制在 26~28℃,4~6h 后可见表面有菌丝生长,这一阶段必须注意品温,随时调整竹匾上下位置及室温,使品温不超过 38℃,并经常保持纱布潮湿,这是制好种曲的关键。若品温过高,会影响发芽率。再经过 10h 左右,曲料呈淡黄绿色,品温下降至 32~35℃。在室温 28~30℃ 下继续培养 35h 左右,曲料上即可长满孢子,此时可以揭去纱布,开窗换气,并控制室温略高于 30℃,以促进孢子完全成熟。整个培养时间需 68~72h。

ⅱ. 曲盘培养。接种完毕,曲料装入曲盘内,将曲盘呈柱形堆叠于曲室内,室温 28~30℃,培养 16h 左右。曲料面层稍有发白、结块,品温达到 34℃ 时,进行第一次翻曲。翻曲后,曲盘十字形堆叠,室温仍保持 28~30℃,4~6h 后品温上升到 36℃,即进行第二次翻曲。每翻毕一盘,加盖湿布帘一张,控制品温 35℃,培养 50h 后揭去布帘,继续培养 20h 左右,孢子大量形成,即成种曲。

**4. 制曲与发酵**

制曲是我国酿造工业的一项传统技术,其实质是固体发酵过程,即创造曲霉菌适宜的生长条件,促使曲霉充分生长繁殖,分泌出高活力的蛋白酶、淀粉酶等酶系,为制醅发酵打下良好的基础。目前我国制曲的方式主要采用厚层机械通风制曲,传统的竹匾（竹帘或木盘）浅盘自然通风制曲在一些小厂中仍有使用。

(1) 厚层机械通风制曲  厚层机械通风制曲利用风机强制通风,加上机械化的翻曲设备,可以供给充足的氧气供曲霉生长发育,同时将曲霉生长代谢产生的 $CO_2$ 和呼吸热及时排出,为曲霉的生长繁殖和产酶创造了适宜的环境条件,曲池

（曲箱）中曲料厚度增至 30cm 左右，制曲时间显著缩短，极大地提高了制曲量，为增产创造了条件，并节省大量制曲面积，提高厂房利用率；基本上实现了机械化，改善了制曲劳动条件。所以厚层机械通风制曲自 20 世纪 60 年代末期出现以来，在全国各地迅速推广。

① 制曲时曲料的物理变化。曲料接种进入曲池后，最初的 4~5h 是米（黑）曲霉的孢子发芽阶段，称为孢子发芽期。曲霉的最适发芽温度为 30~32℃。所以初始品温以维持 32℃ 左右为宜，静置培养，促使孢子迅速发芽。

② 制曲时霉菌的生物学变化。孢子发芽后，接着进入菌丝生长期。由于菌丝产生的呼吸热，品温逐渐上升。当静止培养 6~8h 后，曲料温度升至 37℃ 左右，需进行间歇或连续通风，维持品温在 35℃ 左右，培养 12~14h 后，当肉眼稍见曲料发白时进行第一次翻曲，随后进入菌丝繁殖期。4~6h 后，需进行第二次翻曲，曲霉进入孢子着生期。第二次翻曲后不久，应及时铲曲。继续通风至 24h 左右，孢子逐渐成熟，酶的积蓄已达最高点，此时即可出曲。

（2）发酵　将成曲拌入一定量的水或盐水，制成酱醅（不流动的固体状态）或酱醪（半流动状态），再装入缸、桶或池内保温或不保温，利用醅（醪）中的各种酶类及微生物等的作用，形成酱油主要成分的过程在酱油工业称为发酵。我国酱油生产常用的发酵工艺归纳起来有 5 种，依其出现的先后顺序分别是天然晒露发酵工艺、稀醪发酵工艺、分酿固稀发酵工艺、固态无盐发酵工艺及固态低盐发酵工艺。目前普遍推广应用的是固态低盐发酵工艺，其次是固态无盐发酵工艺。

固态低盐发酵工艺的特点是，成曲中拌入 12~13°Bé 的盐水制成酱醅，酱醅含水量 50% 左右，保温发酵，发酵温度最高不超过 50℃，发酵周期 15~30d。原料利用率高，但酱油风味不及天然晒露法和稀醪发酵法。具体操作管理方法在不同地区的不同厂家因其发酵池结构和习惯不同，概括起来有移池淋油发酵、倒池发酵和原池浇淋发酵三种。我国北方等地多采用倒池发酵工艺，即成曲加盐水制醅（盐水浓度 13°Bé，水温 40~45℃，用量 62%~65%），入池品温为 38~40℃ 左右，酱醅表面不加封。水浴保温，水温控制夏季为 50℃，冬季 55℃。第二天品温上升到 48~49℃ 时，将表面干皮翻一下，摊平压实，加 1~2cm 厚的封顶盐。在此温度下维持 8~9d 后，第一次倒池。用倒醅机将酱醅从甲池倒入乙池，在乙池上面放一铁筛，防止黏结的大团块倒入，使酱醅疏松，品温下降。水浴水温降至 45℃，维持品温 43~46℃。再过 8~9d，品温下降至 40℃ 左右，再将水浴水温控制在 40℃ 保温发酵。发酵周期共 25d 左右。如此分阶段控制发酵温度，有利于酱油风味和原料利用率提高。

固态低盐发酵期间要有专人负责，按时测定酱醅温度，做好记录。冬天要防止四周及面层的酱醅温度过低。如发现不正常状况，必须及时采取适当的措施。

**5. 浸出提油与成品配制**

（1）浸出工艺流程

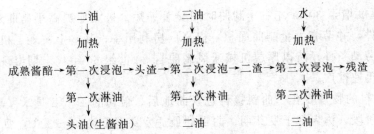

（2）成品配制  以上提取的头油和二油并不是成品，必须按统一的质量标准或不同的食用用途进行配兑，调配好的酱油还须经灭菌、包装，并经检验合格后才能出厂。

## 第二节  微生物在酿酒工业中的应用

我国是一个酒类生产大国，具有五千多年的酿酒历史，在世界酿酒领域里，有着举足轻重的地位。许多独特的酿酒工艺在世界上独领风骚，深受世界各国赞誉，同时也为我国经济繁荣做出了重要贡献。

我国酿酒产品种类繁多，有啤酒、葡萄酒、黄酒、果酒等品种，而且形成了多种类型的名酒，如贵州茅台酒、青岛啤酒、绍兴黄酒、烟台张裕葡萄酒等。酒的品种不同，酿酒所用的微生物以及酿造工艺也不同，而且同一类型的酒各地也有自己独特的工艺。

### 一、啤酒

啤酒是以大麦芽为主要原料，加酒花，经酵母菌发酵酿制而成的，含有 $CO_2$，起泡的低酒精度饮料。它是世界上产量最大的饮料酒，我国为世界啤酒第二生产大国。

**1. 原辅料**

自古以来大麦是生产啤酒的主要原料。在酿造时先将大麦制成麦芽，再进行糖化和发酵。大麦之所以适于酿造啤酒，其原因有：大麦在世界范围种植面极广，非人类食用主粮；而且便于发芽，并产生大量的水解酶类；大麦的化学成分也适合酿造啤酒，谷皮是很好的麦芽汁过滤介质。世界上绝大多数啤酒生产国（除德国、挪威、希腊外）允许使用辅助原料，包括大米、玉米、酒花、淀粉糖浆等。大米主要是为啤酒酿造提供淀粉。玉米也是啤酒酿造的淀粉质辅料。酒花是在啤酒酿造中不可缺少的辅助原料，能赋予啤酒芳香和爽口的微苦味，并能加速麦汁中高分子蛋白质的絮凝，提高啤酒泡沫的泡持性，也能增加麦汁和啤酒的生物稳定性。

## 2. 制麦

由原料大麦制成麦芽,俗称制麦,它是啤酒生产的开始。制麦的目的在于使大麦发芽,产生各种水解酶类,并使麦粒胚乳细胞的细胞壁受纤维素酶和蛋白水解酶作用后变成网状结构,以便通过后续糖化使淀粉和蛋白质水解溶出。同时要将绿麦芽烘干,除去过多的水分和生腥味,产生必要的色、香和风味成分。

(1) 工艺流程

原料大麦→粗选→精选→分级→浸麦→发芽→绿麦芽干燥→除根→储藏→成品麦芽

(2) 制麦工艺　温度、水分和通风量等是影响麦粒发芽的主要因素。大麦经水浸渍后,含水达43%～48%,在浸麦水中添加大麦质量0.1%的NaOH,从而加速浸麦过程呼吸作用。达到适当浸麦度的大麦正式进入发芽阶段。发芽是在专用的发芽设备中进行的。制麦过程中需要通入饱和湿空气,环境的相对湿度要维持在85%以上。麦粒发芽因呼吸作用而耗氧,同时产生大量的$CO_2$,因此在制麦芽时要进行通风供氧、排出$CO_2$,有利于酶的形成。但通风要适量,通风过大麦芽呼吸作用太旺盛,营养物质消耗过多;通风过少容易发生霉烂现象。发芽的温度一般为12～18℃。温度过低,发芽周期延长;温度太高,发芽时间缩短,但麦汁过滤性能差。

大麦在发芽过程中,酶原被激活并生成许多水解酶,如淀粉酶、蛋白酶、磷酸酯酶和半纤维素酶等。与此同时,麦粒本身含有的物质如淀粉、蛋白质、半纤维素等大分子物质在各种水解酶的作用下发生了不同程度的溶解。溶解的程度直接关系到糖化的效果,进而影响到啤酒的品质。质量好的麦芽粉碎后,粗、细粉差与浸出率差比较小,糖化率及最终发酵度高,溶解氮和氨基氮的含量高,黏度小。

(3) 麦芽汁的制备　麦汁制备是将固态的麦芽、非发芽谷物、酒花用水调制加工成澄清透明的麦芽汁的过程。制成的麦汁供酵母发酵,并加工制成啤酒。啤酒生产过程中的麦汁制备也叫糖化,是指将粉碎后的干麦芽和辅料中高分子储藏物质及其分解产物通过麦芽中各种水解酶类作用,以及水和热力作用,使之分解并溶于水,制成营养丰富、适合于酵母生长和发酵的麦芽汁。质量好的麦芽汁,麦芽内容物的浸出率可达到80%。

① 工艺流程

大麦芽→粉碎→大麦芽粉　　　麦糟　酒花
　　　　　　　　　　↓　　　　↓　　↓
大米→粉碎→大米粉→糊化→糖化→过滤→煮沸→澄清→冷却→定型麦芽汁
　　　　　　　　↑
　　　　　　　水

② 原料处理。为了提高浸出率,原料和辅料必须进行粉碎。麦芽原料的粉碎要求做到皮壳破而不碎,且胚乳尽可能要细,从而避免由于皮壳过细造成的过滤困

难。对于像大米、玉米等辅助原料则要求越细越好。

③ 糊化与糖化。糊化是将辅料放在50℃的料液中,让淀粉颗粒吸水膨胀,表面层胶质溶解,内部的淀粉分子脱离膨胀的表层进入水中,此时再将温度升至70℃左右,使料液呈糊状物,为糖化做好准备。上已叙及,糖化是将麦芽和辅料中高分子储藏物质及其分解产物(淀粉、蛋白质、核酸、植酸盐、半纤维素等及其分解中间产物)通过麦芽中各种水解酶类作用,以及水和热力作用,使之分解并溶解于水。溶解于水的各种干物质(溶质)称为"浸出物",而构成的澄清溶液称为"麦芽汁"或"麦汁"。

糖化方法比较多,目前最常用的是煮出法和浸出法。煮出糖化法是指麦芽醪利用酶的生化作用和热力的物理作用,使其有效成分分解和溶解,通过部分麦芽醪的热煮沸、并醪,使醪逐步梯级升温至糖化终了,部分麦芽醪被煮沸次数即几次煮出法。浸出糖化法是指麦芽醪纯粹利用其酶的生化作用,用不断加热或冷却调节醪的温度,使糖化完成,麦芽醪未经煮沸。在各种糖化方法中物料的主要变化是依据麦芽中各类水解酶的催化,糖化控制的关键就是创造适合于各类酶作用的最佳条件。

传统下面发酵啤酒无论浅色还是深色啤酒,均采用煮出糖化法。三次煮出糖化法是典型煮出法,适合各种质量麦芽,其步骤为:a. 将麦芽粉投入糖化锅,与37℃热水混合,并于35℃进行酸休止(保温)30~60min; b. 将1/3左右浓醪通过倒醪泵送至糊化锅,加热至50℃,休止20s,升温至70℃休止15~20min,最后以1℃/min的速率升至100℃,并煮沸10~20min; c. 将煮沸醪泵回糖化锅,边搅拌边慢慢泵入,混合均匀后,使全部醪处于工艺给定的蛋白质休止温度,进行休止(45~55℃)20~90min。在休止中每隔15min搅拌一次,使醪液上下均匀;d. 将糖化锅内1/3左右的浓醪第二次泵入糊化锅加热至70℃,保温10min,再以1℃/min的速率升至100℃,煮沸0~10min;e. 将煮沸醪泵回糖化锅,使混合醪温度达到65~75℃,保持30~60min;f. 第三次泵出1/3左右的稀醪至糊化锅,迅速加热至100℃,煮沸后即泵回糖化锅,使混合醪的温度达70~80℃,搅拌10min,用泵送回过滤。

④ 过滤。麦芽汁的过滤方法有过滤槽法、压滤机法和渗出过滤槽法等,目前国内多数啤酒生产企业主要采用过滤槽法。过滤槽法是以麦糟本身作为过滤介质,在过滤时先形成过滤层,直至滤出澄清的麦汁。当糖化液即将过滤完毕时(在过滤层漏出之前)要立即进行洗糟,提高麦汁回收率。洗糟水的温度控制在75~78℃。

⑤ 麦芽汁的煮沸和酒花的添加。麦芽汁的煮沸主要是为了蒸发水分、浓缩麦芽汁、钝化全部酶并起到麦芽汁杀菌作用,使蛋白质变性和絮凝,浸出酒花中的有效成分,排除麦汁中异味。麦汁煮沸要求有一定的煮沸强度和时间。一般煮沸强度以8%~12%为宜,煮沸时间为1.5~2h。酒花是在煮沸过程中添加的,用量为麦

汁总量的 0.1%～0.2%。我国一般采用传统的 3～4 次添加法。以 3 次法为例（煮沸 90min）介绍如下。

第一次在麦汁煮沸 5～15min 后添加总量的 5%～10%，主要消除煮沸物的泡沫；第二次在麦汁煮沸 30～40min 后，添加总量的 55%～60%，主要是萃取 α-酸，并促进异构；第三次在麦汁煮沸后 80～85min 添加总量的 30%～40%，主要是萃取酒花油，提高酒花香。

⑥ 煮沸后麦汁的处理。由煮沸锅放出的定型热麦汁在进入发酵前还需要进行一系列处理，包括酒花糟分离、热凝固物分离、冷凝固物分离、冷却、充氧等。煮沸后的麦汁经回旋沉淀槽处理后可得澄清麦汁，再经过薄板冷却器冷却至发酵温度 6～8℃，同时充入一定量的无菌空气，以满足酵母菌发酵初期生长繁殖的需要。此时的麦汁进入发酵罐加入酵母菌即可进行啤酒发酵。

⑦ 发酵

ⅰ. 菌种。采用酵母菌进行发酵。用于酿造的酵母菌主要有两个种，一是啤酒酵母，二是葡萄汁酵母。啤酒酵母在麦汁中培养时间一般是 3d（25℃），主要有两种类型，一是上面啤酒酵母（*Saccharomyces cerevisiae*），二是下面啤酒酵母（*Saccharomyces carlsbergensis*）。上面啤酒酵母在发酵时，酵母细胞随 $CO_2$ 浮在发酵液面上，发酵终了形成酵母泡盖，长时间放置，酵母也很少下沉。下面啤酒酵母在发酵时，酵母悬浮在发酵液内，在发酵终了时酵母细胞很快凝聚成块并沉积在发酵罐底。按照凝聚力大小下面啤酒酵母分为凝聚性酵母（发酵终了细胞迅速凝聚的酵母）和粉末性酵母（细胞不易凝聚的下面啤酒酵母）。国内啤酒厂一般都使用下面啤酒酵母生产啤酒。

ⅱ. 啤酒酵母的扩大培养。啤酒工厂用单细胞分离法得到优良菌株后，经过若干次扩大培养，最后制成 $10^{13}$～$10^{14}$ 个细胞/mL 供发酵使用。酵母的扩大培养关键在于：第一是选择优良的单一细胞出发菌株；第二是在整个扩大培养中保证酵母品种强壮、无污染；第三是要使用优良的培养基进行培养；第四是要注意恰当的扩大比例，在汉生罐以前的各级，由于培养温度较高，时间短，可采用 1：（10～20）的接种比例，在汉生罐以后各级扩大由于采用低温培养，倍增时间长，扩大比宜小，一般采用 1：（4～5）的接种比例；第五是移种时间要恰当，采用对数期的酵母进行移种；第六是要严格控制培养条件，根据不同菌株的培养温度确定培养条件，并进行适当的通风。

ⅲ. 啤酒发酵。啤酒发酵在圆筒体锥底发酵罐内进行。现在大多采用直接进罐法，即冷却通风后的麦汁用酵母计量泵定量添加酵母，直接泵入发酵罐，为了缩短发酵时间，采用 0.6%～0.8% 的较高接种量，接种后的细胞浓度为 $(15\pm3)\times10^6$ 个/mL，满罐时间在 12～18h 之内。麦汁接种温度一般低于主发酵温度 2～3℃，以减少酵母代谢副产物过多积累。主发酵温度根据菌种不同一般采用 9～10℃进行，当双乙酰（VDK）还原至规定值时，从锥底排放泥状酵母。整个发酵周期约为 21~28d。收集酵母后，用酵母泥的 1~1.5 倍的无菌低温酿造水（1~2℃）覆盖并控制存放温度不超过 2℃，每天换一次无菌水，存放时间不超过 3d，使用代数一般为 7~8 代。

啤酒的发酵也遵循微生物的生长规律，分低泡期、高泡期、落泡期和泡盖形成期。在啤酒发酵过程中，酵母在厌氧环境中经过糖酵解途径（EMP）将葡萄糖降解成丙酮酸，然后脱羧生成乙醛，后者在乙醇脱氢酶催化下还原为乙醇。在整个啤酒发酵过程中，酵母利用葡萄糖除了产生乙醇和 $CO_2$ 外，还生成乳酸、乙酸、柠檬酸、苹果酸和琥珀酸等有机酸，同时有机酸和低级醇进一步聚合成酯类物质；经过麦芽中所含的蛋白质降解酶将蛋白质降解成胨、肽后，酵母菌自身含有的氧化-还原酶继续将低含氮化合物进一步转化成氨基酸和其他低分子物质。这些复杂的发酵产物决定了啤酒的风味、泡持性、色泽及稳定性，形成啤酒独特的风格。

⑧ 啤酒过滤与包装。经后发酵的啤酒，还有少量悬浮的酵母及蛋白质等杂质需除去。目前多数采用硅藻土过滤法。在过滤时，要控制好温度、压力等关键因素，以确保过滤后啤酒的质量。过滤啤酒进行瓶装或罐装，经巴氏消毒后即可进入市场。

## 二、葡萄酒

以新鲜葡萄或葡萄汁为原料，经酒精发酵酿制而成的酒精含量不低于 8.5% 的饮料酒称葡萄酒。葡萄酒产量在世界饮料酒中列第二位。由于葡萄酒酒精含量低，营养价值高，所以它是饮料酒中主要的发展品种。葡萄酒是通过酵母的发酵作用而制成的，因此在葡萄酒生产中酵母占有很重要的地位。

**1. 葡萄酒酵母的特征**

葡萄酒酵母（*Saccharomyces ellipsoideus*）为子囊菌纲的酵母属，啤酒酵母种。该属的许多变种和亚种都能对糖进行酒精发酵，并广泛用于酿酒、酒精、面包等的生产中，但各酵母的生理特性、酿造副产物、风味等有很大的不同。

葡萄酒酵母除了用于葡萄酒生产以外，还广泛用在苹果酒等果酒的发酵中。世界上葡萄酒厂、研究所和有关院校优选和培育出各具特色的葡萄酒酵母的亚种和变种。如我国张裕 7318 酵母、法国香槟酵母、匈牙利多加意（Tokey）酵母等。

**2. 红葡萄酒生产工艺**

酿制红葡萄酒一般采用红皮白肉或皮、肉皆红的葡萄品种。我国酿造红葡萄酒主要以干红葡萄酒为原酒，然后按标准调配成半干、半甜、甜型葡萄酒。

（1）工艺流程

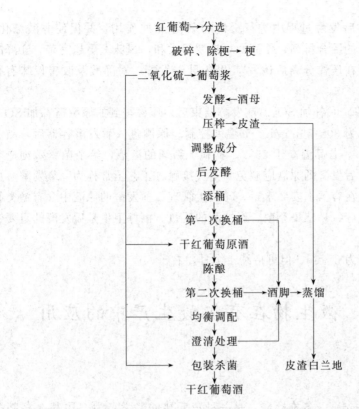

(2) 发酵 葡萄经破碎后,将果汁和皮渣共同发酵至残糖为 5g/L 以下,经压榨分离皮渣,进行后发酵。

① 前发酵(主发酵)。葡萄酒前发酵主要目的是进行酒精发酵、浸提色素物质和芳香物质。前发酵进行的好坏是决定葡萄酒质量的关键。红葡萄酒发酵方式按发酵中是否隔氧可分为开放式发酵和密闭发酵。发酵容器过去多为开放式水泥池,近年来逐步被新型发酵罐所取代。

接入酵母 3～4d 后发酵进入主发酵阶段。此阶段升温明显,一般持续 3～7d,当残糖降至 5g/L 以下,发酵液面只有少量 $CO_2$ 气泡,"皮盖"已经下沉,液面较平静,发酵液温度接近室温,并且有明显酒香,此时表明前发酵已结束,可以出池。

② 压榨。出池时先将自流原酒由排汁口放出,放净后打开人孔清理皮渣进行压榨,得压榨酒。

③ 后发酵

a. 后发酵目的。ⓐ残糖的继续发酵。前发酵结束后,原酒中还残留 3～5g/L 的糖分,这些糖分在酵母作用下继续转化成酒精和 $CO_2$。ⓑ澄清作用。前发酵得到的原酒,还残留部分酵母及其他果肉纤维并悬浮于酒液中,在低温缓慢发酵过程中,酵母及其他成分逐渐沉降,后发酵结束后形成沉淀即酒泥,使酒逐步澄清。

ⓒ陈酿作用。新酒在后发酵过程中进行缓慢的氧化-还原作用，并促使醇酸酯化，同时能理顺乙醇和水的缔合排列，使酒的口味变得柔和，风味上更趋完善。ⓓ降酸作用。有些红葡萄酒在压榨分离后诱发苹果酸-乳酸发酵，对降酸及改善口味有很大好处。

b. 后发酵的管理。ⓐ补加 $SO_2$。前发酵结束后，压榨得到的原酒需补加 $SO_2$，添加量（以游离计）为 30~50mg/L。ⓑ温度控制。原酒进入后发酵容器后，品温一般控制在 18~25℃。若品温高于 25℃，不利于新酒的澄清，给杂菌繁殖创造了条件。ⓒ隔绝空气。后发酵的原酒应避免与空气接触，工艺上常称为隔氧发酵。后发酵的隔氧措施一般在容器上安装水封。ⓓ卫生管理。前发酵的原酒中含有糖类物质、氨基酸等营养成分，易感染杂菌，影响酒的质量。搞好卫生是后发酵的重要管理内容。

正常后发酵时间为 3~5d，但可持续 1 个月左右。

# 第三节 微生物在有机酸生产中的应用

## 一、柠檬酸

柠檬酸（citric acid）又名枸橼酸，是一种三元羧酸，学名为 3-羧基-3-羟基戊二酸，无色半透明晶体，或白色颗粒或白色结晶性粉末，无臭，具有令人愉快的强烈酸味，稍有一点后涩味。它在温暖空气中可渐渐风化，在潮湿空气中微有潮解性。柠檬酸易溶于水、酒精，不溶于醚、酯、三氯甲烷等有机溶剂。商品柠檬酸主要是无水柠檬酸和一水柠檬酸，前者在高于 36.6℃ 的水溶液中结晶析出，后者在低于 36.6℃ 水溶液中结晶析出。柠檬酸是生物体主要代谢产物之一。它存在于柑橘、菠萝、柠檬、无花果等天然果实中，其中未成熟者含量较高。早在 1784 年，瑞典化学家 Scheel 就首次从柠檬汁中提取出了柠檬酸，并制成了结晶。1891 年，德国微生物学家 Wehmer 发现了微生物具有产生柠檬酸的能力，1919 年，比利时一家工厂成功地进行了浅盘发酵法的工业生产。1952 年，美国 Miles 公司首先采用深层发酵大规模生产柠檬酸。1969 年我国用薯干为原料采用深层发酵法生产柠檬酸成功。由于工艺简单、原料丰富、发酵水平高，各地陆续办厂投产，至 20 世纪 70 年代中期，柠檬酸工业已初步形成了生产体系。

**1. 柠檬酸发酵原料**

柠檬酸发酵原料的种类很多，广义上来说，任何含淀粉和可发酵性糖的农产品、农产品加工品及其副产品，某些有机化合物，以及石油中的某些成分都可以利用。所以目前生产上可用的有淀粉质原料（主要是番薯、马铃薯、木薯等）、糖质原料（甘蔗废糖蜜、甜菜废糖蜜等）和石油原料三大类。这些原料都要经过相应处理后才能使用。

**2. 柠檬酸发酵微生物**

微生物中能向体外分泌和在环境中积累柠檬酸者有很多,在工业生产上有价值的主要是几种曲霉和几种酵母,其中黑曲霉(Aspergillus niger)是现代工业中最有竞争力的菌种。酵母中竞争力强的菌主要有解脂假丝酵母、季也蒙毕赤酵母等。

**3. 发酵工艺**

(1)以薯渣为原料的固体发酵工艺过程　固体发酵是将发酵原料及菌体吸附在疏松的固体支持物上,经过微生物的代谢活动,将原料中的可发酵成分转化为柠檬酸。我国以薯干渣为原料的固体发酵工艺于1977年试验成功并投入生产。其生产有两种工艺,一种是薄层浅盘发酵工艺,另一种是厚层通风发酵工艺。薄层浅盘发酵工艺可在曲房内进行培养,曲房中要控制湿度在85%～90%,室温控制在26～30℃,发酵结束在酸度最高时出料。厚层通风发酵法是在曲池中进行的,厚层发酵过程的控制仍是温度与湿度。温度控制与薄层相似,但最高品温不得超过40℃。温湿度主要靠通风量和进风温湿度加以控制,进风的湿度控制在接近100%,以尽量防止水分蒸发。曲层厚度在20cm以下时一般不需要翻曲,厚度超过30cm的设备一般配有翻料装置。发酵时间与薄层相近。

(2)液体深层发酵工艺过程(糖蜜深层发酵工艺)　深层发酵的特点是微生物菌体均匀分散在液相中,利用溶解氧,全部菌体细胞都参与合成柠檬酸的代谢。由于其生产规模大,生产能力强,所以占据了柠檬酸工业的主导地位。具有代表性的糖蜜深层发酵工艺过程为:

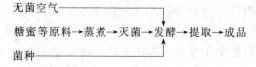

## 二、苹果酸

苹果酸又名羟基丁二酸,是一种白色或荧白色粉状、粒状或结晶状固体,广泛存在于生物体中,是很多水果中的优势酸,其晶体中不含结晶水,是生物体三羧酸循环的组成部分。它具有明显的呈味作用,其酸味柔和别致,解渴爽口,在食品上有着广泛的用途:①食品酸味剂。用作加工和配制饮料、露酒、果冻、果酱、人造奶油等。②食品加工。酸乳发酵pH值的调节,葡萄酒酿造中去除酒石酸盐等。③食品添加剂加工。从果皮中提取果胶等物质时,苹果酸可以起到保护作用。④烟草加工。苹果酸衍生物能改善烟草叶香味。此外在医药、化学、日用化工等领域也有着广泛的用途。

**1. 发酵微生物**

许多微生物都能产生苹果酸,不同的苹果酸发酵工艺要采用不同的微生物,如一步发酵法采用黄曲霉、米曲霉、寄生曲霉；两步发酵及混合发酵法采用华根霉、无根根霉、短乳杆菌、膜醭毕赤酵母等；酶转化法采用短乳杆菌、大肠杆菌、产氨短杆菌、黄色短杆菌等。

**2. 发酵工艺**

（1）一步发酵法（直接发酵法） 一步发酵法是以糖类为发酵原料，用霉菌直接发酵生产苹果酸。其工艺过程介绍如下。

首先进行菌种扩大培养。菌种采用黄曲霉或米曲霉，将保存在麦芽汁琼脂斜面上的黄曲霉孢子用无菌水洗下并移接到锥形瓶中，锥形瓶中装有种子培养基。在33℃下静置培养2~4d，待长出大量孢子后，将其转入到种子罐扩大培养。

种子罐配方为：葡萄糖 30g/L、豆饼粉 10g/L、$FeSO_4$ 0.5g/L、$K_2HPO_4$ 0.2g/L、NaCl 0.01g/L、$MgSO_4$ 0.1g/L、$CaCO_3$ 60g/L（单独灭菌）。

种子罐培养的目的是使孢子发芽，以缩短生产罐的发酵延迟期。其体积是生产罐的10%，装液量为70%，在0.1MPa灭菌20~30min后，冷却至40℃以下，加入单独灭菌的$CaCO_3$，接种黄曲霉孢子后在33~34℃通风搅拌培养，通风量为0.15~0.3vvm[$m^3/(m^3 \cdot min)$]，罐压0.1MPa，添加0.4%（体积分数）泡敌，培养18~20h后接入生产罐。

生产培养基采用葡萄糖70~80g/L，其余成分与种子培养基相同。除$CaCO_3$外，直接在生产罐内配制，在0.1MPa灭菌20~30min后，冷却至40℃以下，加入单独灭菌的$CaCO_3$，待温度降至34℃时接入10%的种子，罐压0.1MPa，培养温度33~34℃，通风量0.7vvm，搅拌转速180r/min，发酵时间40h左右。发酵过程中由自动系统控制滴加泡敌，防止泡沫产生过多。当残糖降至1g/L以下时，终止发酵，放罐进行提取。

（2）两步发酵法 两步发酵法是以糖类为原料，先用根霉发酵生成富马酸（延胡索酸）和苹果酸的混合物，然后接入酵母或细菌发酵成苹果酸。前一步称为富马酸发酵，后一步称为转换发酵。

① 菌种。华根霉。

② 斜面培养。华根霉于葡萄糖马铃薯汁琼脂斜面上30℃培养7d，直到长出大量孢子为止。

③ 摇瓶发酵。

a. 培养基组成（%）：葡萄糖10、$(NH_4)_2SO_4$ 0.5、$K_2HPO_4$ 0.1、$MgSO_4 \cdot 7H_2O$ 0.05、$FeCl_3 \cdot 6H_2O$ 0.002、聚乙二醇10、$CaCO_3$ 5（单独灭菌）。

b. 富马酸发酵。在500mL锥形瓶中装入50mL培养基，灭菌，冷却。接种华根霉孢子，先静置一段时间再振荡培养，于30℃下培养5d左右。

c. 转换发酵。在上述发酵结束后的培养基中接种膜醭毕赤酵母，继续培养5d，则几乎所有的富马酸均可转化为苹果酸，苹果酸对糖的产率可达60%以上。

（3）酶法转化工艺 酶法转化工艺相当于两步发酵工艺中的转换发酵，即酶法转化法是用富马酸盐为原料，利用微生物的富马酸酶将其转化成苹果酸（盐）。酶转化法是国外用来生产 L-苹果酸的主要方法。

## 第四节　微生物与发酵乳制品

凡以乳液为原料，经微生物发酵而成的乳产品，通称为发酵乳制品。发酵乳制品具有营养丰富、易消化、适口性好和便于保藏等优点，深为广大消费者所喜爱。其中酸性奶油、酸乳等是通过向乳液中接种乳酸细菌后，经发酵而制得的产品。而有些产品除细菌外，还有酵母菌和霉菌参与发酵。如蓝色干酪和沙门柏干酪就有娄地青霉、沙门柏青霉参与发酵。这些微生物不仅会引起产品外观和理化特性的改善，而且可以丰富发酵产品的风味。

### 一、用于乳制品发酵生产的乳酸菌种类

应用于发酵乳生产的微生物主要有乳酸菌、霉菌、酵母菌等。而乳酸菌又主要有乳杆菌属、链球菌属、双歧杆菌属、乳球菌属、明串珠菌属、片球菌属的种及其亚种。目前工业化生产的菌种有几十种，主要的一些菌种如表 6-3 所示。

表 6-3　生产发酵乳的乳酸菌种类

| 菌种中文名 | 好气性 | 主要机能 | 制作发酵乳 |
| --- | --- | --- | --- |
| 乳链球菌 | 微好气 | 产酸、产香 | 人工酪乳、酸性奶油 |
| 乳脂链球菌 | 微好气 | 产酸 | 人工酪乳、酸性奶油 |
| 双歧杆菌 | 厌气性 | 产酸 | 酸奶 |
| 嗜热链球菌 | 微好气 | 产酸 | 酸奶 |
| 保加利亚杆菌 | 微好气 | 产酸、产香 | 酸奶、克菲尔 |
| 嗜酸乳杆菌 | 微好气 | 产酸 | 嗜酸乳杆菌乳 |
| 乳酪乳杆菌 | 微好气 | 产酸 | 液体发酵乳 |
| 瑞士乳杆菌 | 微好气 | 产酸、产香 | 酸奶、克菲尔 |
| 乳酸乳杆菌 | 微好气 | 产酸 | 酸奶 |
| 木糖乳杆菌 | 微好气 | 产酸 | 酸奶 |
| 乳脂明串珠菌 | 微好气 | 产酸 | 人工酪乳、酸奶 |
| 丁二酮链球菌 | 微好气 | 产酸 | 酸奶 |
| 弯曲乳杆菌 | 微好气 | 产酸 | 酸奶 |

### 二、乳酸菌发酵生产乳制品的工艺流程

```
                     乳酸菌母剂
                        ↓
          加入糖及辅料→发酵剂         灭菌←冲洗←碱浸←奶瓶
                        ↓              ↓
原料乳→过滤、灭菌→降温接种→灌装→发酵→冷库后熟→成品
```

### 三、乳酸菌在酸奶生产中的应用

酸奶亦称酸乳，是以新鲜牛奶或优质奶粉为主原料，经乳酸菌发酵制得。酸奶主要是利用嗜热链球菌和保加利亚乳杆菌的混合菌种，对高固形物全脂奶进行有控制的发酵来生产。其基本生产工艺为：

原料乳收购→质检及标准化→灭菌→配料→均质→接种→发酵→冷藏→质检→出厂

能够用于酸奶制造的乳酸细菌主要有嗜热链球菌、保加利亚乳杆菌、嗜酸乳杆菌、双歧杆菌等。

酸奶发酵控制的温度和时间随菌种而异。中温性链球菌用30℃左右，嗜热链球菌和大多数乳杆菌用40℃左右。发酵时间为几小时至48h。如使用保加利亚乳杆菌和嗜热链球菌混合菌剂发酵，控制的发酵温度为42~44℃，发酵时间为2~3h即可成熟。

## 第五节　微生物与发酵肉制品

发酵肉制品是指在自然和人工控制条件下利用微生物发酵作用，产生具有特殊风味、色泽和质地，且具有较长保存期的肉制品。存在于发酵肉制品中的微生物主要有两方面：一方面是有益微生物即发酵肉制品中的发酵剂，包括乳酸菌、微球菌、葡萄球菌以及酵母菌和霉菌。另一方面是有害微生物，主要是金黄色葡萄球菌、病原性细菌、霉菌毒素以及病毒，这些微生物将会对发酵肉制品的品质造成严重的危害，甚至会发生中毒事件。这里主要讨论发酵肉制品的生产工艺以及发酵肉制品中有益微生物对产品风味的影响，以期为我国发酵肉制品行业的快速发展提供理论依据。

### 一、发酵肉制品的生产工艺

**1. 中式火腿的加工工艺**

火腿是我国的传统发酵肉制品，是用猪的前、后腿为原料，经过腌制、洗晒、晾挂发酵而制成。现以金华火腿为例，介绍其生产工艺，即：

原料选择→修整→腌制→浸泡刷洗→晾晒整形→晾挂发酵→落架堆叠→成品

（1）原料选择　原料肉均用猪后腿的实腿，要求皮薄爪细、瘦多肥少、肌肉鲜红、皮肤白润，无伤残和病灶。重量在5~7.5kg较为适宜。

（2）猪腿的修整　将腿面上的残毛、污血刮去，勾去蹄壳，削平耻骨，除去尾椎，把表面和边缘修割整齐，挤出血管中淤血，腿边修成弧形，使腿面平整。

（3）猪腿的腌制　腌制的适宜温度在8℃左右，腌制时间为35d左右。以

100kg鲜腿为例,用盐量8~10kg;一般分6~7次上盐。在腌制过程中,要注意撒盐均匀,堆放时皮面朝下,肉面朝上,最上一层皮面朝下。大约经过一个多月的时间,当肉的表面经常保持白色结晶的盐霜,肌肉坚硬,则说明已经腌好。

(4) 浸泡刷洗 将腌好的火腿放在清水中浸泡,肉面向下,全部浸没,以达到皮面浸软,肉面浸透。水温10℃左右时,浸泡约10h。浸泡后进行刷洗,用竹刷将脚爪、皮面、肉面等部位顺纹轻轻刷洗、冲干净,再放入清水中浸漂2h。

(5) 晾晒整形 将洗净的火腿每两只用绳连在一起,吊挂在晒腿架上。在日光下晾晒至皮面黄亮、肉面铺油,约需5d左右。在日晒过程中腿面基本干燥变硬时,加盖厂印、商标,并随之进行整形。把火腿放在绞形凳上,绞直脚骨,锤平关节,捏拢小蹄,绞弯脚爪,捧拢腿心,使之呈丰满状。

(6) 晾挂发酵 日晒之后,将火腿移入室内进行晾挂发酵,使水分进一步蒸发,并使肌肉中蛋白质发酵分解,增进产品的色、香、味。晾挂时,火腿要挂放整齐,腿间留有空隙。通过晾挂,腿身干缩,腿骨外露,所以还要进行一次整形,使其成为完美的"竹叶形"。经过2~3个月的晾挂发酵,皮面呈枯黄色,肉面油润。常见肌肉表面逐渐生成绿色霉菌,称为"油花",属于正常现象,表明干燥适度,咸淡适中。

(7) 落架堆叠 经过发酵修整的火腿,根据干燥程度分批落架。按照大小分别堆叠在木床上,肉面向上,皮面向下,每隔5~7d翻堆一次,使之渗油均匀。经过半个月左右的后熟过程,即为成品。

**2. 西式火腿的加工工艺**

西式肉制品自1840年传入我国,迄今已有一百多年的历史。按其加工方法可分为火腿、培根和灌肠三大类。其中西式火腿类产品色泽鲜艳、柔嫩、多汁、口味鲜美、营养卫生,深受我国广大消费者所喜爱。西式火腿加工工艺如下所示:

原料肉的选择整理→绞肉(7mm)→称重、配料→腌制→加发酵剂→成形→发酵→低温煮制(80℃)→真空包装→成品

## 二、发酵剂在发酵肉制品中的作用

**1. 细菌在发酵肉制品中的应用**

(1) 乳酸菌 乳酸菌是能利用碳水化合物产生乳酸的一类细菌,耐酸性较强,产酸率高,对有害微生物有抑制作用,且有独特的生理功效,在发酵肉制品中经常使用。乳酸菌产生的乳酸可赋予香肠特殊的风味,同时乳酸还可抑制某些具有组氨酸、酪氨酸脱羧作用以及蛋白质分解作用细菌的生长,避免组胺和酪胺积累所造成的不良风味,而且随着pH值降低可以促进亚硝酸的分解,降低亚硝酸的浓度。实际生产中常用的乳酸菌有乳酸杆菌属、链球菌属和片球菌属等。

① 乳酸杆菌属。乳酸杆菌作为典型的发酵细菌,是最早从发酵肉制品中分离出来的微生物,而且在目前的自然发酵过程中仍占主导地位。除了代谢产生乳酸

外,还可以产生各种各样的抑菌物质,如过氧化氢、细菌素等。发酵剂中常用的乳杆菌有植物乳杆菌、嗜酸乳杆菌、干酪乳杆菌、发酵乳杆菌。此外,瑞士乳杆菌、植物乳杆菌产生的细菌素已经被发现和定性,如罗伊乳杆菌产生的细菌素具有很宽的抑菌谱带,可有效抑制沙门菌、志贺菌、梭形藻属、葡萄球菌、念珠菌和色葱菌属,常用于人类食品的生产。

② 链球菌属。链球菌属中的乳酸链球菌能产生一种细菌素——乳酸链球菌素,乳酸链球菌素是一种广泛应用的高效、无毒的天然食品防腐剂,对腐败微生物具有抑制作用,是目前研究热门的天然防腐剂之一。至今乳酸链球菌素已在50多个国家和地区广泛用于食品防腐保鲜。

③ 片球菌属。片球菌是发酵肉制品中使用最多的微生物,在发酵过程中的代谢产物能使肉蛋白质发生特异性变化,这不仅赋予肉品独特风味,还可抑制腐败菌生长,从而提高产品储藏期和食用安全性。由乳酸片球菌和戊糖片球菌产生的细菌素近期也被发现。目前,片球菌已成为欧美国家发酵肉制品的主要发酵剂。如啤酒片球菌,由于该菌生长快,抗冷冻能力强,适宜生长温度为43~50℃,高出发酵肉制品中污染杂菌的生长温度,所以常用来生产夏季香肠;而戊糖片球菌能在较低的温度下使糖快速发酵,产酸能力强,迅速降低pH值,而且不影响产品风味,适合作低温发酵肉制品。

(2) 微球菌和葡萄球菌

微球菌和葡萄球菌都属于微球菌科,通常情况下二者共同存在于各种发酵剂中,由于具有硝酸盐还原活性,在肉品成熟过程中,可将 $NO_3^-$ 还原为 $NO_2^-$。$NO_2^-$ 进一步分解为NO后,再与肌红蛋白结合生成亚硝基肌红蛋白,从而最终使肉品呈腌制特有色泽。微球菌具有强烈的脂肪分解特征,使大量脂肪酸释放出来,进一步转化形成甲基酮和醛,为肉制品提供了独特的风味,此外它们还能很好地控制病原菌和腐败菌的生长。常用到的微球菌和葡萄球菌如表6-4所示。

表 6-4　发酵肉制品中常用的微球菌和葡萄球菌

| 菌　属 | 菌　种 |
| --- | --- |
| 微球菌(Micrococcus) | 橙色微球菌(M. auterisiae) |
|  | 亮白微球菌(M. camdidus) |
|  | 变异微球菌(M. varians) |
|  | 易变微球菌(M. variabs) |
|  | 玫瑰色微球菌(M. roseus) |
|  | 表皮微球菌(M. epidermidis) |
|  | 藤黄微球菌(M. luteus) |
| 葡萄球菌(Staphylcococcus) | 肉葡萄球菌(S. carnosus) |
|  | 拟葡萄球菌(S. simulans) |
|  | 木糖葡萄球菌(S. xylosus) |

**2. 酵母在发酵肉制品中的应用**

酵母菌是发酵肉制品中常用菌种,发酵肉制品生产中使用酵母主要是出于产品感官质量上的考虑。它们除能改善肉品的风味和颜色外,还能对金黄色葡萄球菌有一定抑制作用,而且可使产品具有特征性的酵母味,对发色过程的稳定性也有好处,此外发酵肉制品最终香味的形成很大程度上取决于酵母菌。

(1) 汉逊德巴利酵母　发酵肉制品中的酵母菌主要是汉逊德巴利酵母菌,这种酵母菌耐高盐、好气并具有较弱的发酵产酸能力,一般生长在肉品表面,也可生长在浅表层。用作发酵剂时在香肠中接种,可使产品具有酵母味,并有利于发色的稳定性,且对微球菌的硝酸盐的还原性有轻微抑制作用。法国有一种发酵香肠,是将酵母菌接种于表面生长,使产品披上一层"白衣",这是很受当地人喜爱的地方风味产品。汉逊德巴利酵母可提高发酵肉的香气指数。

汉逊德巴利酵母本身没有还原硝酸盐的能力,还会使肉中固有微生物菌群(微球菌)的硝酸盐还原能力减弱。这就要求酵母菌与其他菌种混合发酵,以提高产品质量。近年研究表明,金华火腿中也存在该酵母,但尚未见到具体的分类研究报道。

(2) 法马塔假丝酵母　国外学者从不同产地的意大利腊肠中分离酵母菌,其中就含有法马塔假丝酵母,该酵母在 pH 值为 5.5 时对猪肉脂肪具有较高的分解率,同时还伴随有油酸、棕榈酸等脂肪酸的产生,从而改善了肉的风味。

**3. 霉菌在发酵肉制品中的应用**

在亚洲,霉菌发酵食品主要是以植物为主;而在欧洲,有许多动物原料的发酵食品,如奶酪、发酵香肠和火腿。在北欧,烟熏香肠最为流行,而在地中海和东欧国家,霉菌发酵香肠是古老且品质上乘的发酵肉制品。如西班牙的"fuet"肠就是一种霉菌发酵肠;从西班牙发酵香肠中也分离出了青霉和毛霉;我国的金华火腿以及更常见的以植物性食品作发酵原料的酱、霉千张等。

(1) 在发酵肉制品中霉菌的主要作用　霉菌发酵制品具有独特的表面特性和风味,主要是由于霉菌的酶(如蛋白酶、酯酶)系发达,在肉制品表面生长,形成一层"保护膜",这层膜不但可以减少肉品感染杂菌的概率,还能很好地控制肉品水分蒸发,防止出现"硬壳"现象;其后期变化主要是由于霉菌引起的蛋白质和脂肪的分解,产生特有的"霉菌香味";霉菌生长对产品的进一步影响是阻止氧气的渗入,防止产品发哈和颜色变化,竞争性抑制有害微生物的生长。

(2) 发酵肉制品中霉菌的种类　传统的香肠生产,其微生物来自于周围环境。优势菌是青霉,而其中的多数菌株都可能产生毒素。据报道,香肠中 80% 的青霉在人工培养基上可产生真菌毒素,因此只有筛选出不产毒素的菌株才能保证产品的安全性。霉菌作为肉品发酵剂,必须具备的条件有:不产毒素、无潜在的病原性威胁;在产品表面竞争性地抑制其他微生物的生长;菌丝可以使产品表面致密坚固,颜色为灰白、黄色或乌黑;良好且均衡的蛋白质和脂肪降解活性;具霉菌特有的芳香。香肠生产中的另一类霉菌是毛霉,毛霉属于好氧性微生物,在香肠内部无法生长,但可将霉菌刷到肠衣表面,毛霉在适宜的温度和湿度条件下产生的脂肪酶和蛋白酶分解肠体渗出的油脂和蛋白质为游离脂肪酸、氨、挥发性盐基氮、游离氨基酸等，可使香肠具有特殊的香气。

## 第六节 发酵蔬菜

我国发酵蔬菜历史悠久，自公元前3世纪就已有发酵蔬菜的生产。现在，各种白菜、卷心菜、甜菜、萝卜、黄瓜、芹菜、青番茄、辣椒、青豆、菜豆等都可用于生产发酵蔬菜。并可根据市场需求，将发酵蔬菜制成酸味、酸甜味、酸辣味、麻辣味等不同风味的蔬菜产品。

在蔬菜的起始发酵和主发酵阶段，占优势的细菌包括肠膜状明串珠菌、短乳杆菌、啤酒片球菌、植物乳杆菌、保加利亚乳杆菌以及粪链球菌等，其中乳酸菌是发酵的主体。环境中的乳酸菌可同时进行同型乳酸发酵和异型乳酸发酵，前者产生的代谢产物是乳酸，后者的主要代谢产物除乳酸外，还有乙酸、乙醇、甘露醇、葡聚糖、$CO_2$以及极少量的其他产物。纯种发酵是目前生产发酵蔬菜被广泛使用的有效方法。在发酵前加入同型和异型乳酸发酵菌进行纯培养，可以有效地改变蔬菜自然发酵的过程。

在蔬菜发酵过程中，盐的使用量通常以2%～6%较为合适，泡菜类一般为2%～3%。理想的发酵温度应为18～20℃，对于提高发酵蔬菜的风味是有益的。如四川泡菜是用3%～4%的食盐与黄酒（或烧酒）、花椒或辣椒等辅料与新鲜蔬菜充分拌和后置于泡菜坛内，使其排出的菜水将原料淹没，或用一定浓度的食盐水（一般含盐量为6%～8%）与原料等量地装入泡菜坛内，使蔬菜浸泡在食盐水中，加盖并注入槽口水密封，使原料进行乳酸发酵和酒精发酵而腌成咸酸适口、又香又脆的蔬菜腌制品。

## 复 习 题

1. 请说明微生物在食品发酵工业有哪些方面的作用。
2. 谷氨酸生产菌都有哪些属的微生物？
3. 如何通过代谢控制发酵提高谷氨酸的产量？
4. 为什么说食醋生产是多种微生物参与的结果？
5. 简述食醋生产的固体发酵制醋工艺。
6. 在酱油生产中对原料有什么要求？
7. 简述啤酒生产的一般工艺流程。
8. 乳酸菌在酸奶生产中有哪些应用？
9. 发酵剂在肉制品生产中有什么作用？
10. 在发酵蔬菜生产的各个阶段分别有哪些微生物参与？

# 第七章 微生物检验与食品安全控制

## 第一节 微生物与食物中毒

在食品周围存在着一个数量庞大、种类繁多的微生物世界。无论何种食品，在它们的加工、运输和储藏过程中都有可能污染多种类型的微生物，它们有的可以引起食品的腐败变质，有的则可以引起人的食物中毒和传染病的发生。食物中毒是指人体因食入含有微生物、微生物毒素、有毒生物组织或有毒化学物质的食物而引起的中毒。本节主要介绍微生物性食物中毒（人体食入含有微生物或微生物毒素的食物而引起的中毒）。微生物性食物中毒主要包括细菌性食物中毒和霉菌性食物中毒。细菌性食物中毒是指人体食入了含有某些病原菌或某种细菌毒素的食物而引起的中毒性疾病。该种中毒又可分为感染型和毒素型两类。引起感染型食物中毒的微生物主要有沙门菌、大肠杆菌、变形杆菌及粪链球菌等。引起毒素型食物中毒的主要是某些微生物产生的肠毒素和外毒素。产生的肠毒素主要包括致病性大肠杆菌产生的耐热和不耐热肠毒素、志贺菌肠毒素、副溶血性弧菌肠毒素、葡萄球菌肠毒素等。产生的外毒素主要有魏氏梭菌毒素及肉毒梭菌毒素等。霉菌性食物中毒是指某些霉菌（如黄曲霉）污染了食品并在适宜的条件下产生了毒素，这些毒素随食物进入人体内而引起的食物中毒性疾病。这类中毒在动物中发病较多，在人类中发病较少，且常常是慢性中毒，有的可诱发癌症。食品污染有害的微生物对人类的健康形成了很大的威胁，因此对食品必须进行严格的卫生检查，特别是针对食源性病原微生物的检查。

### 一、细菌与细菌毒素

这里主要介绍与食物中毒有关的细菌与细菌毒素。

**1. 沙门菌**

（1）病原菌　沙门菌属肠杆菌科中的一属细菌，是一大属在血清学上相关的、革兰阴性、无芽孢及无荚膜的短杆菌。到现在已发现近2000种血清型，已知的种型对人或动物或对二者均有致病性，其中引起食物中毒次数最多的有鼠伤寒沙门菌（$S.\ typhimu\text{-}rium$）、猪霍乱沙门菌（$S.\ cholerae\text{-}suis$）、肠炎沙门菌（$S.\ enteritidis$）。

(2) 生物学特性　革兰阴性杆菌，无芽孢、无荚膜，周身鞭毛，能运动，好氧或兼性厌氧，最适生长温度为37℃，但在18～20℃也能繁殖。

沙门菌生活力较强。在水中可生存2～3周，在冰或人的粪便中可生存1～2月，在土壤中可过冬，在咸肉、鸡和鸭蛋及蛋粉中也可存活很久。水经氯处理或煮沸6min可将其杀灭，5%石炭酸或0.2%氯化汞（升汞）在5min内可将其杀灭。乳及乳制品中的沙门菌经巴氏消毒或煮沸后迅速死亡，水煮或油炸大块食物时，食物内温度达不到足以使该菌杀死和毒素破坏的情况下，就会有细菌残留，或有毒素存在。

(3) 食物中毒的症状及原因　沙门菌食物中毒主要属于感染性食物中毒，主要临床症状为急性胃肠炎症状，如呕吐、腹痛、腹泻，腹泻一天数次，多至十余次。活菌在肠内或血液内被破坏释放出菌体内毒素，作用于中枢神经系统引起头痛、体温升高，有时还有痉挛等。

沙门菌引起的食物中毒，需要进食大量细菌才能引起致病。致病力弱的细菌在食品中菌数要高达$10^8$个/mL（g）时才会引起疾病，本病潜伏期较短，一般为12～48h发病，病程3～7d，中毒严重可造成死亡，病死率0.5%～1%，从病死的人体病理解剖中可发现小肠广泛性的炎症病变和肝脏中毒性病变。

(4) 污染食品的来源和途径　引起沙门菌食物中毒的常见食品有鱼肉、禽蛋和乳等食品，尤以肉类占多数。使人类致病的沙门菌通常存在于病人及带菌者的肠道、血液、粪便及胆囊中。沙门菌是一种可使人畜禽共患病的病原微生物，鼠、猪、牛、马、羊、鸡、鸭、鹅均有较高的带菌率。

人和动物患病或带菌，可通过各种途径将病原菌散播出去，牧场、鸡场均可通过饲料、饮水、污水传播，造成环境的严重污染，尤其是通过水传播值得重视。

已被沙门菌污染的食品，通过人的手、苍蝇、鼠类或其他物品作为媒介，可将病菌带至其他食品。食品一般被污染的数量不会太多，不会造成食物中毒，可是少数污染食品的病菌因能够在一定条件下进行繁殖而使细菌数量增多，这样会大大增加发生食物中毒的可能性。

(5) 预防　预防的措施是防止食品被沙门菌污染，加强食品生产企业、饮食行业的卫生管理。对宰前宰后的畜禽加强检查，禁止食用病死畜禽。对蛋、肉类等食品要彻底加热灭菌以杀灭可能存在的沙门菌。食品应低温储藏，且存放时间不宜过长，以控制可能存在的沙门菌的繁殖。

**2. 葡萄球菌**

(1) 病原菌　根据生化性状和色素的不同，分为金黄色葡萄球菌和表皮葡萄球菌（白色、柠檬色）。与食物中毒有关的为金黄色葡萄球菌，其能产生外毒素、肠毒素，自然界分布极为广泛。金黄色葡萄球菌可感染人和动物皮肤损伤处，引起化脓性症状。人类食用金黄色葡萄球菌污染的食品可引起毒素型食物中毒。

(2) 生物学特性　金黄色葡萄球菌为革兰阳性菌，呈葡萄状排列。无芽孢、无鞭毛、无荚膜、不能运动，是兼性厌氧菌。最适生长温度为 35～37℃，最适 pH 值 7.4。它的耐盐力很强，在 10%～15% 的 NaCl 培养基上也能生长。

该菌在适宜的条件下，25～30℃ 5h 后即可产生肠毒素，它是一种可溶性蛋白。现已发现 6 种不同抗原性的毒素存在，即 A、B、C、D、E、F，毒素的抗热力很大，120℃、20min 不能使其破坏，必须在 218～248℃、30min 才能使毒性完全消除。

(3) 食物中毒症状及原因　金黄色葡萄球菌引起的食物中毒是毒素型食物中毒，主要症状为急性胃肠炎症状，恶心呕吐，多次腹泻，腹痛，吐比泻重。这是毒素进入人体消化道后被吸收进入血液刺激中枢神经系统而引起的。病程较短，潜伏期 2～5h，特别短的仅 40min，中毒症状持续数小时至 1～2 日，经合理治疗该病预后良好。

适宜于金黄色葡萄球菌繁殖和产生肠毒素的食品主要是乳及乳制品、腌制肉、鸡蛋以及含有淀粉的食品。煮沸可杀死菌体，但毒素在高温下不易被破坏这是值得注意的。食物中毒需要一定量的菌数，毒素产生同菌量有关，与食品的成分、pH 值、温度以及菌株的特性等因素也有关系。

(4) 污染食品的来源和途径　金黄色葡萄球菌可通过患有化脓性炎症的病人或带菌者，在他们与食品接触时而使食物污染。患乳房炎乳牛的乳汁如处理不当也会使病菌扩散而造成其他食品的污染。

(5) 预防　对化脓性疾病及带菌者在治愈前不能参加接触食品的工作。食品应保持在低温的环境中，对可疑食品蒸煮时间需要延长。

**3. 致病性大肠杆菌**

(1) 病原菌　大肠杆菌为肠道正常菌群，一般不致病。但有些致病性大肠杆菌能引起食物中毒。致病性大肠杆菌和非致病性大肠杆菌在形态上和生物特性上难以区分，只能从抗原性不同来区分。

(2) 生物学特性　大肠杆菌为革兰阴性两端钝圆的短杆菌，近似球形。多数有 5～8 根周身鞭毛，能运动，能形成荚膜。好氧及兼性厌氧，最适生长温度为 37℃，最适 pH 值为 7.2～7.4。

大肠杆菌有菌体抗原（O 抗原）、鞭毛抗原（H 抗原）和荚膜抗原（K 抗原）三种抗原。K 抗原又分为 A、B、L 三类，一般有 K 抗原的菌株比没有 K 抗原的毒力强。致病性大肠杆菌的 K 抗原主要为 B 抗原，少数为 L 抗原。引起食物中毒的致病性大肠杆菌有 $O_{111}:B_4$、$O_{55}:B_5$、$O_{26}:B_6$、$O_{88}:B_7$ 等血清型，有人认为引起婴幼儿腹泻的病原体很可能也是食物中毒的病原体。

(3) 食物中毒症状及原因　主要症状是急性胃肠炎，较沙门菌轻。呕吐，腹泻，大便呈水样便、软便或黏液便，重症有血便。腹泻次数大多每日在 10 次以内，常伴有发热、头痛等症状出现。病程较短，1～3d 即可恢复。病原性大肠杆菌的菌数平均在 $10^7$ 个以上才能引起急性胃肠炎，食物中毒的机制还不是十分清楚。

该菌是人畜的肠道杆菌，随粪便一起污染环境、土壤和水。食物中毒的病人粪便存在大量的该种细菌，它是散布病菌的主要来源。健康人也有带菌者，这是不可忽视的散布病菌的来源，本菌污染食物的途径与沙门菌污染食品的情况相同。

（4）预防　应注意经常检查食品从业人员有无带菌者而加以防治，对食品必须经过彻底烧煮后才可进食，熟食应低温保存。

### 4. 肉毒梭菌

（1）病原菌　肉毒梭菌又叫肉毒杆菌。根据所产生毒素的血清学特点，迄今已发现A、B、C、D、E、F、G七型，其中A、B、E、F四型对人都有不同程度的致病力从而引起食物中毒。我国肉毒毒素中毒大多是由A型引起，B、E型较少。

（2）生物学特性　革兰阳性，粗大的梭状芽孢杆菌，专性厌氧，无荚膜，能形成比菌体还大的芽孢。肉毒杆菌芽孢的抵抗力很强，干热180℃ 5～15min、湿热100℃ 5h才能杀死芽孢，6%～10%的食盐环境可有效抑制肉毒杆菌的生长。肉毒杆菌产生的毒素是一种外毒素，是大分子蛋白质，毒力是现今已知的化学毒物及细菌毒素中毒性最强烈的一种，对人的最小致死量是 $10^{-7}$ g。毒素必须缺氧才能产生，毒素不耐热，经80℃ 30min各型毒素皆可被破坏。

（3）食物中毒症状及原因　肉毒杆菌引起毒素型食物中毒，外毒素随食物进入消化道，在胃肠道不会被破坏，而是被直接吸收，食入有毒素的食物后，24h即可发病。毒素是一种神经亲和力很强的嗜神经毒素，其作用于中枢神经系统的颅神经核，抑制其神经传导递质——乙酰胆碱的释放，导致肌肉麻痹。

病症早期表现为全身无力、头痛、头晕等，继而出现眼睑下垂、视力模糊、瞳孔放大、复视、斜视及眼内外肌瘫痪，随病症加重出现咽喉肌麻痹症状，咀嚼吞咽困难，颈无力、头下垂，声音嘶哑或无声，口干，舌有污秽的灰白色苔。由于胃肠肌瘫痪引起肠运动机能障碍，出现顽固性便秘和腹胀。继续发展可出现呼吸肌麻痹症状，胸部有压迫感、呼吸困难，最后引起呼吸功能衰竭而死亡。患者一般体温正常，意识清楚。个别病例有腹痛、腹泻等。

肉毒杆菌中毒是食物中毒中最严重的一种，病死率可达30%～80%，故应引起足够的重视。

该菌在自然界分布极广，主要分布在土壤、海湖以及江河的砂泥土中，直接或间接地污染食品，包括蔬菜、鱼类、肉类、豆类等含蛋白质多的食品，我国主要发生在长江以北地区，由于误食污染的鱼肉而引起。另外，我国引起肉毒杆菌中毒的食品还有居民自制的发酵豆制品，如臭豆腐、豆酱、面酱、豆豉等，少数是因吃猪肉及猪肝所引起的。

（4）预防　对食品必须严格消毒，加工后的熟食品应避免再污染和在高温、缺氧条件下保存。可疑食品必须高温长时间烧煮，胖听罐头煮沸后弃去，不吃发酵腐败的食品。

**5. 志贺菌**

（1）病原菌　志贺菌属包括许多致病菌，其中有痢疾志贺菌（*S. dysenteriae*），但菌痢不属于食物中毒范围，食物中毒是由宋内志贺菌（*S. sonnei*）引起的，由弗氏志贺菌（*S. flexneri*）引起者较少，所以一般也可称为宋内志贺菌食物中毒。

（2）生物学特性　志贺菌为革兰阴性小杆菌，不形成芽孢，无荚膜，无鞭毛。好氧或兼性厌氧，普通培养基上能生长，最适温度为37℃，最适pH值为6.4～7.8。其中宋内志贺菌抵抗力最强，在潮湿土壤中能生存34d，37℃水中可存活20d，粪便中（15～25℃）11d，水果蔬菜和咸菜上能生存10d。

（3）食物中毒症状及原因　食入带志贺菌的食物后，菌体侵入空肠黏膜上皮细胞繁殖，菌体破坏后释放出内毒素作用于肠壁、肠黏膜和肠壁植物性神经，一般为10～14h，最短者6h，最长者24h。主要症状为突然发生剧烈的腹痛，多次的腹泻，初期为水样便，以后带有血液和黏液，体温增高，可达40℃，里急后重症状显著，少数病人发生痉挛。严重者出现休克症状。

（4）预防　主要预防措施是夏秋季应加强食品卫生管理，严格执行卫生制度。食品企业和餐厅中的工作人员患细菌性痢疾或带菌者应予治疗，并暂时不从事接触食品的工作。

**6. 粪链球菌**

（1）病原菌　引起食物中毒的主要是链球菌中的甲型链球菌，是肠球菌群的一种细菌，也是正常人和哺乳动物肠道内生存的肠道细菌，在琼脂培养基上生长时，菌落周围产生绿色溶血环，为α溶血，因此又称绿色链球菌。

（2）生物学特性　该菌为革兰阳性链状球菌。生长最适温度为30～35℃，抗热力比肠道内革兰阴性杆菌要大，60℃加热30min后尚能生存，在pH9.6的培养基上还能生长，耐盐力较强，能在6.5%食盐的食品上生长。

（3）食物中毒症状及原因　中毒症状主要是急性腹痛和腹泻，少数有恶心呕吐症状，一般较轻。潜伏期为2～22h，一般为10h左右，病程较轻1d即可恢复。污染源是人和动物粪便，细菌污染食品后大量繁殖。引起中毒的食品以肉、乳制品较为多见，食品中必须有$10^8$～$10^9$个/g菌时，才能使人体发生中毒症状。根据症状暂归为感染型食物中毒。

（4）预防　食品从业人员应遵守卫生制度，防止食物受到细菌污染，彻底烧煮后才能进食。从业人员患感冒和化脓性皮肤疾病时应及时治疗，治愈前不能从事接触食品的工作。

**7. 副溶血弧菌**

（1）病原菌　1958年在日本某地发生腌菜食物中毒，病人粪便中分离出特殊的细菌，该菌在加盐培养基上才能生长，并有致病性，因此确定其为食物中毒的病原菌，分类上属弧菌属。因为该菌具有嗜盐性的生活特点，所以被人们称为致病性嗜盐菌,此菌引起的食物中毒,我国沿海地区发生较多,距海岸远的地区则发生较少。

(2) 生物学特性　革兰阴性,无芽孢,一端具有单鞭毛,常呈多形性。表现为杆菌,为稍弯曲的弧形,运动极活泼,适宜生长温度为37℃,最适pH值8.0～8.5,在含盐2.5%～3.0%培养基上生长良好。对酸敏感,pH6.0以下即不能生长,在普通醋中1min死亡。此菌不耐热,56℃、5min或60℃、2min即死亡,在10℃以下即停止生长。

(3) 食物中毒症状及原因　发病初期有上腹部阵发性绞痛,大多持续1～2d。继之开始腹泻,每日多在10次之内,开始是水血便,以后转为脓血便,排便后有畅快感,以后出现恶心、呕吐、畏寒及发烧,体温多在38～39℃,最高可达40℃,腹部压痛明显,可延续至一星期之久。潜伏期3～24h,多数在10h左右。

本菌致病原因是随食物食入大量活菌引起的,但引起机制不清,不能确定是属于感染型食物中毒或毒素型食物中毒。主要表现为小肠炎而出现的一系列症状。

本菌致病力较弱,但繁殖速度很快,短时间就可以达到足以引起人体中毒的菌量。

引起本菌食物中毒的食品主要是海产鱼和肉类食品(较为多见),其他一些加盐腌制食品,例如腌肉、咸菜等也有发生。该菌致病力较弱,需食入多量的活菌才能引起食物中毒,新鲜海产品含本菌数量特别多,新鲜度尚未下降时,附着的致病菌数已达到足以中毒的数量。

食品的污染源来自海水,海产品中有可能带有这种菌,其他食品如果与海产品接触也很容易被本菌污染。海盐也可作为本菌食物中毒的媒介,人类带菌者也可以作为传播本菌的途径。

(4) 预防　除采用一般细菌性食物中毒的预防措施外,对一些海产品应注意不吃生的或半熟的,凉拌暴腌菜和生吃瓜果时,可用自来水充分洗净,调味时,加用食用醋可有效地杀灭本菌,处理海产食品应极力避免污染其他食品,海产品短期冷藏,要求温度在5℃以下。

**8. 变形杆菌**

(1) 病原菌　变形杆菌食物中毒是细菌性食物中毒中比较常见的。变形杆菌是肠杆菌科中的一属,主要有普通变形杆菌($P. vulgaris$)、奇异变形杆菌($P. mirabilis$)、摩氏变形杆菌($P. morganii$)、雷氏变形杆菌($P. rellgeri$)和无恒变形杆菌($P. inconstans$)5种,前三种菌为引起食物中毒的细菌。

(2) 生物学特性　变形杆菌为革兰阴性、两端钝圆的小杆菌,无芽孢,无荚膜,有明显的多形性,有时呈球形或丝状,周生鞭毛,运动活泼,兼性厌氧菌。生长的适宜温度是30～37℃,对营养要求不高。在固体培养基上生长形成一层波纹薄膜,此为迁徙生长现象。能迅速(2～4h)分解尿素,在生化鉴定上有重要参考价值。

(3) 食物中毒症状及原因　由变形杆菌引起的食物中毒潜伏期较短,多在 3～5h,一般呈急性胃肠炎症状。主要表现为恶心呕吐,腹痛腹泻,头痛,发热乏力,腹泻数次至十几次,多为水样便,有恶臭,少数带黏液,病程数小时至 1d 或 2d,摩氏变形杆菌经常还引起过敏反应,主要表现为颜面和上身皮肤潮红、头晕、头痛,并有荨麻疹,病程也较短,一般 1～2d。

食品受到变形杆菌污染主要来自带菌者、动物、接触过生肉的容器和各种烹调工具等,多发生在卫生条件极坏的食品加工场所,由于带菌机会多,加热不彻底,食用后即可引起食物中毒。

(4) 预防　预防同致病性大肠杆菌。

**9. 蜡状芽孢杆菌**

(1) 病原菌　该菌曾被认为是一种非致病菌,但越来越多的资料证明该菌是一种食物中毒性致病菌,在许多国家都有该菌引起食物中毒的报道,我国南京、鞍山等地也发生过该菌引起的食物中毒。

(2) 生物学特性　蜡状芽孢杆菌为革兰阳性杆菌,好氧,能形成芽孢,芽孢小于菌体,略偏于一端。菌体两端钝圆,多为链状排列。因其在培养基上生长的菌落对光仰视似蜡膜状故得此名。最适生长温度为 32～37℃,该菌分布很广,在土壤、水、空气中都存在。

(3) 食物中毒症状及原因　发生食物中毒是由于该菌产生的肠毒素类物质所引起的,也有认为是活菌引起的,还有认为是以毒素为主,感染是次要的。其主要症状为恶心呕吐,腹泻,一般无发热症状,潜伏期较短,最短的仅 45min,多数在 8～9h,病程较短,通常在 6～12h 即可恢复。

被该菌污染而引起中毒的食物有谷类、大米、玉米、蔬菜、马铃薯、肉类制品等。在我国引起中毒的食品主要是剩米饭。此菌的污染源主要是泥土和灰尘,通过昆虫、不洁的用具和不卫生的食品以及从业人员造成该菌的传播。污染的食品常于食用前储存于较高温度下,并放置较长时间,进食时又未充分加热从而引起中毒。

(4) 预防　预防措施是加强食堂卫生管理,在食品加工、运输、储存和销售过程中做好防尘防虫工作,以减少本菌的污染。同时做好食品的冷藏,缩短存放时间,食用前必须充分加热。

**10. 魏氏梭菌**

(1) 病原菌　该菌能产生强烈的外毒素及一些酶类。根据外毒素的性质和致病性的不同可分为 A、B、C、D、E、F 六型,对人类致病主要是 A 型、C 型和 F 型菌。A 型菌的某些菌株能产生肠毒素,肠毒素可引起食物中毒,C 型菌能引起坏死性肠炎、F 型菌能引起致命坏死性肠炎。

(2) 生物学特性　魏氏梭菌又名产气荚膜梭菌,该菌为革兰阳性粗大芽孢杆菌,单独或成双排列,也有短链排列,芽孢呈大椭圆形,位于近顶端,可形成荚膜,无鞭毛,专性厌氧。在自然界中以芽孢形式存在。

(3) 食物中毒症状及原因　魏氏梭菌 A 型、F 型是引起人类食物中毒的病原菌。A 型引起食物中毒，潜伏期一般为 10~12h。症状为急性胃肠炎，腹痛、腹泻（水样便或带黏液及血液的大便），伴有发热及恶心呕吐者较为少见，病程较短。F 型引起食物中毒的症状较严重，潜伏期较短，常可引起严重脱水症而死亡，中毒一般必须进食活菌数达到 $10^8$ 个/g。

本菌在土壤、水和空气中广泛存在，患病的人和动物粪便中含菌数较多，可达 $8.5 \times 10^6$ 个，引起本菌繁殖的食品主要是肉类和鱼贝等蛋白性质的食品。

(4) 预防　搞好环境卫生、消灭蚊蝇昆虫，如有带菌者需经治疗检查无菌后，方可从事接触食品的工作，加工运输、保藏和销售过程中必须注意卫生，可疑食品须经高温烧煮长时间后方可进食。

## 二、真菌毒素

霉菌是丝状的真菌，霉菌毒素是霉菌的次生代谢产物，自 20 世纪 60 年代初发现强致癌性的黄曲霉毒素以来，霉菌与霉菌毒素对食品的污染日益引起重视。大量的粮食和食品由于霉变不能食用，造成巨大的经济损失，有些造成人畜急性或慢性中毒以及导致癌肿，有些为研究原因不明疾病提供了新线索，而且多数与食品关系密切。在食品卫生中，霉菌和霉菌毒素是作为一类重要的食品污染因素进行系统讨论的。

**1. 霉菌产毒的特点**

霉菌产毒仅限于少数的产毒霉菌，而产毒菌种中也只有一部分菌株产毒。产毒菌株的产毒能力还表现出可变性和易变性，产毒菌株经过累代培养可以完全失去产毒能力，而非产毒菌株在一定情况下，可以出现产毒能力，实际工作中，应该随时考虑这种相对的概念。

产毒霉菌并不具有一定的严格性，即一种菌种或菌株可以产生几种不同的毒素，而同一霉菌毒素也可由几种霉菌产生。产毒霉菌产生毒素也需要一定的条件，主要是基质（食品）、水分、湿度、温度及空气流通情况。某一霉菌污染食品并在其上繁殖是产毒的先决条件，而霉菌能否在食品上繁殖又与食品种类和环境因素等多方面的影响有关。

一般情况下，霉菌在天然食品上比在人工合成培养基上更易繁殖，不同的食品容易污染和繁殖的霉菌种类也有所不同，如花生中黄曲霉及毒素的检出率就很高，小麦以镰刀菌及其毒素污染为主，青霉及其毒素主要在大米中出现，而玉米中黄曲霉、镰刀菌及其毒素均可能有较高的检出率。

**2. 主要产毒霉菌**

如前所述，一种霉菌并非所有的菌株都能产生毒素，所以确切地说产毒霉菌是指已经发现具有产毒菌株的一些霉菌，现已知产毒霉菌有以下几属。

- 曲霉属：如黄曲霉、赭曲霉、杂色曲霉、烟曲霉、构巢曲霉和寄生曲霉等。
- 青霉属：岛青霉、橘青霉、黄绿青霉、红色青霉、扩展青霉、圆弧青霉、纯绿青霉、展开青霉、斜卧青霉等。
- 镰刀菌属：禾谷镰刀菌、三线镰刀菌、玉米赤霉、梨孢镰刀菌、无孢镰刀菌、雪腐镰刀菌、串珠镰刀菌、拟枝孢镰刀菌、木贼镰刀菌、茄属镰刀菌、粉红镰刀菌等。
- 其他菌属：粉红单端孢霉、木霉属、漆斑菌属、黑色葡萄状穗霉等。

**3. 主要霉菌毒素**

（1）黄曲霉毒素　黄曲霉毒素是黄曲霉和寄生曲霉中产毒菌株的代谢产物。这些霉菌无处不有，并且对食品和饲料污染的可能性广泛存在，黄曲霉毒素污染的发生和程度随地理和季节因素以及作物生长、收获、储放的条件不同而不同，南方及沿海湿热潮湿地区更有利于霉菌毒素的产生。早在作物收获前和收获期及储放期就已经有产毒菌株传染。

① 黄曲霉毒素的结构和理化性质。黄曲霉毒素是一类结构相似的化合物，其基本结构都有二呋喃环和香豆素。其中有四种（$B_1$、$G_1$、$B_2$、$G_2$）常常同时存在，它们能够溶于三氯甲烷、甲醇等有机溶剂。在长波紫外线照射下，毒素可显示荧光，低浓度的纯毒素易被紫外线破坏。黄曲霉毒素的耐热力很强，加热到280℃才能完全被破坏，因此一般的加工烹调方法不能把它消除。但加碱能破坏一些毒素，遇5%的次氯酸钙瞬间即可破坏。

② 污染食品的情况。黄曲霉毒素对粮食食品的污染是相当严重和普遍的，污染最严重的是花生、玉米、棉籽，其次是稻米、小麦、大麦、豆类等。

③ 黄曲霉毒素的毒性。黄曲霉毒素是对人和动物有剧毒的毒物，但不同种类的黄曲霉毒素毒性相差很大，以鸭雏对不同黄曲霉毒素的半数致死量（$LD_{50}$）为例（表7-1），其中 $B_1$ 毒性最强。

表 7-1　各种黄曲霉毒素对鸭雏的 $LD_{50}$

| 毒素种类 | 半数致死量/(μg/kg) | 毒素种类 | 半数致死量/(μg/kg) |
|---|---|---|---|
| $B_1$ | 0.36 | $M_1$ | 3.2 |
| $B_2$ | 1.70 | $M_2$ | 12 |
| $G_1$ | 0.78 | $B_{2a}$ | 24 |
| $G_2$ | 3.50 | $G_{2a}$ | 32 |

对人和动物急性中毒主要是损害肝脏，导致肝细胞坏死和胆管上皮细胞增生，而慢性表现包括纤维变性。

黄曲霉毒素是目前最强的化学致癌物，主要是诱发肝癌的发生，比二甲基亚硝胺诱发肝癌的能力大75倍之多。它主要是强烈抑制肝细胞中RNA的合成，破坏DNA的模板作用，阻止和影响蛋白质、脂肪、线粒体、酶等的合成与代谢，干扰动物的肝功能，出现致癌性和致突变性，导致肝细胞坏死。从肝癌的流行病学调查中发现，凡食物中黄曲霉毒素污染严重和人类实际摄入量较高的地区，肝癌的发病率也高。

为了防止黄曲霉毒素对人体的危害，世界各国都制定了各种食品中黄曲霉毒素 $B_1$ 的允许量标准，我国也制定了相应的标准，如表 7-2 所示。

表 7-2　我国食品中黄曲霉毒素 $B_1$ 允许标准

| 品　种 | 允许量标准/($\mu g/kg$) | 品　种 | 允许量标准/($\mu g/kg$) |
| --- | --- | --- | --- |
| 玉米、花生米、花生油 | 20 | 其他粮食、豆类、发酵食品 | 5 |
| 玉米及花生仁制品（按原价指标） | 20 | 婴儿代乳食品 | 不得检出 |
| 大米及其他食品 | 10 | | |

由于黄曲霉毒素的毒性特别是对多种动物的致癌性，还有世界上某些地区黄曲霉毒素接触水平与人的原发性肝癌发病率之间的关系，人可能摄入的黄曲霉毒素的量应该在可能范围内越低越好，食品中的允许量标准应看作是管理标准而不是确保健康的限量。

(2) 黄变米毒素　黄变米是由于谷类在储藏时含水量过高而被真菌污染发生霉变所致，一些菌株侵染大米后产生毒性代谢产物，统称黄变米毒素。包括以下三类。

① 岛青霉毒素类。包括岛青霉产生的有毒代谢产物黄米毒素（黄天精）、环氯肽、岛青霉素与红米毒素（红天精）等。

② 橘青霉毒素。是由橘青霉产生的，主要是引起肾脏病变。

③ 黄绿青霉毒素。是由黄绿青霉产生的，属于神经毒素，主要造成中枢神经损害，最后导致呼吸停止而死亡。

(3) 镰刀菌毒素　它是镰刀菌属的一些菌种产生的代谢产物，镰刀菌毒素种类很多，可分为 4 类，即单端孢霉素类、玉米赤霉烯酮、丁烯酸内酯与串珠镰刀菌素，均可引起人急性食物中毒。

(4) 杂色曲霉毒素　它是杂色曲霉、构巢曲霉、焦曲霉等的代谢产物。除异杂色曲霉外，其他的化学结构中都有两个呋喃环，与黄曲霉毒素结构相似为肝脏毒素，可以导致试验动物的肝癌、肾癌、皮肤癌和肺癌，其致癌性仅次于黄曲霉毒素。

(5) 棕曲霉毒素　它是棕曲霉群产生的一组结构相似的化合物。目前确认的有棕曲霉毒素 A 和棕曲霉毒素 B 两类，以棕曲霉毒素 A 为主，毒性较大。其主要引起肝、肾等内脏器官的病变，故称肝毒素和肾毒素，此外还可导致肺部病变。

**4. 防毒方法与去毒措施**

预防霉菌及其毒素对食品的污染，根本措施是防霉，去毒只是污染后为防止人类受危害的补救方法。

(1) 防霉

① 物理防霉。a. 干燥防霉：控制水分和湿度，保持食品和储藏场所的干燥，做好食品储藏地的防湿防潮，相对湿度不超过 65%～70%，控制温差，防止结露，

粮食及食品可在阳光下晾晒、风干、烘干或加吸湿剂，密封。b. 低温防霉：把食品储藏温度控制在霉菌生长的适宜温度以下从而制菌防霉，冷藏的食品其温度界限应在4℃以下，方为安全。c. 气调防霉：控制气体成分进行防止霉菌生长和毒素的产生，通常采取除氧或加入$CO_2$、$N_2$等气体，运用密封技术控制和调节储藏环境中的气体成分，现在食品储藏工作中已广泛应用。

② 化学防霉。使用防霉化学药剂，有熏蒸剂如溴甲烷、二氯乙烷、环氧乙烷，也有拌和剂如有机酸、漂白粉、多氧霉素。如用环氯乙烷熏蒸，用于粮食防霉效果很好。在食品中加入0.1%的山梨酸防霉效果也很好。

(2) 去毒

① 物理去毒。a. 人工或机械拣出霉粒：用于花生或颗粒大者效果较好，因为一般毒素较集中在霉烂、破损、皱皮或变色的粒仁中。如黄曲霉毒素，拣出霉粒后则毒素$B_1$可达容许量标准以下。b. 加热处理法：干热或湿热都可以除去部分毒素，花生在150℃以下炒半小时约可除去70%的黄曲霉毒素，高压蒸煮法在0.1MPa，经2h可以去除大部分黄曲霉毒素。c. 吸附去毒：应用活性炭、酸性白土等吸附剂处理含有黄曲霉毒素的油品效果很好。如加入1%的酸性白土搅拌30min澄清分离，去毒效果可达96%~98%。d. 射线处理：用紫外线照射含毒花生油可使含毒量降低95%或更多，此法操作简便、成本低廉。我国济南灯泡厂已制成专门的紫外线灯。日光暴晒也可降低粮种的黄曲霉毒素含量。

② 化学去毒。a. 酸碱处理：对含有黄曲霉毒素的油品可用氢氧化钠水洗，也可用碱炼法，它是油脂精加工方法之一，同时亦可去毒，因碱可水解黄曲霉毒素的内酯环形成邻位香豆素钠，而香豆素可溶于水，故可用水洗去。具体做法是毛油经过20~65℃预热，然后加入1%的烧碱搅拌30min，保温静置沉淀8~10h分离出毛脚，水洗过滤。吹风除水即得净油。此外还用3%石灰乳浸泡去毒，应用10%稀盐酸处理黄曲霉毒素污染的粮食可去毒。b. 溶剂提取：如80%的异丙醇和90%的丙酮可将花生中的黄曲霉毒素全部提取出来。按玉米量的4倍加入甲醇去除黄曲霉毒素可达满意的效果。c. 氧化剂处理：用5%的次氯酸钠在几秒钟内便可破坏含黄曲霉毒素的花生，经24~72h可以去毒。d. 醛类处理：如用2%甲醛处理含水量为30%的带毒粮食和食品，对黄曲霉毒素去毒效果很好。

③ 生物去毒。a. 发酵去毒：污染黄曲霉毒素的高水分玉米进行乳酸发酵，在酸催化下高毒性的黄曲霉毒素$B_1$可转变为黄曲霉毒素$B_{2a}$，此法适用于饲料的处理。b. 其他微生物去毒：假丝酵母可在20d内降解80%的黄曲霉毒素$B_1$，根霉也能降解黄曲霉毒素。橙色黄杆菌（*Flavobacterium aurantiacum*）可使粮食食品中的黄曲霉毒素完全去毒。

## 三、病原微生物

在日常生活中，一些人畜共患病的病原微生物经常可以随畜产品及其加工成的动物食品传染给人类，给人类的健康带来影响。因此，对肉制品的原料乃至宰前的畜禽进行病原微生物检查具有非常重要的意义。

以下重点介绍一些人畜共患病的病原微生物的生物学特性及其检验技术。

**1. 结核分枝杆菌**

该菌是引起人及畜禽结核病的重要病原菌，它是由柯霍氏于1882年发现的。通过患结核病的牛的乳汁经消化道传染给人类是一个重要的传染途径。过去曾分为人型、牛型和禽型，而现在按新的分类法改为3个种，即结核分枝杆菌、牛结核分枝杆菌（$M.bovis$，简称牛结核菌）和禽结核分枝杆菌（$M.avium$，简称禽结核菌）。结核分枝杆菌主要侵害人，对禽畜的毒力较低。牛结核菌主要侵害牛使其致病，此外尚能感染人，尤其是儿童，常因喝含菌牛奶而被感染致病。禽结核菌可使禽类患结核病，偶使猪和牛感染，人感染很少。

（1）生物学特性

① 形态与染色特性。本菌为长 $1.5\sim 4.0\mu m$、宽 $0.2\sim 0.6\mu m$ 的细长、正直或微弯曲的杆菌，有时菌体末端有不同的分枝，有的两端钝圆，无鞭毛、无荚膜、无芽孢，没有运动性。一般单在、成双或成丛排列。在人工培养基上，由于菌型、菌株和环境条件不同，可出现多种形态，如近似球形、棒状或丝状。

该菌为革兰阳性菌。一般苯胺染料难以着色，若加入媒染剂（如石炭酸）或加热处理使之染色后，可以抵抗酒精的脱色作用。结核杆菌的抗酸染色法就是根据这个原理进行的。因为结核杆菌中含有脂类，染料一旦进入细胞内部很难脱出，用上述方法染色，结核杆菌被染成红色，而其他非抗酸菌和细胞杂质均呈蓝色。

② 培养特性及生化特性。该菌为专性需氧菌，生长最适pH值 $6.5\sim 6.8$，最适生长温度为 $37\sim 37.5℃$。其生长速度很慢，尤其是初代分离，在人工培养基上最快分裂速度为18h一代，一般1～2周才见开始生长，3～4周才能旺盛发育。过早出现的菌落即使具有抗酸性，也不是结核杆菌，而是抗酸性腐生菌。

结核杆菌对营养要求极高，必须在含有血清、鸡蛋、甘油、马铃薯及某些无机盐的特殊培养基上才能良好生长。初代分离培养更是如此。

在固体培养基上，菌落呈灰黄白色、干燥颗粒状、显著隆起，表面粗糙皱缩，似菜花状菌落。在液体培养基内，于液面形成粗纹皱膜，培养基保持透明。若加入吐温-80于培养基中，可使结核杆菌呈分散均匀生长。

本菌不发酵糖类。过氧化物阳性。人型菌能还原硝酸盐为亚硝酸盐。某些菌株能产生少量硫化氢。V-P及甲基红试验均为阳性。在牛乳中生长，乳汁无变化，这样对传染结核病尤为危险。

现将三种结核杆菌的主要培养和生化特性、致病性等列表鉴别，如表7-3所示。

表 7-3　三种结核杆菌的主要培养和生化特性、致病性

| 项　　目 | 结核分枝杆菌 | 牛结核分枝杆菌 | 禽结核分枝杆菌 |
|---|---|---|---|
| 温度培养：37℃ | + | + | + |
| 　　　　　44℃ | - | - | - |
| 硝酸盐还原 | + | - | - |
| 尿素酶 | + | + | - |
| 接触酶 | - | - | + |
| 烟酸产生 | + | - | - |
| 致病性：家兔 | + | ++ | ++ |
| 　　　　豚鼠 | ++ | ++ | - |
| 　　　　禽 | - | - | + |

③ 抵抗力。该菌由于含有大量的类脂和腊质成分，对外界的抵抗力较强。它在干燥状态下可存活 2~3 个月，在腐败物及水中可存活 5 个月，在土壤中可存活 7 个月到 1 年。该菌在冰点以下还能存活 4~5 个月，在 -190℃ 时仍保持活力。室温下在乳中能存活 9~10d，在奶油中为一周，在干酪中为 4 个月。

但此菌对湿热抵抗力较差，60℃、30min 即失去活力，因此，鲜乳经巴氏消毒法消毒后即无危险性。一般消毒药物对结核杆菌杀伤力不强，在消毒药品 [（5％石炭酸、2％煤酚皂溶液（来苏尔）] 作用下，一般经 12~14h 死亡。

它对酸碱、低浓度的结晶紫和孔雀绿有抵抗力，因此，在实验室常用酸碱处理病料，在培养基中加入染料，以达到控制杂菌生长的目的。

（2）诊断与检验技术　根据诊断与检验对象不同可采取不同的诊断与检验方法，现分述如下。

① 对患病和可疑病畜的诊断。主要采取微生物学检查方法。包括可疑病料的涂片镜检、纯培养物的分离及实验动物感染等。涂片镜检是按抗酸性染色法染色，在利用病料制备的图片上见到单在或成丛的红色小杆菌。在接种豚鼠进行感染的实验中，接种含有病原性结核杆菌的豚鼠经 2~4 个月死亡。剖检时可见到肝、脾及其他脏器有典型的结核病变（呈粟粒状小结节）。

② 对大群动物的检疫或疫场假定健康群的检疫方法。主要采用变态反应的方法，即利用结核菌素诊断的方法。早在 1890 年柯霍氏曾提出过用结核菌素作为治疗用物质，但后来的大量实践工作证明，本制剂可成功地作为本病的诊断液。目前我国做牛结核（尤其在牛场）检疫时主要采用此法。应用时具体有三种方法，即皮内法、点眼法和皮下法，我国目前主要采用的方法是皮内法和点眼法（鹿结核病的检疫也是如此）。应用此法可检出牛群内 95％~98％ 的结核病牛。结核菌素及干制的结核菌素的具体使用方法可参照《动物检疫》规程的有关部分。

③ 屠宰畜禽及其有关产品（乳及乳制品）的检验。屠宰畜禽的检验是取其结核病灶部分。畜禽产品及其制品采样后可直接涂片、染色后镜检或做培养及动物实验等。

④ 其他检验方法

a. 玻片快速培养法：取无菌脱纤维蛋白血1份，加入无菌蒸馏水3份，使混合溶血后，将（处理过的）检样涂于载玻片上制成涂片（不固定），并将此涂片投入溶血血液中进行培养，3d后用显微镜观察，可见细菌生长，在玻片上有抗酸性染色的微菌落。一般培养5～7d后观察结果。

b. 小鼠快速诊断试验：将检验材料以4％的氢氧化钠及1％的明矾消化浓缩后，给小鼠静脉注射。将接种的小鼠于第5、10、15及20天后分别杀死一只，取其脾脏作压印涂片，或磨碎后涂片，以抗酸性染色法染色后镜检。凡脾脏肿大，且涂片中发现结核杆菌者为阳性。结果认为此培养法阳性率高，5～10d即有95％呈阳性，15d阳性率可达99.4％。

c. 中性红试验：该方法利用致病性结核杆菌的一种特有的细胞化学性质，即在作用甲醇洗过的结核菌落内加入碱性缓冲溶液、中性红染料，借以鉴定结核杆菌。

具体操作介绍如下。

ⓐ 将固体培养基上生长良好的结核杆菌菌落以白金耳刮取数个，放入盛有5mL 50％甲醇溶液的灭菌试管内。

ⓑ 置37℃水浴中保温1h，去掉上清液。

ⓒ 加入新配制的碱性缓冲液（5％NaCl、1％巴比妥钠）5mL及0.05％中性红溶液0.2mL，再放入37℃水浴中保温1h，每隔15min取出振荡一次，最后取出观察结果。

如果淡黄色缓冲溶液中的菌落呈粉红色或红色者则为阳性，表示为有致病性或有毒性菌株；菌落呈白色或黄白色或不变色者为阴性。

d. 接触酶试验：将生长良好的结核杆菌菌落数个用白金耳移入一灭菌试管内，再加入新配制的3％过氧化氢溶液2mL，立即观察结果。如两者接触后，于半分钟内发生气泡者为阳性，表示为致病性菌株，不发生气泡者为阴性，表示为非致病性菌株。

e. 烟酸试验

ⓐ 在结核杆菌生长旺盛的培养基内加入温水1.5mL。

ⓑ 将培养基倾斜，使斜面处于水平位置，浸渍5min。

ⓒ 吸取浸出液1mL移入另一洁净试管内，加入新配制的10％溴化氰液和苯胺-乙醇溶液（苯胺4mL，95％乙醇96mL）各0.5mL（溴化氰有毒，要注意安全。试验完毕，应立即用4％氢氧化钠溶液中和后再弃去）。

结果判断：如浸出液呈蜡黄色则为人型结核杆菌，不变色为牛型、禽型或非典型抗酸性杆菌。

**2. 布氏杆菌**

本属细菌是一类慢性人畜共患病的病原体，最易感染牛、羊、猪等动物，引起母畜流产。人类与病畜或带菌动物接触，或食用病畜及其乳制品，均可发生感染，引起波浪热。布氏杆菌是英国医生布鲁氏在1886年首次发现的。本属包括以下6个种，即马尔他热布氏杆菌（B.melitensis），亦称羊布氏杆菌；流产布氏杆菌（B.abortus），亦称牛布氏杆菌；猪布氏杆菌（B.suis）；沙林鼠布氏杆菌（B.neotomae）；绵羊布氏杆菌（B.ovis）；犬布氏杆菌（B.canis）。由其引起的人畜疾病在世界各地均有发生。

(1) 生物学特性

① 形态与染色特性。在初代分离及动物材料中的布氏杆菌呈一种小球杆状，次代培养猪与牛布氏杆菌变成短杆状，平均 $(0.5\sim0.7)\mu m \times (0.6\sim1.5)\mu m$，多单在，少数呈短链。无芽孢、无鞭毛、无运动性，一般不形成荚膜（光滑者有荚膜）。

该菌能被普通染料染色，革兰染色呈阴性。但其对某些染料有迟染特点，据此设计了柯氏染色法：先用2%沙黄水溶液对涂片加温染色，直到出现气泡为止，然后用1%孔雀绿溶液不加热染色。布氏杆菌被染成红色，其他杂菌和背景被染成绿色。

有资料报道，该菌的抗醇染色性具有鉴别的价值。即用含有0.04%氢氧化钾的美蓝染色1min，酒精洗后，再用3%沙黄水溶液复染15～20s，结果布氏杆菌呈蓝色，背景及不抗酒精的细菌呈红色。

② 培养及生化特性。布氏杆菌为需氧和兼性厌氧菌，牛、绵羊布氏杆菌初代分离时需在含有5%～10%的二氧化碳环境中才能生长，但在人工培养基上移植数次后即能适应大气环境。该菌对营养要求较高，需在含有血液、血清、肠汤、马铃薯浸渍液和葡萄糖的培养基上发育才较好。本菌生长迟缓，初代培养一般需要7～14d才能发育，但经人工多次传代后，培养2～3d可发育成湿润、闪光、无色、圆形、表面隆起、边缘整齐的露滴状小菌落，日久呈灰黄色。最适pH7.2～7.4，最适温度36～37℃。

布氏杆菌生化特性很弱，不能分解碳水化合物，不液化明胶，不凝固牛乳，不形成靛基质，不能利用柠檬酸盐，能将硝酸盐还原为亚硝酸盐（羊布氏杆菌除外）V-P和甲基红试验为阴性，过氧化氢酶为阳性。

③ 抗原构造与致病性。布氏杆菌菌体表面含有两种抗原物质，一种是M抗原，即羊布氏杆菌抗原，另一种是A抗原，即牛布氏杆菌抗原。但两种抗原在各型菌株中含量不同，如羊布氏杆菌含有的M与A抗原之比为20∶1，牛布氏杆菌为1∶20，猪布氏杆菌为1∶2。用血清吸收后，可得A和M的单因子血清，用以鉴别菌型。

本属细菌是靠较强的内毒素致病，尤以羊布氏杆菌的内毒素毒力最强。在动物中，除山羊、绵羊、牛对此菌高度敏感外，还可传染其他动物，如马、骆驼、鹿、水牛和猪等，人亦有易感性，实验动物中的豚鼠最易感，家兔、小鼠次之。

④ 抵抗力。本菌对外界的抵抗力很强，在污染的土壤表面能生存20～40d，水

中150d，在冷藏的乳及乳制品中及咸肉中可存活10～40d，皮毛上80～120d。此菌对热较敏感，60℃、30min可被杀死，煮沸立即死亡。

该菌对消毒剂较敏感，如在2%甲醛水溶液（福尔马林）、0.1%来苏尔和0.1%的氯化汞（升汞）液中1h即可被杀死。

(2) 检验技术　在进行大批检疫和疫场净化时，主要采用血清学和变态反应检查法。对初次发生流产，用血清学和变态反应检查阴性时，可进行细菌学检查。

细菌学检查时，可取整个流产胎儿或其胃内容物、羊水、胎盘的病变部位、乳汁和尿等作为检验材料。病料涂片可用柯氏法染色镜检，亦可同时进行分离培养和动物实验。

血清学检查主要采用凝集反应（平板法与试管法），也可进行补体结合反应与全乳环状反应，后者可用作对奶牛场的大群检疫，此法更为简便。

变态反应检查时，应用水解素诊断绵羊和山羊布氏杆菌病。即将水解素0.2mL注射于羊尾根皱褶处或肘关节后侧无毛处皮内，经24h、48h各观察一次，发现注射部位呈红色，即判为阳性反应。在菌型鉴定时，做$CO_2$需求、$H_2S$产生、染料抑菌、噬菌体裂解、A及M因子血清凝集等试验。

**3. 炭疽杆菌**

炭疽杆菌属于芽孢杆菌属，本属细菌除炭疽杆菌是对人、畜危害严重的致病菌外，其他一般是非致病菌。该菌主要以炭疽芽孢的形式存在于被污染的土壤、畜产品及水中，常引起人畜共患的急性、热性、多为败血性经过的传染病。本病可分为败血型和局限型两类。绵羊、牛、马最易感，常取急性和亚急性败血型经过。猪对本病有抵抗力，表现为慢性经过。

人传染本病多为接触型，并多半表现为局限型，分为皮肤炭疽、肠炭疽和肺炭疽。人的感染途径主要是：屠宰工人通过破损的皮肤和外表黏膜接触感染；病畜肉或其加工制品中带有炭疽芽孢，如处理不当，食后引起肠型炭疽；处理及运送畜产品时因吸入含炭疽芽孢的尘埃，发生肺炭疽。

(1) 生物学特性

① 形态与染色特性。该菌的繁殖体为长而直的大杆菌，一般（3～8）$\mu m \times$（1～1.5）$\mu m$，无鞭毛，不能运动，在涂片标本中呈单在或短链状排列，杆菌的末端直截或稍凹陷，菌体的连接处有清晰的空隙如竹节状，人工培养后则形成长链状。在猪体内的杆菌，往往可见到许多变异形态，如分节不清、菌体呈扭转或卷曲状、菌体粗细不等、荚膜很厚、镜检时所见细菌很粗大等。一般苯胺染料都易着色，革兰染色阳性，但在旧的培养物中有时呈阴性。该菌在畜体可形成荚膜，它与致病力有密切关系，在动物体外，用加血清的培养基在含有10%～20%的$CO_2$环境中培养，也可形成荚膜。荚膜抗腐败的抵抗力较菌体强，用腐败的病理材料制片时，往往可见到没有菌体的空荚膜，称之为"菌影"。荚膜最好用姬姆萨染色法染色观察。

本菌在动物体外可形成芽孢，一般认为其芽孢须在有氧条件和适宜的温度下（25～30℃）形成，为卵圆形，位于菌体中央，不超过菌体横径。其芽孢折光性强，一般染色法不易着色。芽孢成熟后可从菌体脱出，故在陈旧的培养物中有时仅能看见芽孢；芽孢对不良环境有强大的抵抗力，一旦遇到适宜条件，又可重新发芽，发育成繁殖体恢复致病力。

② 培养与生化特性。本菌为需氧菌，生长最适温度37℃，pH7.2～7.6，对营养要求不严格，在一般的培养基上即可生长。在普通琼脂上18～24h可形成直径为2～3mm、湿而扁平、粗糙、灰白色、不透明、边缘不整齐的火焰状菌落，用低倍镜观察，菌落呈卷发状。在血液琼脂平板上，该菌不溶血（或轻度溶血），这是炭疽杆菌和与其相类似的细菌的区别之一。

在普通肉汤中培养18～24h，细菌长成乳白色疏松的絮状菌丝沉于管底或悬浮于肉汤中，培养基不浑浊，仍保持透明状态，振荡试管，絮状物迅速上升，菌丝不易摇碎，不形成菌膜。染色镜检时，可见长丝状菌链。明胶穿刺培养时，除沿穿刺线生长外，并向四周呈直放射状生长，愈向下愈短，因此长起的培养物呈现白色并带有分支的棉絮样，好像倒立的杉树状。培养2～3d后，其表面往往液化成漏斗状。

在固体或液体培养基中每毫升加入0.05～0.5单位的青霉素G能使菌体形成串珠状，称此为"串珠实验"。这是本菌特有的反应，常用于与炭疽杆菌类似的需氧芽孢杆菌的鉴别。

炭疽杆菌能分解葡萄糖、蔗糖、麦芽糖、菊糖、果糖、淀粉和甘油，个别菌株能分解甘露醇，产酸不产气。不分解乳糖与水杨苷。不产生靛基质与硫化氢。V-P试验不定。不能利用尿素。能还原硝酸盐为亚硝酸盐。在牛乳中生长，2～4d后凝固，然后缓慢陈化。

③ 致病性与毒力因素。炭疽杆菌主要引起草食动物发病，以绵羊、牛、马、鹿等最易感，猪、山羊较差，禽类一般不感染。人对炭疽的易感性仅次于牛羊。实验动物中小鼠、豚鼠、家兔对本菌都非常敏感。

炭疽菌的致病因素主要有荚膜与毒素两个成分。荚膜物质能抑制抗体的作用，可抗吞噬细胞的吞噬使细菌易于向外扩散繁殖。炭疽毒素可增加微血管的通透性，改变血液循环正常进行，损害肾脏功能，干扰糖代谢，最后导致动物死亡。

炭疽毒素由3种成分构成，即：a. 保护性抗原（PA）。PA是蛋白质或与蛋白质相结合的复合物，具有抗吞噬作用和免疫原性，存在于死后不久的动物水肿液中，可保护豚鼠的抗炭疽感染。b. 致死因子（LF）。LF也是蛋白质，具抗原性，单独存在无生物学活性。c. 水肿因子（EF）。EF为脂蛋白，具抗原性，在毒性复合物中起结合作用，能抑制豚鼠白细胞吞噬作用，单独存在无生物学活性。

以上3种成分单独存在对动物均无毒性表现，至少有两种以上成分才能引起动物发病。

④ 抗原构造。炭疽杆菌具有 3 种主要抗原成分,即荚膜抗原、菌体抗原和保护性抗原。

a. 荚膜抗原。荚膜抗原是一种半抗原,由 α-谷氨酸多肽组成,是炭疽的重要毒力成分,在动物体内能抵抗吞噬作用。荚膜抗原所产生的抗体对机体无保护性作用。

b. 菌体抗原。菌体抗原系由乙酰氨基葡萄糖和半乳糖组成的一种多糖类,也是一种半抗原。有特异性,但与毒力无关。它是耐热性的,经受消毒、煮沸甚至高压蒸汽处理后,抗原也不被破坏,仍可与特异性免疫血清发生沉淀反应,这就是炭疽基础热沉淀反应的原理所在。

c. 保护性抗原。前已叙及,保护性抗原是炭疽在生活过程中产生的一种细胞外成分,是一种蛋白质或与蛋白质相结合的复合物,为炭疽杆菌毒素的组成成分,具有免疫原性,能保护动物对真菌的感染。

⑤ 抵抗力。炭疽杆菌的繁殖体的抵抗力与一般非芽孢杆菌大致相同,60℃、30~60min 或 75℃、5~15min 即可被杀死。常用消毒药在一般浓度下短时间内即可使之死亡,青霉素对其有很强的抑制作用。

炭疽杆菌的芽孢具有强大的抵抗力。在土壤中的芽孢,其传染性可保持数十年,在皮毛上可存活数年。煮沸 15min 可杀死多数芽孢,160℃干热 2h、121℃高压灭菌 5~10min、115℃高压灭菌 5~15min、流通蒸汽 30~60h 均可杀死全部芽孢。其对低温有一定的抵抗力,-10~-5℃冰冻状态可存活 4 年,在-190℃浓氧环境中芽孢仍能保持生活能力。

芽孢对各种消毒药物的抵抗能力是不同的。对碘特别敏感,1∶2500 碘液 10min 即可杀死芽孢;0.1%升汞液加 0.5%盐酸可于 1~5min 杀灭炭疽芽孢;10%~20%漂白粉溶液、10%的氢氧化钠溶液是较常用的消毒剂;环氧乙烷对炭疽芽孢有很好的杀灭作用,可作为怀疑染有该菌的兽皮或毛及其制品的消毒剂。

(2) 检验技术　该菌的检验是以病原体的镜检、培养特性和生物学试验为基础的。由于炭疽杆菌能形成抵抗力极强的芽孢,并可经皮肤、呼吸道和消化道等途径感染于人,所以实验室检验时,必须注意个人防护和安全操作。

① 采样。检样的采取要从以下几个方面着手。

a. 患急性败血症死亡的动物,不得解体,一般是先将耳根作表面消毒,割开耳根部皮肤,采取小血管渗出的少量血液进行检验。

b. 猪炭疽一般病灶局限于颌下,肠系膜淋巴结部位最多,采集病变组织进行检验。

c. 其他,如可疑炭疽动物的羽绒、毛、皮、骨或皮革厂的洗皮污水等。

② 检验程序及方法(常规法)

a. 镜检。以待检材料制成涂片,用荚膜染色或革兰染色后进行镜检。观察有无典型炭疽杆菌及荚膜。并结合临床症状提出初步诊断。注意猪及人皮肤炭疽的细菌形态往往极不一致，有的呈S形、丁形、O形或成堆排列，有的有荚膜，有的无荚膜，有的荚膜极厚。常可见到"菌影"及菌体碎片。革兰染色也不正常。最后确诊还要靠培养鉴定。

b. 分离培养

ⓐ 因败血型炭疽死亡的动物，用白金耳蘸取切开耳根皮肤渗出的血液少许，接种在血液琼脂平板上。如为猪的局限性炭疽，则取局部病变组织，外表用烧烙法消毒后，剪出断面，用断面印压在血琼脂平板或选择性平板上，再用白金耳划线培养。

ⓑ 其他可疑含炭疽芽孢的材料先行处理，将检样放在灭菌试管或锥形瓶内，加适量无菌生理盐水，振荡 1~2min，加热 60℃、30min 或 80℃、10min 杀死杂菌，再接种于血琼脂平板上，用曲玻棒将检样涂匀。

接种后平板经 37℃ 培养 18~24h，进一步做菌落观察，挑选可疑菌落进行其他鉴别试验。

c. 动物试验。取待检菌 37℃、18~24h 肉汤培养物 0.1mL 接种于小鼠皮下，一般在接种后的 24~96h 实验动物发病死亡，剖检时在接种部位皮下可见有严重的胶样浸润，然后取小鼠的心血或脾脏进行涂片染色镜检，并接种血液琼脂平板证实。

d. 鉴别试验。鉴别试验有噬菌体裂解试验、串珠试验、动力试验等。因串珠试验前面已经提及，这里重点介绍其他两种试验方法。

ⓐ 噬菌体裂解试验。炭疽噬菌体对炭疽杆菌有较高的特异性，可作为鉴别炭疽杆菌的重要依据。实验方法是，将待检的肉汤培养物用白金耳密集地涂于普通琼脂平板上，待干后，在涂菌中央部位滴加 $10^{-8}$~$10^{-6}$ 的炭疽杆菌噬菌体，经 37℃ 18~24h 培养，观察有无噬菌斑，有者为炭疽杆菌，非炭疽杆菌则无噬菌斑。

ⓑ 动力试验。用白金耳蘸取可疑菌落，穿刺接种在半固体培养基中 37℃ 培养 8~24h，观察结果。炭疽杆菌沿穿刺线发育，无动力，而绝大多数类炭疽杆菌有动力。其他方法还有明胶液化试验、Ascoli 氏沉淀反应试验等。

e. 快速检验方法

ⓐ 荚膜荧光抗体染色。将涂片用火焰固定，再用 10% 中性福尔马林液浸泡 10~15min，水洗，然后往涂片上滴加炭疽荚膜荧光血清，置 37℃ 温箱中染色 30min，倾去染色液，用 pH8.0 缓冲液浸泡 3min，用蒸馏水轻轻冲洗，晾干，镜检。若在不染色的粗大菌体周围看到发亮黄绿色荧光时，即为阳性。

ⓑ 串珠荧光抗体染色法。这是结合串珠法与荧光抗体法而设计的一种方法，它具有双重特异性，大大提高了对炭疽杆菌鉴定的使用价值。

检查时，取串珠肉汤培养物一白金耳滴于预先涂有薄层甘油蛋白的载玻片上，置 37℃ 温箱中烘干，再放入无水酒精中浸泡 15min（以使甘油蛋白固定于玻片上，防止被检物因染色洗涤而脱落），取出后放入 37℃ 温箱中烘干，往涂片处滴加炭疽荧光血清，放在湿盒中，在37℃下染色10min，倾去荧光血清，在pH8.0缓冲液中浸泡10min，再用蒸馏水冲洗、干燥、镜检。如看到具有明亮黄绿色荧光的典型串珠，即为阳性。

ⓒ 碳血清凝集反应。碳血清制备：取1.0g湿碳粉放于沉淀管中，加入用pH6.4 PBS稀释20～40倍的免疫血清12mL，混合均匀后，在37℃感作60min，使其吸附致敏。其间每15～20min摇动一次，然后以3000r/min转速离心10min，弃上清液，这样反复洗涤2次，再往沉淀物中加入1％兔血清、0.5％硼酸PBS 12mL及1％硫柳汞0.12mL，混匀后即为碳血清。另取正常兔血清，如上法制备正常的碳血清，以供对照。

方法：取玻璃板一块，用1mL吸管取待检菌液往玻璃板上滴两滴，每滴0.1mL，再往上述菌液中分别滴加炭疽碳血清各0.05mL，混匀后，置室温下5min，观察结果。凡检验液滴中出现碳粉颗粒状凝集，液滴透明，即为阳性。

**4. 多杀性巴氏杆菌**

多杀性巴氏杆菌可引起多种畜禽出血性败血症和传染性肺炎等疾病。1879年巴斯德发现了禽霍乱的病原体，并命名为巴氏杆菌。现将许多巴氏杆菌归为一个巴氏杆菌属，多杀性巴氏杆菌是其中的一个种。在实际工作中常按感染动物的名称，将本菌分为牛、羊、猪、马、禽、兔巴氏杆菌，由于巴氏杆菌在各种动物中引起的疾病名称不一，如禽霍乱、猪肺疫、牛出败（出血性败血症的简称）等，现一致认为按动物名给巴氏杆菌病命名较为合适，如鸡巴氏杆菌病、猪巴氏杆菌病等。

本病对人一般不感染，但在屠宰加工过程中，由于处理不当，往往造成病原体扩散，导致暴发与流行，给畜牧业造成极大损失与威胁。

(1) 生物学特性

① 形态与染色特性。本菌为小球杆状或短杆状，两端钝圆，$(0.2～0.4)\mu m \times (0.5～2.5)\mu m$，常单在，有时成双排列。病料涂片经碱性美蓝或瑞氏染色、镜检，可见明显两极着色，用培养物材料涂片，缺乏这种两极浓染性。新分离的强毒菌株具有黏液性荚膜，但经培养后迅速消失。本菌无芽孢、无鞭毛，无运动性。革兰染色阴性。

② 培养与生化特性。本菌为需氧或兼性厌氧菌，对营养要求严格，在普通培养基上虽然能够生长，但发育不良。在加有血液、血清或微量血红蛋白的培养基中生长良好。最适生长温度37℃，最适pH7.2～7.4。

• 血液琼脂：培养42h，可长成淡灰白色、边缘整齐、表面光滑且闪光的露珠样小菌落，其周围无溶菌现象。

• 肉汤：轻度浑浊，并在管底形成振荡时浮起的发辫状沉淀物，表面形成环菌环。不液化明胶。

新从病料分离的强毒菌株在血清或裂解血琼脂平板上生长的菌落，于45°荧光下观察时，可呈现不同颜色的荧光。根据有无荧光及荧光的颜色，可将多杀性巴氏杆菌分为3种类型：一为Fg型，菌落小，蓝绿色带金光，边缘有黄红光带，此型菌对猪等畜类毒力强；二为Fo型，菌落较大，呈红色带金光，边缘有乳白色光带，此型菌对兔和禽类毒力较强；三为Nf型，即上述两型毒力降低时变成不带荧光的菌落。

本菌可分解葡萄糖、蔗糖、果糖、半乳糖、甘露糖，产酸不产气，不分解乳糖、麦芽糖、棉实糖及肌醇等。对阿拉伯糖及木胶糖的发酵依菌株的不同而异。不形成硫化氢和靛基质。不液化明胶，V-P试验及甲基红试验均为阴性。

③ 抵抗力。本菌抵抗力不强，一般在肉尸中、水和土壤中可存活1～3个月，有时可存活一年。加热70℃，5～10min可使其死亡，煮沸条件下立即死亡。在常用消毒剂作用下，如3%石炭酸和0.1%升汞液可在1min内将其杀死，10%石灰乳剂可在3min内使其死亡。

(2) 检验技术

① 检样采取。采取可疑病畜、禽的心、血、脾、肝、肺、肾、淋巴结等作为检样，如有病变时，可采取病变组织。

② 镜检。将采取的病料制成涂片，用甲醇固定后，以碱性美蓝或用瑞氏染色法染色后镜检。巴氏杆菌为卵圆形，短杆菌，两极着色特别明显。为了与其他菌区别，还应做革兰染色，本菌为阴性。

③ 分离培养。使用可疑检样，将其表面经无菌处理后，用剪子剪取深层组织一块，直接接种于血液琼脂平板上，37℃培养24h，观察菌落形态。同时接种马丁肉汤，或于肉汤中做增菌培养，经37℃培养24h后，取培养物移种于血平板上做分离培养。再经37℃培养24h，形成圆形微凸起、具有闪光透明呈灰白色的露滴状菌落，无溶血现象。

④ 动物试验。利用动物接种可用上述原始检样制成生理盐水混悬液或肉汤培养物。小鼠接种量为0.1～0.3mL，家兔为0.3～0.5mL，作皮下或腹腔注射。

一般接种后24h内小鼠发病死亡。如为牛病材料，小鼠可延长至一周左右死亡，而羊巴氏杆菌接种小鼠则往往不死。死后动物剖检，观察病理变化，并取其心血、脾、肝涂片染色，分离培养证实之。

**5. 肝炎病毒**

病毒性肝炎作为世界性传染病已受到医学界的极大关注，其病原为肝炎病毒(hepatitis virus)。1987年我国上海发生的甲型肝炎流行，危及30多万人，发病根源是通过食物感染而引起的。有关病毒性肝炎病原学研究日益扩展，已从最早发现甲型、乙型肝炎，到丙型、丁型及戊型肝炎。相关的诊断及防治措施都有了较大进展。

由于生物技术的发展，使肝炎的研究取得了较快进展，商品化配套试剂盒的供应可方便检验各类样品。

(1) 甲型肝炎病毒

① 生物学特性。甲型肝炎为一种较古老的肝炎，又称传染性肝炎。甲型肝炎病毒为小 RNA 病毒科、肠道病毒属的成员。病毒可在肝细胞及人肺细胞上生长。甲型肝炎可经注射途径传播，但主要是通过粪-口途径传播，通过污染水产品的传播已受到证实。而且会造成大流行。

甲肝病毒（HVA）无囊膜，直径（30±2）nm。病毒的抵抗力较强，耐乙醚、耐酸碱、耐高温，福尔马林和乙醇可较快灭活病毒。

甲肝的流行主要是人与人的接触传播，污染的食品、饮料、饮水，尤其贝壳类水产品可造成较大流行。

② 检验

a. 酶联免疫吸附试验

ⓐ 酶联免疫吸附试验（ELISA）原理。用纯化的 HAV 抗原包被酶联板，利用抗原-抗体之间的特异性反应，包被抗体后的固相支持物吸附相应抗原，然后加入酶标记的抗-HAAg 抗体与酶底物溶液，根据显色反应的程度指示抗原的存在与否及其含量高低。

ⓑ 材料

包被液：0.05mol/L pH9.6 碳酸盐缓冲液；稀释液：0.01mol/L pH7.2 PBS 内含 10%血清；洗液：0.01mol/L pH7.2 PBS 内含 0.05%吐温-20；辣根过氧化物酶（HRP）标记抗-HAAg；底物液：0.15mol/L pH5.0 枸橼酸盐缓冲液 10mL、邻苯二胺 4mg、30% $H_2O_2$ 5μL，混匀后立即使用。

ⓒ 方法

ⅰ. 取纯化的抗-HAAg（10～20μg/mL）抗体包被微量聚苯乙烯板，每孔 0.1mL，于 4℃过夜或室温 4h（或 37℃ 2h）。

ⅱ. 漂洗 3 次后加入 50μL 待检抗原，放于 4℃过夜（16～18h）。

ⅲ. 漂洗 3 次后加入 50μL 适量稀释的酶标记抗-HAAg 抗体，置于 37℃ 2h 后洗 3 次，加入 50μL 底物，放室温暗处 10～30min 后，加入 4mol/L 盐酸终止反应。

ⓓ 结果判断

ⅰ. 肉眼法：无色为阴性（—），微黄（＋），黄色（＋＋），深黄色（＋＋＋），橙黄色（＋＋＋＋）。

检测样品出现＋＋以上者为阳性，否则为阴性。

ⅱ. 比色法：应用酶标法来检测，检测波长 490～495nm 处所得的光吸收值（OD），并计算与阴性对照 OD 的比值，如比值大于 2.1 者则为阳性，否则为阴性，即

$$\frac{OD_{490（检测样品）} - OD_{490（空白对照）}}{OD_{490（阴性对照）} - OD_{490（空白对照）}} \geqslant 2.1（为阳性）$$

应用 ELISA 检测抗-HAAg 抗体时常采用竞争抑制法，检测标本抑制 50%及

以上酶标抗体与抗原的结合剂为抗-HAAg 抗体阳性,否则为阴性。计算方法如下:

$$\frac{OD_{490(阴性血清对照)} - OD_{490(检测标本)}}{OD_{490(阴性血清对照)}} \times 100\% \geqslant 50\% \quad (为抗体阳性)$$

注意事项:每份样品最好做 2 个孔,相差一个"+"之内才有意义。所用容器要干净。底物液应在棕色瓶内配制。

b. 免疫电镜。将待检样品稍加提纯,用三氯甲烷提取后,与阳性血清(1∶20 稀释)混合。4℃过夜,10000r/min 离心 1h,取沉淀加铜网(覆膜)上,用磷钨酸复染,电镜下观察(44000 倍左右),可见到直径为 30nm 左右的病毒颗粒时,为阳性。

(2) 乙型肝炎病毒

① 生物学特性。乙型肝炎又称血清型肝炎,是一种世界性传染病,我国为高发区。乙肝病毒(HBV)为肠道外传播,通过皮肤、黏膜接触以及注射血液制品均可传播,肠道感染亦有可能。被 HBV 感染后将终生带毒,并极有可能导致原发性肝细胞癌。HBV 为嗜肝 DNA 病毒科成员,成熟病毒粒子 42nm(Dane 颗粒),囊膜下为 27nm 的核蛋白体,内为 3200bp 的 DNA。

已在牛、羊、猪、禽(鸡和鸭)中发现乙型肝炎病毒。用检验 HBV 的方法("三对半")同样能检测到上述动物的各种阳性反应,已分离出的病毒也列入嗜肝 DNA 病毒科。类乙肝病毒与 HBV 的流行传播有多大相关性,尚需进一步研究。

目前诊断乙肝的方法最常用的为所谓"三对半",即表面抗原(HBsAg)及其抗体(HBsAb)、核心抗原(HBcAg)及其抗体(HBcAb)、e 抗原(HBeAg)及其抗体(HBeAb)和 HBcAg 的 IgM 或 HBV 的 DNA 聚合酶。

② 检验

有 ELISA 试剂盒和 PCR 试剂盒供应市场,可方便地进行检测。

(3) 其他几类肝炎病毒　除甲型、乙型肝炎病毒外,常见的还有丙型、丁型、戊型肝炎病毒等。这三种肝炎病毒目前都已建立了准确的诊断方法。同样也有 ELISA 试剂盒和 PCR 试剂盒供应市场,可方便地进行检测。

# 第二节　微生物检验技术

## 一、样品采集与送检

**1. 样品采集**

采样是从待鉴定的一大批食品中抽取小部分用于检验的过程。采样检验是进行食品卫生质量鉴定,说明食品是否遭受污染以及污染的来源、途径、种类和危害,以进行食品卫生的指导、监督、管理和科学研究的重要依据和手段。

在食品检验中,采样是至关重要的。所采样品必须具有代表性。因原料来源、加工方法、运输保藏条件、销售中的各个环节以及人们的责任心和卫生认识水平等因素无一不影响着食品的卫生质量,采样时必须予以周密考虑。

采样必须在无菌操作下进行,所有与样品接触的用具都应经过灭菌。采样时应根据样品的种类如袋、瓶及罐装者,取完整未开封的包装;若样品很大,应用无菌采样器取样;若样品是固体粉末,应边取边混合,是液体的,应振摇混匀后取样;若是冷冻食品,采样后应保持在冷冻状态,非冷冻食品需在0~5℃中保存。样品采好应立即贴上标签,写明品名、来源、数量、采样地点、采样人及采样时间。

**2. 送检**

采好的样品应尽快送往食品卫生微生物检验室检验,最好不超过3h。检验室接到样品后,应随时登记编号,并按检样要求,立即将样品放入冰箱或冰盒中,积极准备条件进行检验。

检验完毕,应及时填写报告单,经签名、核实后加盖公章,以示生效。

**3. 样品保存**

一般阳性样品在报告发出后3d(特殊情况可适当延长)才能处理。进口食品的阳性样品需保存6个月后方能处理,以便复验和再次证明。阴性样品可及时处理。

## 二、显微镜检验

在食品卫生微生物学检验中,为了能够发现微生物,并观察其形态、排列及某些构造,必须借助于显微镜。

**1. 不染色标本检验**

未经染色的标本为不染色标本。在食品卫生微生物学检验中,检查不染色标本,是为了观察微生物细胞在生活时期原有的形状、大小以及确定细胞能否运动等。基本的制片方法有以下两种。

(1)压滴法 在载玻片上滴加一滴生理盐水,再在其中滴加少许要观察的含菌液体或少量要观察的固体培养物,使菌体均匀分布在生理盐水中,然后盖上盖玻片即可进行镜检。

(2)悬浮法 将待观察的含菌液体滴在盖玻片上,然后将其翻身,放置在凹孔载玻片上,使液滴悬挂在凹孔室内。

在进行不染色标本检验时,一般用普通光学显微镜直接观察,但如用相差显微镜或有暗视野装置的显微镜观察,则效果更好。

**2. 染色标本检验**

所谓染色标本,是将检验标本根据检验的目的,按一定的方法涂片固定,用适当的染料染色而成的标本。经过染色,使微生物细胞与其背景的色差增加,镜检时更加清楚可见。染色标本除能显示微生物的形态、排列和一定的构造外,还能显示出某些细胞成分的性质及其分布的位置、区别活菌与死菌、鉴别微生物的种类等。具体染色方法见有关实验。

## 三、培养检查

在食品卫生微生物学检验中,分离培养也是一项十分重要的工作。它对进一步确定微生物的种类,研究它们的特性等都具有极为重要的意义。

**1. 培养基的种类**

培养基是适合于微生物需要的各种营养成分配制而成的营养基质,可供微生物在其中生长繁殖。培养基本身必须无菌。按食品卫生微生物学检验常用的培养基有以下4类。

(1) 基础培养基　常见的有肉浸液、牛肉消化汤、普通营养琼脂、蛋白胨水等。

(2) 选择性培养基　如培养肠道致病菌的SS培养基,含有胆酸盐,能抑制革兰阳性菌,柠檬酸钠和煌绿能抑制大肠杆菌,这样就可使致病菌——沙门菌和志贺菌容易生长出来。培养基中添加某些抗生素,也可起到选择作用。

(3) 鉴别培养基　如在无糖的基础培养基(蛋白胨水)中加入乳糖和指示剂,接种后培养。如微生物能发酵乳糖产酸,则指示剂变色;不发酵乳糖则颜色不变。常用的糖发酵管、硫化氢培养基等都是鉴别培养基。

(4) 特殊培养基　很多微生物在一般培养基上不能生长或生长不良,往往是它们的营养要求特殊。如在基础培养基中加入一些其他的营养物质如血液、血清、酵母浸膏、生长因子等,则可供营养要求较高或有特殊营养要求的微生物在其中生长。如链球菌、肺炎球菌等需在含有血液或血清的培养基中始能良好生长;结核杆菌的培养基中需加鸡蛋、甘油等。

**2. 微生物接种与培养**

(1) 微生物接种　在食品卫生微生物学检验中,根据被检材料的不同以及检验步骤中的要求不同,在同一种培养基上可有不同的接种方法。如进行菌落总数测定时,用的是倾注法接种;进行噬菌体分型检验时,用的是点植法接种;进行各种被检微生物的分离时,常采用划线法接种,虽然它们用的都是琼脂平板,但接种方法完全各异。在食品卫生微生物学检验中常用的接种方法有涂布法、划线法、倾注法、点植法、穿刺法和浸洗法等。

(2) 微生物培养　为了能够检出食品样品中的微生物,除了选择合适的培养基以供给一定的营养物质外,还必须提供适宜的培养条件。由于不同的微生物所需的条件不完全相同,因而培养方法也有所不同。

① 需氧培养。好氧微生物的培养必须在有氧环境中进行,如沙门菌、葡萄球

菌、志贺菌和链球菌的培养。需氧培养是一种常用的且比较简单的培养方法，不论是液体的还是固体的培养基，经接种微生物后，只要放在普通的恒温培养箱中，就是有氧条件下的培养。

② 厌氧培养。培养厌氧微生物，必须除去培养基中的氧气或降低氧化-还原电位，并在培养过程中一直保持与外界氧隔绝，这样才能促使厌氧微生物生长。

a. 厌氧罐法。这是一种采用物理除氧的特制设备的培养方法。只要抽取罐内空气而使之达到真空，即为厌氧环境。

b. 加组织的培养基培养法。在液体培养基内加入肝、肾、心、脑、肉等组织作为还原性物质，以吸收培养基中的游离氧。常用的有肝片肉汤、肝片肝汤、肉渣汤（疱肉）等培养基。如在这些培养基表面加一层灭菌的液体石蜡以隔绝空气进入，则效果更佳。

c. 焦性没食子酸法。这是一种利用焦性没食子酸在碱性溶液（氢氧化钠、碳酸钠等）中能大量吸收氧的原理，使造成厌氧环境，从而进行厌气性微生物培养的方法。

d. 共栖培养法。本法是利用好氧微生物与厌氧微生物共同培养在一个培养皿中，当需氧微生物生长将氧消耗完后，厌氧微生物即可生长的道理进行培养。用共栖培养皿或将平板培养基中央切除一小条，使其一分为二，一边接种厌氧微生物，另一边接种需氧微生物，然后将其覆盖在一块玻璃板上，周围用石蜡密封，于恒温箱内培养一定时间，观察结果。

e. 享盖特厌氧操作技术。用于分离专性厌氧微生物。具体方法可参考有关书籍。

③ 二氧化碳培养法。有些微生物如布氏杆菌等，需在含10%二氧化碳的环境中方能良好生长。常用的培养方法有蜡烛缸法、硫酸-碳酸钠法等。

在培养过程中所采用的温度和时间等应根据不同微生物的生长特点来确定。如普通的细菌常用（36±1）℃的温度培养，一些致病菌则用（42±1）℃，霉菌和酵母菌常用26~28℃的温度培养。

**3. 培养结果观察**

各种微生物经过培养常表现出一定的特征，这在食品微生物学检验中是鉴别微生物种类的重要依据。

（1）固体培养基上菌落性状的观察 细菌在固体培养基上可出现肉眼可见的菌落。每种细菌都有其一定的菌落形态和特点，如大小、表面性状、色素产生、边缘形态、溶血环、硫化斑等。

观察菌落形态特征时，通常先用肉眼观察，再用放大镜仔细观察，必要时亦可用低倍镜检查。

① 大小。菌落的大小以毫米表示，记录时直接按菌落大小的毫米数记录。也可按不足1mm者为露滴状，1~2mm为小菌落，2~4mm者为中等大，4~6mm

或更大者为大菌落或巨大菌落记录。

② 形状。菌落的外形有圆形、不整形、树根形、葡萄叶形等。

③ 边缘。有整齐、锯齿状、虫蚀状、放射状及卷发状等。

④ 表面。有光滑、粗糙、皱褶状、湿润、干燥、黏液状或脂状等。

⑤ 隆起度。有隆起、轻度隆起、中央隆起，也有扁平、陷凹或堤状。

⑥ 颜色及透明度。颜色有无色、灰白色、黄色、红色、绿色等。透明度有透明、半透明及不透明。

(2) 液体培养基内培养性状的观察

① 浑浊度。有强度浑浊、中度浑浊、轻度浑浊或保持透明，是均等浑浊还是混有颗粒絮片或丝状生长物等。

② 沉淀。检查试管底部有无沉淀物，沉淀物是颗粒状或棉絮状。

③ 表面。有无菌膜形成，有无附着于管壁的菌环。

④ 培养液的颜色以及是否产气等。

(3) 半固体培养基中培养特性观察　主要观察其需氧与运动情况，看它在上部或下部深层生长，视其沿穿刺线生长或是树根样生长。

## 四、生化试验

各种微生物均含有各自独特的酶系统，用于进行合成代谢及分解代谢，在代谢过程中产生的分解产物及合成产物也有各自的特点，可借以区别和鉴定微生物的种类。利用这种特点来鉴别微生物的方法称为生化试验或生化反应。

在进行生化试验时，必须用纯培养，严禁其他种类微生物的污染，否则即可得出错误的结果。生化试验的项目很多，应根据检验目的需要适当选择。现将一些常用的方法介绍如下。

**1. 糖类代谢试验**

这类试验主要用于观察微生物对某些糖类分解的能力以及不同的分解产物，从而进行微生物学鉴定。

(1) 糖发酵试验　不同的微生物可对各种糖类、醇类、糖苷类等进行分解，但其分解能力和分解产物均因不同的微生物而不同。如大肠杆菌能分解乳糖和葡萄糖，而沙门菌只能分解葡萄糖，不能分解乳糖。大肠杆菌有甲酸解氢酶，能将分解糖所生成的甲酸分解成二氧化碳和水，故产酸又产气，而沙门菌无甲酸解氢酶，分解葡萄糖仅产酸而不产气。在进行大肠菌群测定时，就是根据这一原理而采用乳糖发酵试验。当大肠菌群分解乳糖而产酸时，可使培养基内的溴甲酚紫指示剂由蓝紫色变成黄色，产生的气体可在倒置的小管内观察。

(2) 甲基红 (M-R) 试验　某些微生物如大肠杆菌、志贺菌等，在糖代谢过程中能够分解葡萄糖产生丙酮酸，丙酮酸进一步分解而生成甲酸、乙酸、乳酸、琥珀酸等，酸类增多而使培养基的酸度增高，当培养基的pH值降至4.5以下，甲基红指示剂呈红色（即为阳性反应）。若pH值高于4.5，则培养物呈黄色（即阴性反应）。

（3）V-P（Voges-Proskauer）试验　某些微生物如产气杆菌等能在分解葡萄糖产生丙酮酸后，再使丙酮酸脱羧成为中性的乙酰甲基甲醇（acetylmethyl carbinol），乙酰甲基甲醇在碱性环境中被空气中的氧所氧化，生成二乙酰（diacetyl），二乙酰与培养基中含有胍基（guanidino）的化合物发生反应，生成红色化合物，即为V-P试验阳性。

（4）$\beta$-半乳糖苷酶试验　$\beta$-半乳糖苷酶是一种诱导酶，它只催化它的"天然"底物乳糖及其他的$\beta$-半乳糖苷化合物的水解。因此，某些能产生$\beta$-半乳糖苷酶的微生物，只有在含有乳糖或$\beta$-半乳糖苷化合物的培养基中生长时才有该酶的活力。试验时常在培养基中加入乳糖类似物$O$-硝基苯酚-$\beta$-半乳糖苷（ONPG），当培养基由无色转变成深黄色时，说明ONPG被$\beta$-半乳糖苷酶分解，产生了深黄色的化合物$O$-硝基苯酚。

**2. 蛋白质及氨基酸代谢试验**

（1）靛基质试验　某些微生物如大肠杆菌、变形杆菌、霍乱弧菌等含有色氨酸酶，能分解培养基中的色氨酸产生靛基质。当它与对二甲氨基苯甲醛作用时，形成玫瑰靛基质而呈红色。

（2）硫化氢试验　某些微生物（如沙门菌、变形杆菌等）能分解蛋白质中的含硫氨基酸（如胱氨酸、半胱氨酸等），产生硫化氢。硫化氢遇到铅盐或铁盐，则发生反应而生成黑色的硫化铅或硫化亚铁。

（3）尿素酶试验　某些微生物能产尿素酶，分解培养基中的尿素而产生氨，使培养基变成碱性，从而使酚红指示剂变为红色。

（4）氨基酸脱羧酶试验　某些微生物含有氨基酸脱羧酶，使氨基酸脱羧，产生胺类和二氧化碳。胺类的形成能使培养基变碱而使指示剂变色。常用于脱羧酶试验的氨基酸有鸟氨酸、赖氨酸和精氨酸。

（5）苯丙氨酸脱氨试验　某些微生物具有苯丙氨酸脱氨酶，能将苯丙氨酸氧化脱氨，形成苯丙酮酸。苯丙酮酸遇到三氯化铁时，即呈现蓝绿色。本试验可用于多种微生物的鉴定。

**3. 呼吸酶类试验**

（1）硝酸盐还原试验　某些微生物如沙门菌等能把培养基中的硝酸盐还原成亚硝酸盐。在酸性环境下，亚硝酸盐能与对氨基苯磺酸作用，生成对重氮苯磺酸。当对重氮苯磺酸与$\alpha$-萘胺相遇时，结合成为紫红色的偶氮化合物$N$-$\alpha$-萘胺偶氮苯磺酸。

（2）氧化酶试验　氧化酶即细胞色素氧化酶，在有分子氧和细胞色素C存在时，能氧化盐酸二甲对苯二胺，并和$\alpha$-萘酚结合，生成吲哚酚蓝（靛酚蓝），呈蓝色反应。

(3) 过氧化氢酶试验　大多数好氧或兼性厌氧微生物能产生过氧化氢酶，将过氧化氢分解而释放出氧气。一般厌氧微生物则不产生此酶。

**4. 有机酸盐及铵盐利用试验**

(1) 柠檬酸盐利用试验　某些微生物能利用铵盐作为唯一的氮源，同时利用柠檬酸盐作为唯一的碳源。它们可在柠檬酸盐培养基上生长，并分解柠檬酸钠而生成碳酸钠，使培养基变碱。此时，培养基中的指示剂——溴百里酚蓝就由原来的草绿色变成蓝色。

(2) 丙二酸盐利用试验　琥珀酸脱氢是三羧酸循环的一个重要环节。丙二酸与琥珀酸会竞争琥珀酸脱氢酶，在丙二酸浓度较高的情况下，琥珀酸脱氢酶则不能被释放出来催化琥珀酸脱氢反应，故抑制了三羧酸循环，因而微生物的生长也受到了抑制。而有些微生物在丙二酸钠培养基上能够生长，并使培养基变碱，溴百里酚蓝也从草绿色变为蓝色，说明这些微生物能够利用丙二酸盐。

**5. 毒性酶类试验**

(1) 卵磷脂酶试验　有些微生物能产生卵磷脂酶，即 α-毒素，在有钙离子存在时，能迅速分解卵磷脂，生成脂肪和水溶性磷酸胆碱。当这些微生物在卵黄胰胨培养液中生长时，可出现白色沉淀。

(2) 血浆凝固酶试验　致病性葡萄球菌（*Staphylococcus*）能产生血浆凝固酶，它们可以直接作用于血浆中的纤维蛋白，也可作用于血浆凝固酶原，使之成为血浆凝固酶，从而使抗凝的血浆发生凝固。在检验葡萄球菌属时，常以它们能否凝固抗凝的人或兔血浆作为区别有否致病性的依据。

(3) 链激酶试验　A 型溶血性链球菌（*Streptococcus hemolyticus*）能产生链激酶（即溶纤维蛋白酶），该酶能激活人体血液中的血浆蛋白酶原，使成血浆蛋白酶，而后溶解纤维蛋白。在检验溶血性链球菌时，常以它们能否溶化凝固的人血浆来判定是否为 A 型溶血性链球菌，溶化时间愈短，表示该菌产生的链激酶愈多。

**6. 其他生化试验**（氰化钾抗性试验）

氰化钾（KCN）是呼吸链末端抑制剂。有的微生物在含有氰化钾的培养基中因呼吸链末端受到抑制而阻断了生物氧化，故不能生长，有的微生物则对氰化钾具有抗性，在含有氰化钾的培养基中仍能生长。本试验常用于肠杆菌科（Enterobacteriaceae）各属的鉴别。

## 五、血清学检验

血清学检验是根据抗原与相应抗体在体外发生特异性结合，并在一定条件下出现各种抗原-抗体反应的现象，用于检验抗原或抗体的技术。近年来，血清学检验技术发展迅速，新的技术不断涌现，应用范围也越来越广泛，不仅在传染病的诊断、病原微生物的分类鉴定及抗原分析、测定毒素与抗毒素的单位等方面广泛应用，而且扩大到生物学、生物化学、遗传学等各方面均被广泛地采用。

**1. 抗原**

凡是能刺激有机体产生抗体，并能与相应抗体发生特异性结合的物质，称为抗原（antigen）。这一概念包括两个基本内容，一是刺激有机体产生抗体，通常称之为抗原性（antigenicity）或免疫原性（immunogenicity），另一是能与相应抗体发生特异性结合，称为反应原性（reaginicity）。

（1）抗原的基本性质

① 异源性。抗原必须是非自身物质，而且生物种系差异愈大，抗原性愈好。机体对它本身的物质一般不产生抗体，而各种微生物以及某些代谢产物（如外毒素等）对动物机体来说是异种物质，具有很好的抗原性。

② 大分子量。凡是有抗原性的物质，相对分子质量都在 1 万以上。分子量愈大，抗原性愈强。在天然抗原中，蛋白质的抗原性最强，其相对分子质量多在 7 万～10 万以上。一般的多糖和类脂物质因分子量不够大，只有与蛋白质结合后才能有抗原性。

③ 特异性。抗原刺激机体后只能产生相应的抗体并能与之结合。这种特异性是由抗原表面的抗原决定簇（antigenic determinant）决定的。所谓抗原决定簇也仅仅是抗原物质表面的一些具有化学活性的基团。

（2）抗原的种类　抗原物质的种类很多，关于它们的分类，至今尚无统一意见。按来源可分为天然抗原和人工抗原，按抗原性的完整与否及其在机体内刺激抗体产生的特点，可分为完全抗原与不完全抗原。

① 完全抗原与不完全抗原

a. 完全抗原（complete antigen）。能在机体内引起抗体形成，在体外（试管内）可与抗体发生特异性结合，并在一定条件下出现可见反应的物质，称完全抗原。如细菌、病毒等微生物蛋白质及外毒素等。

b. 不完全抗原（incomplete antigen）或称半抗原（hapten）。不能单独刺激机体产生抗体（若与蛋白质或胶体颗粒结合后，则可刺激机体产生抗体），但在试管内可与相应抗体发生特异性结合，并在一定条件下出现可见反应的物质，称为不完全抗原，或称半抗原。如肺炎双球菌的多糖、炭疽杆菌的荚膜多肽，这一类半抗原又称复杂半抗原。还有一些半抗原在体外（试管内）虽与相应抗体发生了结合，但不出现可见反应，却能阻止抗体再与相应抗原的结合，这一类半抗原又称为简单半抗原。

② 细菌抗原。细菌的结构虽然简单，但其蛋白质以及与蛋白质结合的多糖和类脂等都具有不同强弱的抗原性。主要的细菌抗原有以下几种。

a. 菌体抗原。菌体抗原是细菌的主要抗原，存在于细胞壁上，其主要成分为脂多糖。一般称菌体抗原为 O 抗原。细菌的 O 抗原往往由数种抗原成分所组成，近缘菌之间的 O 抗原可能部分或全部相同，因此对某些细菌可根据 O 抗原的组成不同进行分群。如沙门菌属，按 O 抗原的不同分成 42 个群。O 抗原耐热，121℃、2h 不被破坏。

b. 鞭毛抗原。鞭毛抗原存在于鞭毛中，亦称 H 抗原，系由蛋白质组成，也具有不同的种和型特异性，故通过对 H 抗原构造的分析，可做菌型鉴别。H 抗原不耐热，56～80℃、30～40min 即遭破坏。在制取 O 抗原时，常据此用煮沸法而消除 H 抗原。

c. 表面抗原。因其是包围在细菌细胞壁最外面的抗原，故称为表面抗原。其随菌种和结构的不同可有不同的名称，如肺炎双球菌的表面抗原称为荚膜抗原，大肠杆菌、痢疾杆菌的表面抗原称为包膜抗原或 K 抗原，沙门菌属的表面抗原则称为 Vi 抗原等。

d. 菌毛抗原。菌毛抗原为存在于菌毛中的抗原，也具有特异的抗原性。

e. 外毒素和类毒素。细菌外毒素具有很强的抗原性，能刺激机体产生抗毒素抗体。外毒素经 0.3%～0.4%甲醛溶液处理后使其失去毒性但仍保持抗原性，即成为类毒素。

## 2. 抗体

抗体（antibody）是机体受抗原刺激后，在体液中出现的一种能与相应抗原发生反应的球蛋白，亦称免疫球蛋白（immunoglobulin，简称 Ig）。含有免疫球蛋白的血清，通常被称为免疫血清或抗血清。

（1）抗体的基本性质

① 抗体是一些具有免疫活性的球蛋白，具有和一般球蛋白相似的特性，不耐热，加热 60～70℃即被破坏。抗体可被中性盐沉淀，生产上常用硫酸铵从免疫血清中沉淀免疫球蛋白，以提纯抗体。

② 抗体在试管内能与相应抗原发生特异性结合，在机体内能在其他防御机能协同作用下杀灭病原微生物。但某些抗体在机体内与相应抗原相遇时，能引起变态反应，如青霉素过敏等。

③ 抗体的分子量都很高。试验证明，抗体主要由丙种球蛋白所组成，但不是说所有的丙种球蛋白都是抗体。

（2）抗体的种类　抗体的分类也很不一致，目前提得较多的分类方法有以下几种。

① 根据抗体获得方式分类

a. 免疫抗体。免疫抗体是指动物患传染病后或经人工注射疫苗后产生的抗体。

b. 天然抗体。天然抗体是指动物先天就有的抗体，而且可以遗传给后代。

c. 自身抗体。自身抗体是指机体对自身组织成分产生的抗体。这种抗体是引起自身免疫病的原因之一。

② 根据抗体作用对象分类

a. 抗菌性抗体。抗菌性抗体是指细菌或内毒素刺激机体所产生的抗体，如凝集素等。此抗体作用于细菌后，可凝集细菌。

　　b. 抗毒性抗体。抗毒性抗体是细菌外毒素刺激机体所产生的抗体，又称抗毒素。具有中和毒素的能力。

　　c. 抗病毒性抗体。此抗体是病毒刺激机体而产生的抗体，具有阻止病毒侵害细胞的作用。

　　d. 过敏性抗体。此抗体是异种动物血清进入机体后所产生的使动物发生过敏反应的一种抗体。

　③ 根据与抗原在试管内是否出现可见反应分类

　　a. 完全抗体。能与相应抗原结合，在一定条件下出现可见的抗体-抗原反应。

　　b. 不完全抗体。该种抗体能与相应的抗原结合，但不出现可见的抗体-抗原反应。不完全抗体与抗原结合后，抗原表面具有抗体球蛋白分子的特性，如与抗球蛋白抗体作用则可出现可见的反应。

**3. 抗体-抗原反应**（血清学反应）

　抗原与相应抗体无论在体外或体内均能发生特异性结合，并根据抗原的性质、反应条件及其他参与反应的因素，表现为各种反应，统称为免疫反应。若这种抗原-抗体反应表现在体外，如试管或反应盘中，则称之为血清学反应（serologic reaction）。

　（1）血清学反应的一般特点

　① 特异性和交叉性。血清学反应具有高度特异性，但两种不同抗原分子上如有相同的抗原决定簇，则与抗体结合时可出现交叉反应。如肠炎沙门菌血清能凝集鼠伤寒沙门菌，反之亦然。

　② 可逆性。抗体与抗原的结合是分子表面的结合，虽然相当稳定，但却是可逆的。因为抗原-抗体的结合犹如酶与底物的结合，是非共价键的结合，在一定条件下可以发生解离。两者分开后，抗原或抗体的性质不变。

　③ 结合比例。抗原-抗体的结合是按一定的分子比例进行的，只有两者分子比例适合时才出现可见的反应，如抗原过多或抗体过多，都会抑制可见反应的出现，此即所谓的"带现象"。如沉淀反应，两者分子比例合适，沉淀物产生既快又多，体积大；分子比例不合适，则沉淀物产生少，体积小，或根本不产生沉淀物。为了克服"带现象"，在进行血清学试验时，须将抗原和抗体做适当的稀释。

　④ 敏感性。抗体-抗原反应不仅具有高度特异性，而且还有高度的敏感性，不仅可用于定性，还可用于定量、定位。其敏感度大大超过当前所应用的化学方法。

　⑤ 阶段性。血清学反应分两个阶段，第一阶段为抗原和抗体的特异性结合，此阶段需时很短，仅几秒至几分钟，但无可见现象。紧随着第二阶段为可见反应阶段，表现为凝集、沉淀、细胞溶解、破坏等，此阶段需时较长，从数分钟、数小时至数日。反应现象的出现受多种因素的影响。

(2) 影响血清学反应的条件

① 电解质。抗原与抗体一般均为蛋白质，它们在溶液中都具有胶体的性质，当溶液的 pH 值大于它们的等电点时，如在中性和弱碱性的水溶液中，它们大多表现为亲水性，且带有一定的负电荷。特异性抗体和抗原有相对应的极性基。抗原与抗体的特异性结合，也就是这些极性基的相互吸附。抗原和抗体结合后就由亲水性变为疏水性，此时已受电解质影响，如有适当浓度的电解质存在，就会使它们失去一部分负电荷而相互凝集，于是出现明显的凝集或沉淀现象。若无电解质存在，则不发生可见现象。因此在血清学反应中，通常应用 0.85% 的 NaCl 水溶液作为抗原和抗体的稀释液，供应适当浓度的电解质。

② 温度。抗原-抗体反应与温度有密切关系，一定的温度可以增加抗原-抗体碰撞结合的机会，使反应加速。一般在 37℃ 水浴箱中保持一定的时间，即出现可见的反应，但若温度过高，超过 56℃ 后，则抗原-抗体将变性破坏，反应速度往往降低。

③ pH 值。合适的 pH 值是抗体-抗原反应的必要条件之一，pH 值过高或过低均可直接影响抗原-抗体的理化性质，如 pH 值低达 3 时，因接近细菌抗原的等电点，将出现非特异性酸凝集，造成假象，将严重影响血清学反应的可靠性。过高或过低的 pH 值均可使抗原-抗体复合物重新解离。大多数血清学反应的适宜 pH 值为 6~8。

④ 杂质异物。反应中如存在与反应无关的蛋白质、类脂、多糖等非特异性物质时，往往会抑制反应的进行，或引起非特异性反应。

**4. 血清学反应的应用**

(1) 凝集反应　细菌细胞等颗粒性抗原悬液加入相应抗体，在适量电解质存在的条件下，抗原-抗体发生特异性结合，且进一步凝聚成肉眼可见的小块，称为凝集反应 (agglutination)。其参与反应的颗粒性抗原称为凝集原 (agglutinogen)，参与反应的抗体称为凝集素 (agslutinin)。该类反应可分为直接凝集反应和间接凝集反应。

① 直接凝集反应 (direct agglutination)。此反应是抗原与抗体直接结合而发生的凝集，如细菌、红细胞等表面的结构抗原与相应抗体结合时所出现的凝集。

a. 玻片法。此法通常为定性试验，用已知抗体检测未知抗原。鉴定分离菌种时，可取已知抗体滴加在玻片上，直接从培养基上刮取活菌混匀于抗体中，数分钟后，如出现细菌凝集成块现象，即为阳性反应。该法简便快速，除鉴定菌种外，还可用于菌种分型、测定人类红细胞的 ABO 血型等。

b. 试管法。本法为定量试验，用已知抗原测定受检血清中有无某种抗体及其相对含量。操作时将待检血清用生理盐水作连续的 2 倍稀释，然后于各管中加入等量抗原悬液，在 37~50℃ 中放置一定时间后观察凝集的程度，判定血清中抗体的效价。发生明显凝集现象的最高血清稀释度即为该血清中的抗体效价 (titer)，也称滴度,以表示血清中抗体的相对含量。

② 间接凝集反应(indirect agglutination)。间接凝集反应又称被动凝集反应,它是利用某些与免疫无关的均一的小颗粒物质,如细菌、红细胞、聚苯乙烯乳胶、活性炭等作为载体,将可溶性抗原(或抗体)吸附于表面,如与相应的抗体(或抗原)结合,在有电解质存在的适宜条件下,即发生凝集现象。表面吸附抗原(或抗体)的载体微球称为免疫微球。

根据所用的载体不同,常用的间接凝集反应有间接血球凝集反应、碳凝集反应、乳胶凝集反应等。此外还有间接凝集抑制反应,即先将可溶性抗原与相应抗体混合,让其充分作用后再加入有关的免疫微球,只因抗体已被可溶性抗原结合,不再出现免疫微球的被动凝集,即凝集被抑制,故称为间接凝集抑制试验。

(2) 沉淀反应　可溶性抗原(如血清蛋白、细菌培养滤液、细菌浸出液、组织浸出液等)与相应抗体结合,在有适量电解质存在的条件下,形成肉眼可见的沉淀物,称为沉淀反应(precipitation)。参加反应的可溶性抗原称为沉淀原(precipitinogen),参加反应的抗体称为沉淀素(precipitin)。沉淀原可以是多糖、蛋白质或它们的结合物等,同凝集原比较,沉淀原的分子小,单位体积内所含的抗原量多,与抗体结合的总面积大。在作定量试验时,为了不使抗原过剩而生成不可见的可溶性抗原-抗体复合物,应稀释抗原,并以抗原的稀释度作为沉淀反应的效价。

沉淀反应的试验方法有环状法、絮状法和琼脂扩散法3种基本类型。

① 环状法(ring precipitation test)。将已知的抗血清放入小口径(一般在0.6cm以下)沉淀管的底部,然后小心地加入经适当稀释的抗原溶液于抗血清表面,使两种溶液成为界面清晰的两层。数分钟后在液面交界处出现白色沉淀环,为阳性反应。本法常用于抗原的定性试验,如诊断炭疽的Ascoli氏沉淀反应试验。

② 絮状法(flocculation test)。在凹玻片上滴加抗原与相应抗体,如出现肉眼可见的絮状沉淀物,即为阳性反应。如诊断梅毒的康氏反应(Kahn's test)就是一种絮状沉淀反应。

③ 琼脂扩散法(agar diffusion method)又称免疫扩散试验。含有大量水分的半固体琼脂凝胶如同网状支架,可溶性抗原与抗体可以在其网间自由扩散。若抗原与抗体相对应,又有适量的电解质存在,则在两者相遇且分子比例恰当处形成白色沉淀线(带)。沉淀物在琼脂凝胶中能长期保持固定位置,不仅便于观察,并可染色保存。琼脂扩散法又有单向扩散和双向扩散两种。

a. 单向扩散(simple diffusion)。可做定量试验,主要用于测定标本中各种免疫球蛋白和各种补体成分的含量。试验时,使适当浓度的抗体预先在琼脂中混匀,然后浇铸成平板,待琼脂凝固后打孔,孔中加入抗原。抗原从孔中向四周扩散,边扩散边与琼脂中抗体结合,一定时间后,在两者比例适宜处生成乳白色沉淀环。沉淀环的大小不仅与孔中抗原的浓度相关,也与琼脂中抗体的浓度相关。

b. 双向扩散（double diffusion）。把加热融化的半固体琼脂在玻板上浇成薄层，冷凝后，在琼脂板上打出多个小孔，抗原、抗体分别注入小孔中。如抗原、抗体互相对应，浓度、比例比较适当，则一定时间后在抗原、抗体孔之间出现清晰致密的白色沉淀线。双向扩散法可用于分析溶液中的多种抗原。不同抗原由于它们的化学结构、分子量、带电情况各异，在琼脂中的扩散速度就有差别，扩散一定时间后便彼此分离。分离后的抗原与其相应抗体在不同部位结合，在两者分子比例适合处形成沉淀线。而且一对相应的抗原、抗体只能形成一条沉淀线。因此根据沉淀线的数目即可推知溶液中有多少种抗原成分。根据沉淀线融合情况，还可鉴定两种抗原是完全相同还是部分相同。

随着科学技术的发展，一些新兴技术和血清学反应相结合，出现了一些新的血清学检验方法，如免疫电泳、免疫酶标技术等，这里不再赘述。

## 六、动物试验

在食品卫生微生物学检验中，动物试验也是重要的手段之一，经常用于病原微生物的分离与鉴定、病原微生物的致病性测定、微生物毒素的毒力测定以及免疫血清的制备等。

当食品检样中检出可疑的致病性微生物以及毒素时，为了进一步确证，则应按不同的实验要求，用培养的活菌液或它们的代谢产物接种试验动物。试验动物必须健康无病，年龄适宜，敏感程度合适。常用的有小白鼠、大白鼠、豚鼠、家兔、家猫、家禽等。接种方法有灌服、皮肤划痕、皮内注射、皮下注射、肌内注射、静脉注射、腹腔注射、脑内注射、结扎肠段注射以及滴眼等，根据要求而选用。接种后的动物应隔离饲养，并观察其食欲、精神、状态、皮毛、运动情况、体温、呼吸、心跳、脉搏、体重及排泄物以及死亡等的变化。若有发病或死亡，应及时进行剖检，观察病变，并分离病原。

某些病原微生物或它们的代谢产物接种于易感动物后，可使动物在短期内发病甚至死亡。如一些沙门菌能产生强烈的肠毒素和内毒素，将它们的培养液进行家兔的静脉注射，可使家兔在 24～36h 内死亡。又如经煮沸的金黄色葡萄球菌滤液注射幼猫静脉后 15～30min 即可使其出现呕吐、下痢等症状。用杂色曲霉毒素喂大白鼠，每只每天 0.15～2.25mg，42 周后，50 只大白鼠中有 39 只出现原发性肝癌。用这些动物试验都能证实某些微生物及其毒素的致病性。某些微生物本身不致病或致病力很弱，但它们能产生剧烈的毒素，如肉毒梭菌产生的肉毒毒素，1mg 结晶 A 型毒素能毒死二千万只小白鼠，从而可知该毒素对小白鼠的致死量（LD）。给大白鼠喂食黄曲霉毒素 $B_1$，总量达 0.56～1.0mg/kg 时，可使一半大白鼠死亡，即它对大白鼠的半数致死量为 0.56～1.0mg/kg（$LD_{50}$＝0.56～1.0mg/kg）。

## 复 习 题

1. 何谓食物中毒？何谓细菌性食物中毒？细菌性食物中毒分哪几类？
2. 常见的与食物中毒有关的病原菌有哪些？
3. 沙门菌、葡萄球菌、变形杆菌等常见的引起食物中毒病原菌的生物学特性如何？
4. 产毒素的霉菌主要有哪几属？霉菌的主要毒素有哪些？
5. 预防霉菌毒素中毒的根本措施有哪些？
6. 结核杆菌、炭疽杆菌等人畜共患病病原菌的生物学特性如何？
7. 微生物学检验的常规方法有哪些？
8. 微生物学检验过程中采样、送检要注意哪些问题？
9. 抗原与抗体的概念如何？血清学反应有哪些特点？
10. 凝集反应和沉淀反应的概念如何？

# 第八章 食品微生物学实验

## 实验一 常用玻璃器皿的清洗、包扎和干热灭菌

### 一、实验目的
（1）熟悉微生物实验中所需要的各种常用玻璃器皿的名称和规格。
（2）掌握常用玻璃器皿的洗涤方法、包扎方法及干热灭菌的操作过程。

### 二、实验材料

**1. 常用的玻璃器皿**

微生物学实验室所用的玻璃器皿，大多是培养微生物或接种微生物用的，为了排除自然界中微生物的干扰，事先要进行消毒和灭菌。为此，对玻璃器皿的质量和洗涤方法都有一定的要求。首先，微生物学实验室所用的玻璃器皿应采用钾玻璃（又名硬质玻璃、中性玻璃），其优点是硬度高、膨胀系数小、能耐热。普通钠玻璃不能耐热耐压，与水接触后易放出碱性物质，故除载玻片外，一般不采用。其次要采用合适的洗涤剂和正确的洗涤方法，否则也会影响实验结果的准确性。

微生物学实验室中常用的玻璃器皿有试管、培养皿、锥形瓶、移液管、发酵管、注射器、载玻片和盖玻片等。

（1）试管　试管是微生物学实验室必备的玻璃器皿。常用的试管规格有以下3种。

① 大试管。18mm×180mm，多用于盛倒培养皿用培养基和稀释用无菌水；需要大量菌体时，亦可制备琼脂斜面培养基。

② 中试管。(12~15)mm×(100~150)mm，盛液体培养基或制备琼脂斜面，亦可用于病毒等的稀释和血清学试验。

③ 小试管。(10~12)mm×100mm，一般用于微生物的生理生化试验。

不同规格试管的用途没有严格的划分，以方便工作、节省材料为原则。

微生物学实验室所用的玻璃试管，管壁应比用于化学实验的试管管壁厚，这样在塞棉塞时管口才不易破损，而且要求管口没有翻边，否则，自然界的微生物容易从棉塞与管口的缝隙间进入试管而造成污染。另外，现在有的试管不用棉塞塞口，

而用铝质或塑料制的试管帽,若用翻口试管也不便于加盖试管帽。有的实验要求尽量减少试管中水分的蒸发,则需要使用螺口试管,盖以螺口胶木或塑料帽。

(2) 杜汉管　进行细菌的糖发酵试验、观察培养基内产气情况时,一般在发酵试管内再放置一倒置的小试管(约6mm×36mm),此小试管即为杜汉管,又称发酵小套管。

(3) 培养皿　培养皿是一种分离培养微生物用的玻璃器皿。常用培养皿的皿底直径是90mm,皿盖高15mm。除此之外,还有60mm×10mm和120mm×20mm等规格。培养皿一般为玻璃器皿,但因特殊需要,例如测定抗生素生物效价时,培养皿不能倒置培养,则使用陶质皿盖,陶质皿盖能吸收水分,容易使培养基表面干燥。

(4) 锥形瓶与烧杯　微生物学实验室常用的锥形瓶有100mL、200mL、250mL、300mL、500mL等不同规格,主要用于盛无菌水、培养基及摇瓶发酵液等。

常用玻璃烧杯有20mL、50mL、100mL、250mL、500mL、1000mL等不同规格。也有具有刻度的搪瓷烧杯。烧杯主要用于称量药品和配制培养基。

(5) 移液管(又称吸管)

① 玻璃吸管。微生物学实验室常用1mL、2mL、5mL、10mL刻度的玻璃吸管。与化学实验室所用的吸管不同,其刻度指示的容量往往包括管尖的液体体积,有时也称"吹出"吸管,使用时要将吸管内所吸液体全部吹尽,吸取的容量才算准确。

除有刻度的吸管外还常用不计量的毛细吸管,又称滴管。用来吸取动物体液和离心上清液以及滴加少量抗原、抗体等。

② 活塞吸管。活塞吸管是20世纪70年代末才开始生产和应用的新型吸管,近年来国内亦日益广泛地应用于免疫学和应用同位素等科学实验中,主要用来吸取微量液体,故又称微量吸液器。

活塞吸管的结构除塑料外壳外,主要部件有按钮、弹簧、活塞和可装卸的吸嘴。按动按钮,通过弹簧使活塞上下移动,从而吸进和排出液体。其特点是容量固定、准确,使用时不用观察刻度,操作方便迅速。

国内生产的活塞吸管分普通型和精制型。普通型每个活塞吸管都有固定的容量,分别为5mL、10mL、20mL、25mL、50mL、100mL、200mL、500mL、1000mL;精制型每个活塞吸管在一定范围内可调节几个容量,例如在5~25mL范围内可调节5mL、10mL、15mL、20mL、25mL 5个不同量,使用时可按需调节。用毕只调换吸嘴或将吸嘴洗净、清毒后再用。

(6) 注射器　注射器的规格有1mL、2mL、5mL、10mL、20mL、50mL等不同容量。向动物体内注射抗原可根据需要选用1mL、2mL和5mL注射器。而抽取动物心脏血或采取绵羊静脉血一般选用10mL、20mL、50mL注射器。

滴加微量样品时，常用微量注射器。微量注射器有 10mL、20mL、50mL、100mL 等不同规格，一般在免疫学或纸层析等实验中使用。

（7）载玻片与盖玻片　常用的载玻片大小为 75mm×25mm，厚度 1～1.3mm，主要用于微生物涂片、染色和形态观察。常用的盖玻片为 18mm×18mm 和 24mm×24mm。

除普通载玻片外，还有做微室培养和悬滴观察用的凹玻片，即在玻片上有一个或两个圆形凹窝。

（8）双层瓶　双层瓶由内外两个玻璃瓶组成，内层为小的上粗下细的圆柱瓶，用于盛放香柏油，供油浸物镜观察微生物时使用。外层为锥形瓶，用于盛放二甲苯，清洁油浸物镜时使用。

（9）滴瓶　滴瓶的规格大小不等，分棕色和无色两种。用来盛放各种染色剂、试剂、生理盐水等。

（10）接种工具　接种工具有接种环、接种针、接种钩、接种铲、涂布棒等。制造环、针、钩、铲的金属可用铂或镍，原则是软硬适度，能经受火焰烧灼，又易冷却。接种细菌和酵母菌常用接种环或接种针，其铂丝或镍丝的直径以 0.5mm 为适当，环的内径约为 2mm，环面应平整。接种不易与培养基分离的微生物，如放线菌和霉菌，有时用接种钩或接种铲，其金属直径要求粗一些，约 1mm。用涂布法在琼脂平板上分离单个菌落时需用涂布棒。涂布棒是玻棒或金属棒弯曲而成或将棒的一端烧红后压扁而制成。

**2. 玻璃器皿的清洗**

清洁的玻璃器皿是得到正确的实验结果的先决条件。进行微生物学实验，必须清除器皿上的灰尘、油垢和无机盐等物质，保证不妨碍实验得出正确的结果。玻璃器皿的清洗应根据实验目的、器皿的种类、盛放的物品、洗涤剂的类别和洁净程度等不同而有所不同。

各种玻璃器皿的洗涤方法介绍如下。

（1）新玻璃器皿的洗涤　新购置的玻璃器皿含游离碱较多，应先在 2% 的盐酸溶液或洗涤液内浸泡数小时，然后再用水冲洗干净。

（2）使用过的玻璃器皿的洗涤方法　试管、培养皿、锥形瓶、烧杯等可用试管刷、瓶刷或海绵蘸上肥皂、洗衣粉等洗涤剂刷洗，以除去黏附在皿壁上的灰尘或污垢，然后用自来水充分冲洗干净。热的肥皂水去污能力更强，能有效地洗去器皿上的油垢。用去污粉或洗衣粉刷洗之后，较难冲洗干净附着在器壁上的微小粒子，故要用水多次充分冲洗或用稀盐酸溶液摇洗一次，再用水冲洗，然后倒置于铁丝框内或洗涤架上，在室内晾干。

含有琼脂培养基的玻璃器皿，要先刮去培养基，然后洗涤，如果琼脂培养基已经干涸，可将器皿放在水中蒸煮，使琼脂融化后趁热倒出，然后用清水洗涤，并用刷子刷其内壁，以除去壁上的灰尘或污垢。带菌的器皿洗涤前应先在 2% 来苏尔或

0.25%新洁尔灭消毒液内浸泡24h，或煮沸半小时，再用清水洗涤；带菌的培养物应先行高压蒸汽灭菌，然后将培养物倒去，再进行洗涤。盛有液体或固体培养物的器皿，应先将培养物倒在废液缸中，然后洗涤。不要将培养物直接倒入洗涤槽，否则会堵塞下水道。

玻璃器皿是否洗涤干净可通过下述方法判断。洗涤后若水能在内壁上均匀分布成一薄层而不出现水珠，表示油垢完全洗净，若器皿壁上挂有水珠，应用洗涤液浸泡数小时，然后再用自来水冲洗干净，盛放一般培养基用的器皿经上法洗涤后即可使用。如果器皿要盛放精确配制的化学试剂或药品，则在用自来水洗涤后，还需用蒸馏水淋洗3次，晾干或烘干备用。

（3）玻璃吸管的洗涤　吸过血液、血清、糖溶液或染料溶液等的玻璃吸管（包括毛细血管）使用后应立即投入盛有自来水的量筒或标本瓶内，免得干燥后难以冲洗干净。量筒或标本瓶底部应垫以脱脂棉花，否则吸管投入时容易破损。待实验完毕，再集中冲洗。若吸管顶部塞有棉花，则冲洗前先将吸管尖端与装在水龙头上的橡皮管连接，用水将棉花冲出，然后再装入吸管自动洗涤器内冲洗，没有吸管自动洗涤器的实验室可用冲出棉花的办法多冲洗片刻。必要时再用蒸馏水淋洗。洗干净后，放搪瓷盘中晾干，若要加速干燥，可放烘箱内烘干。

吸过有微生物的吸管应立即投入盛有2%来苏尔溶液或0.25%新洁尔灭消毒液的量筒或标本瓶内，24h后方可取出冲洗。

吸管内壁若有油垢，同样应先在洗涤液内浸泡数小时，然后再行冲洗。

（4）载玻片与盖玻片的清洗　新载玻片和盖玻片应先在2%的盐酸溶液中浸泡1h，然后用自来水冲洗2～3次，用蒸馏水换洗2～3次，洗后烘干冷却或浸于95%酒精中保存备用。

用过的载玻片与盖玻片如滴有香柏油，要先用擦镜纸擦去或浸在二甲苯内摇晃几次，使油垢溶解，再在肥皂水中煮沸5～10min，用软布或脱脂棉花擦拭，立即用自来水冲洗，然后在稀洗涤液中浸泡0.5～2h，自来水冲去洗涤液，最后再用蒸馏水换洗数次，待干后浸于95%酒精中保存备用。使用时在火焰上烧去酒精，用此法洗涤和保存的载玻片或盖玻片清洁透亮，没有水珠。

检查过活菌的载玻片或盖玻片应先在2%来苏尔溶液或0.25%新洁尔灭溶液中浸泡24h，然后按上法洗涤与保存。

**3. 玻璃器皿的包扎**

为了使器皿灭菌后仍能保持无菌状态，各种玻璃器皿均需进行包扎。

（1）培养皿　洗涤、烘干（或自然干燥）后，每10套放在一起，用牛皮纸卷成一筒，外面用绳子捆扎，以免散开，然后进行灭菌。使用时方可打开。

（2）移液管　洗净、烘干后的移液管，在口吸的一端用尖嘴镊子或缝衣针塞入少许脱脂棉，以防止菌体侵入口中及口中的微生物吹入移液管中，造成污染。塞入棉花的量要适宜，棉花不宜露在移液管口外，多余的棉花可用酒精灯烧掉。

每支移液管用一条宽 4~5cm 的纸条以 45°左右的角度螺旋形卷起来,移液管的尖端在头部,移液管的另一端用剩余的纸条折叠打结,不能散开,再标上容量。最后将若干支移液管扎成一束。

(3) 试管和锥形瓶　试管和锥形瓶都要塞上合适的棉花塞。棉花塞起过滤空气的作用,以防止空气中的微生物侵入。所做的棉花塞要求能紧贴玻璃壁,没有皱纹和缝隙,不过紧,也不过松。过紧易挤破管口和不易塞入,过松易掉落和污染。棉塞的长度以管口直径的 2 倍为宜,约 2/3 塞入管口(棉花塞的制作方法附于本实验末)。

将若干支试管在棉花塞部分外面包裹牛皮纸或双层报纸,再用绳捆扎。

锥形瓶每个单独用牛皮纸或双层报纸包扎棉花塞部分。

**4. 玻璃器皿的灭菌**

要使玻璃器皿达到无菌状态,一般用电热恒温干燥箱采用干热灭菌方法进行灭菌。电热恒温干燥箱使用方法如下所述。

① 将要灭菌的玻璃器皿放在箱内,堆积时要留一定的空隙,物体不得接触箱壁,关闭箱门。

② 接通电源,把箱顶的通气口适当打开,使箱内湿气、空气能逸出,至箱内温度达到 100℃时关闭。

③ 调节温度控制旋钮,直到箱内温度达到所需温度为止,观察温度是否恒定,若温度不够,再进行调节,调节完毕后,不可再拨动调节旋钮和通气口,保持 140~160℃、2~3h 即可。

④ 切断电源,冷却到 60℃,打开箱门,取出灭菌物品。

⑤ 将温度调节控制器旋转返回原处,并将箱顶通气口打开。

⑥ 所有空的、干净的玻璃器皿及其他耐热器皿,一般都可用干热灭菌法灭菌。但含有水分的物质,如培养基及其他不耐热的物品如橡皮等,不可用此法灭菌。

## 附:棉塞的制作

**1. 棉塞制作的基本要求**

① 松紧适度。太松过滤作用差,容易污染;过紧影响通气性。

② 插入部分的长度要适当,一般为容器口径的 1.5 倍,过短则容易脱落。

③ 外露部分应略为粗大些,但要比较整齐硬实,便于握取。

**2. 棉塞制作的方法**

做棉塞常用普通棉花,医用脱脂棉容易吸水影响棉塞的透气性不宜采用。制作方法多种多样,可灵活掌握。如图 8-1 所示为棉塞制作过程。

① 根据所做棉塞的大小,撕一块较平整的方形棉花。

② 先折起一角,其作用是加厚并折齐。

③ 从相邻的任一角向所对一角卷起,注意要卷得稍紧些。

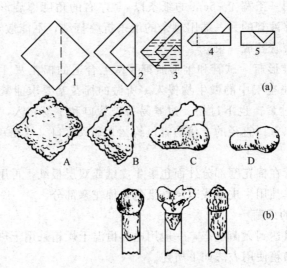

图 8-1 棉塞制作过程
(a) 正确的制作过程；(b) 正误棉塞

④ 最后将所余一角折起来，塞于管口或瓶口，检查一下插入部分的松紧度、长度及外露部分的长度、粗细和结实程度，是否合乎要求。

⑤ 在棉花外包上一层医用纱布，将上端扎起，插入管口或瓶口，经高压蒸汽灭菌后，形状大小即可固定。

此外，在微生物学实验和科研中，常要用通气塞。所谓通气塞，就是几层纱布（一般为 8 层）相互重叠而成，或是在两层纱布间均匀铺一层棉花而成。这种通气塞通常加在装有液体培养基的锥形瓶口上。经接种后，放在摇床上进行振荡培养，以获得良好的通气从而促使菌体的生长或发酵。

# 实验二　显微镜的使用和维护

微生物个体微小，必须借助于显微镜才能研究它们的个体形态和细胞结构。因此，在微生物学的各项研究中，显微镜就成为不可缺少的工具。显微镜的种类较多，如普通光学显微镜、紫外显微镜、荧光显微镜、电子显微镜及相差显微镜等。一般食品微生物学实验中选用普通光学显微镜。因此，本实验只介绍普通光学显微镜。

## 一、实验目的

(1) 了解普通光学显微镜的构造及原理。
(2) 熟悉显微镜的原理并掌握其使用方法。

## 二、实验原理

**1. 显微镜的重要参数**

决定显微镜工作效能的有两个重要参数，即放大倍数与分辨力。

显微镜放大倍数（即放大率）＝物镜放大倍数×目镜放大倍数

分辨力是指显微镜或人眼能够分开的物体上两点之间的最小距离或某物体的最小直径的能力。它通常是以这个最小距离或最小直径的数值来表示。

**2. 物镜的两种系统**

物镜一般有两种系统，即干燥系与油浸系。

微生物学研究用的显微镜通常有三种：低倍物镜、高倍物镜、油镜。油镜通常标有黑圈、白圈或红圈，也有的以 OIL 字样表示。当物镜与标本之间的介质为空气时，称为干燥系。光线通过玻片后，受到折射发生散射现象，进入物镜的光线明显减少，这就降低了视野的照明度。当物镜与标本之间的介质为一层油质时，称为油浸系。最常用的香柏油的折射率（$n$）为 1.52，与玻璃相近，光线通过载玻片后，可直接通过香柏油进入物镜而不发生折射，这样就增加了视野的照明度。更主要的是油镜能增加数值孔径，从而提高显微镜的分辨力。

## 三、实验器材

显微镜、擦镜纸、香柏油、二甲苯、微生物装片。

## 四、普通光学显微镜的基本构造

普通光学显微镜由机械系统和光学系统两部分组成。

**1. 机械系统**

显微镜的机械系统由镜座、镜臂、载物台、镜筒、物镜转换器和调焦装置等组成。机械装置大都是由金属或工程塑料制成，外表大部分涂有黑色或银灰色油漆，可以避免反射光线妨碍标本的观察并保护金属。

（1）镜座　镜座是显微镜的基座，其作用是支撑整个显微镜。呈马蹄形、三角形、圆形或丁字形。有的显微镜的镜座内还装有反光镜或光源组。

（2）镜臂　镜臂是移动显微镜的把手，它支撑和固定镜筒、载物台及调焦装置。有固定式和活动式两种，固定式的可用载物台上下移动调焦，活动式的可用镜筒移动调焦。

（3）镜筒　镜筒是连接目镜和物镜的金属空心圆筒，其内喷以无光黑漆，上端套接目镜，下端与物镜转换器连接。镜筒有单筒和双筒两种。单筒可分为直立式和倾斜式两种，双筒都是倾斜式的。双筒镜筒有调距装置，可调节两镜筒之间的宽度，其中的一个镜筒上还装有屈光度调节装置，以备在两眼视力不同的情况下使用，使观察时双眼不易疲劳并增加了立体感。镜筒上缘到物镜转换器螺旋下端的距离称为镜筒长度或机械长度。镜筒的长度一般为 160mm。

（4）物镜转换器　物镜转换器连接于镜筒的下端，其上有 3~4 个圆孔，可顺序安装不同倍数的物镜，使用时根据需要转动转换器来更换观察用的物镜。由于物镜长度的配合，镜头转换后仅需稍微调焦，即可观察到清晰的图像。

(5) 载物台　载物台亦称工作台或镜台，固定在镜臂上，用以载放被检物体，方形或圆形，中央有一通光孔，台面上装有推进器和弹簧夹，可推动和固定标本。有的显微镜在载物台两边或一边（或在推进器上面，或在载物台下面）装有两个移动手轮，转动移动手轮可使载物台前后左右移动，便于观察标本的任一视野。有的显微镜在载物台的纵向和横向上装有游标尺，可测定标本的大小，也可用来对被检视野作标记，以便下次观察时再检查该视野。

(6) 调焦装置　调焦装置安装在镜臂的两侧，与镜筒或载物台连接。调焦装置包括粗动调焦手轮和微动调焦手轮，转动调焦手轮可使镜筒或载物台上下移动，以调节焦距，使标本与物镜的距离等于物镜的工作距离。

**2. 光学系统**

(1) 目镜　目镜也称接目镜，安装在镜筒上端。目镜的作用是把物镜放大的实像进一步扩大。目镜由上下两组透镜组成，上面的叫接目透镜，下面的叫会聚透镜。上下透镜之间装有一个光阑。光阑的大小决定视野的大小。目镜的光阑上还可以放置测微目尺。显微镜通常配备有10倍、16倍等几种目镜。

(2) 物镜　物镜也称接物镜，安装在物镜转换器上，它是由金属圆筒里面装入许多透镜组成的，这些透镜由特殊的胶粘在一起，高级的物镜可由多达12块透镜组成。物镜的作用是把标本做第一次放大。物镜上通常标有数值口径（也叫镜口率）、放大倍数、镜筒长度和焦距等主要参数。

干燥物镜按放大倍数还可以分为低倍物镜、中倍物镜和高倍物镜。一般把10倍以下的物镜叫低倍物镜，把20倍的物镜叫中倍物镜，40~45倍或60倍的物镜叫高倍物镜。这些物镜上标有5×、10×、20×、40×、45×、60×。油浸物镜是物镜中放大倍数最高的镜头（90×或100×），使用油镜时，在标本上加一滴镜油作为介质。国产显微镜的油镜常标有"油"字，国外产品则常用"oil"或"HI"字样，以供识别。

(3) 聚光器　聚光器也叫集光器，由聚光镜和可变光阑组成。

聚光镜由一片或数片透镜组成，其作用相当于凸透镜，起聚光的作用，以增强射入物镜的光线。

可变光阑也叫光圈，位于聚光镜的下方，由十几片金属薄片组成，中心部呈圆孔。推动可变光阑的把手可以任意调节孔径的大小，其作用是通过调节光强度，使聚光镜的数值孔径和物镜的数值孔径相一致。可变光阑开得越大，则数值孔径越大；反之，则数值孔径越小。一般当放大倍数小时，聚光器下降，光圈缩小；而采用高倍物镜时，聚光器则上升，光圈放大。但光圈放的过大，观察时会产生光斑，若收拢光圈会使分辨力下降却增加反差。

(4) 反光镜　反光镜一般装在聚光器下方的镜座上，可以在水平和垂直方向任意旋转。它的一面是平面镜,另一面是凹面镜,其作用是使光源发出的光或自然光射向聚光镜。光强时用平面镜,光弱时用凹面镜。有的显微镜的人工光源安装在镜座内,其反光镜也固定在镜座内。

### 五、普通光学显微镜的使用方法

① 拿取显微镜时,一手紧握镜臂,一手托住镜座。置显微镜于平稳的实验台上,镜座距离台边缘约3~4cm。观看显微镜时,尽量使桌和凳的高度相配合,以避免将显微镜倾斜来观看。如果显微镜是单目镜筒也要双眼同时睁开,用左眼观察,右眼进行绘图或记录。如果是双目镜筒,左右眼同时观察,这样可以减少疲劳。

② 选择良好的光源。若显微镜带有人工光源,则只需接通电源即可。

③ 转动粗动调焦手轮,使镜筒上升,再转动物镜转换器,把低倍物镜转到工作位置(此时似有卡住的手感)。然后按顺时针方向转动粗动调焦手轮,使物镜下端离载物台的距离与物镜的工作距离接近。

④ 用左眼对准并接近目镜观察,双筒显微镜则两眼接近两个目镜,并用镜筒调距装置调节两目镜之间的距离,使其与观察者两眼间的距离相同,调节聚光器和可变光阑。用低倍镜时,聚光器可适当降低,可变光阑适当关小;用高倍镜或油镜时,聚光器适当升高,可变光阑适当开大,使视野内得到明亮而均匀一致的亮度,还应注意,观察染色标本时光线宜强,观察活体或未染色标本时光线宜弱。

⑤ 把标本片放在载物台上的标本固定夹内,注意勿使标本放反,转动标本推进器上的纵向转动手轮和横向转动手轮,使标本位于工作物镜的正下方。

⑥ 来回缓慢地转动粗动调焦手轮,此时注意视野内的变化,若发现有物像闪过,再略微来回转动粗动调焦手轮,使物像基本清晰,再来回转动微动调焦手轮,直到获得清晰的物像。

双筒显微镜还应调节一个镜筒上的视度圈,使观察者两眼的视度一致,以获得非常清晰的图像。

⑦ 当需要用高倍物镜观察标本时,可将物镜转换器转动,使高倍物镜转至工作位置。同一显微镜的几个物镜均是等焦的,此时只需来回转动微动调焦手轮,并适当增强照明,即可看到清晰的图像(一般物镜放大倍数越高,光线宜越强,以便增加视野的照明度)。

⑧ 如果需要用油镜观察,应先用低倍物镜找到物像并将其调至视野中央,再转动物镜转换器,使其离开工作位置,再在标本的中央滴一滴镜油,然后将油镜转向工作位置,使油镜镜头浸于镜油中,轻轻转动微动调焦手轮,并增强照明亮度,直到图像清晰为止。此时,可获得放大900倍至1000倍以上的物像。注意在用高倍镜和油镜观察时,只能用微动调节手轮来调节焦距,切忌用粗动调焦手轮来调焦,以免压坏物镜头的镜片。假如在观察中,物像消失,则需重新换上低倍物镜,找到标本后,再换上油镜观察;也可以用眼睛侧视,使油镜头缓慢地下降至略微接

触载玻片时，再将眼睛移至目镜上，边观察边转动微动调焦手轮，直到获得清晰物像为止。

⑨ 观察完毕后，将高倍物镜或油镜离开工作位置，略升高镜筒，取下标本片，先用擦镜纸拭去镜头上的香柏油，再取擦镜纸蘸取少量二甲苯，擦去镜头上残留的油迹（切勿用手或其他纸擦拭镜头！），再换洁净的拭镜纸擦干二甲苯。如果标本是重复使用的装片，其擦拭方法同上。

⑩ 用柔软的绸布仔细清洁显微镜的机械部件将镜头转成"八"字形，并将载物台和聚光镜降至最低处，将显微镜放入镜箱。

### 六、生物显微镜的维护

**1. 防潮**

显微镜应放在避光和干燥的地方，最好还在镜箱内放一袋干燥剂（最常用的是变色硅胶，干燥的硅胶呈蓝色，吸潮后变为淡红色，淡红色硅胶烘干呈蓝色后，可继续使用）。

**2. 防尘**

显微镜观察室内应保持清洁，尽量避免尘埃。目镜和物镜如有尘污应用擦镜纸擦净。最好用塑料袋罩上并放入镜箱。

**3. 防腐蚀**

显微镜不要与挥发性药品及酸类、碱类药品接触，以免受腐蚀。

**4. 防热**

显微镜不要放在日光下暴晒，也不要放在靠近火炉、电炉或暖气片的地方。

### 七、实验记录

绘出在油镜下观察到的细菌形态，并注明物镜和目镜的放大倍数及总放大率。

### 八、思考题

① 用油镜观察标本，为什么在标本玻片上滴加香柏油？
② 在明视野下观察细菌形态，用染色标本好还是用未染色标本好？为什么？

## 实验三　细菌的革兰染色法

### 一、实验目的

（1）了解革兰染色的原理。
（2）掌握革兰染色的方法。

### 二、实验原理

革兰染色法是细菌学中广泛使用的一种重要的鉴别染色法。1884年由丹麦医师 Gram 创立。革兰染色法不仅能观察到细菌的形态而且还可将所有的细菌区分为两大类，即革兰阳性菌（用 $G^+$ 表示）和革兰阴性菌（用 $G^-$ 表示）。一般来说，芽孢杆菌与绝大多数球菌以及所有的放线菌和真菌都呈革兰阳性反应；弧菌、螺旋体、某些球菌和大多数致病菌的无芽孢杆菌都呈革兰阴性反应。

革兰染色的方法是：细菌先经碱性染料结晶紫染色，再经碘液媒染（以增加染料与细胞的亲和力）后，用酒精或丙酮脱色，再用复染剂（番红）染色。如果细菌不被脱色而保持原染料的蓝紫色者，为革兰阳性菌；如被脱色而染上复染剂的红色者为革兰阴性菌。

革兰染色的机理主要是由于两类细菌的细胞壁成分和结构不同。革兰阴性菌的细胞壁中含有较多的类脂质，而肽聚糖的含量较少。当用酒精或丙酮脱色时，溶解了类脂质，增加了细胞壁的通透性，使初染后的结晶紫和碘的复合物易于渗出，结果细胞被脱色，经复染后，又染上复染液的颜色（红色），而革兰阳性菌细胞壁中肽聚糖的含量多且交联度大，类脂质含量少，经酒精或丙酮脱色时，由于其脱水作用而使肽聚糖层的孔径变小，通透性降低，因此细胞仍保持初染时的颜色（蓝紫色）。

## 三、实验器材

显微镜、酒精灯、火柴、载玻片、接种环、双层瓶、吸水纸、擦镜纸、生理盐水、草酸铵结晶紫染色液、碘液、95%酒精、番红复染液；

大肠杆菌（37℃培养24h），枯草芽孢杆菌（37℃培养12h）。

## 四、实验步骤

**1. 涂片**

取一块洁净的载玻片，滴一小滴生理盐水于载玻片中央，用无菌操作法挑取少许大肠杆菌和枯草芽孢杆菌做混合涂片。

**2. 固定**

将载玻片涂菌面向上，用手拿载玻片的一端，迅速通过火焰2~3次，使细胞凝固，以固定细菌形态，注意不能在火焰上烤，否则有损细菌形态。

**3. 染色**

（1）初染　将涂片置于水平位置，向涂菌位置滴加结晶紫，滴加的量以覆盖涂片区域为宜，染1min，水洗。

（2）媒染　如上法滴加碘液，并覆盖约1min，水洗。

（3）脱色　将载玻片上的水甩净，滴加95%酒精（轻轻摇动载玻片，使酒精分布均匀），滴洗至流下的酒精刚刚不出现紫色时为止。一般脱色时间约为30s，立即水洗。这一步是革兰染色法的关键，必须严格掌握。

（4）复染　用番红复染液染色1~2min，水洗。

**4. 镜检**

干燥后，用油镜观察。

结果：革兰阳性菌呈蓝紫色，革兰阴性菌呈红色。

## 五、注意事项

① 决定革兰染色成败的关键是脱色程度。若脱色过度，即使是革兰阳性菌，其蓝紫色也会被脱去而染上红色，被误认为是革兰阴性菌（假阴性）。若脱色不足，即使是革兰阴性菌也因蓝紫色被保留而染不上红色，被误认为阳性菌（假阳性）。脱色程度又受脱色时间、涂片之厚薄、脱色时载玻片摇晃的快慢及酒精用量多少等因素的影响，无法严格规定。一般可用已知革兰阳性菌和阴性菌做练习，以掌握脱色时间。当要确证一个未知菌的革兰反应时，应同时另作一张已知革兰阳性菌和阴性菌的混合涂片，作为对照。

② 涂片以薄而均匀者为佳，切不可浓厚。过于密集的菌体，因脱色不均匀常呈假阳（阴）性。镜检时，要以分散开的细菌着色为准。

③ 做革兰染色的菌种，以培养 18～24h 为宜。一般情况下革兰阴性菌的染色反应较稳定，不易受菌龄的影响；而革兰阳性菌，有的在幼龄时呈阳性，培养 24h 或 48h 以上，由于细胞老化或死亡也可变为阴性反应。

④ 不宜使用放置过久的碘液，以免影响固定结晶紫的作用。

## 六、实验记录

将观察结果记录于下表中。

| 菌　　名 | 菌体颜色 | 菌体形态 | $G^+$ 或 $G^-$ |
|---|---|---|---|
| 大肠杆菌 | | | |
| 枯草芽孢杆菌 | | | |

注：$G^+$ 表示革兰阳性，$G^-$ 表示革兰阴性。

## 七、思考题

① 革兰染色在细菌分类鉴定中的意义是什么？

② 革兰染色涂片为什么不能过于浓厚？其染色成败的关键是什么？应如何掌握？

# 实验四　酵母菌的形态观察及死、活细胞的鉴别

## 一、实验目的

(1) 观察酵母菌的形态及出芽生殖的方式。

(2) 掌握鉴别死、活酵母细胞的染色方法。

## 二、实验原理

酵母菌是单细胞真菌，菌体比细菌大，多呈圆形、卵圆形、圆柱形或柠檬形，有的则呈分支的假菌丝。细胞核和细胞质已有明显的分化。繁殖方式也较复杂，无性繁殖主要是出芽生殖，仅裂殖酵母属是以分裂方式繁殖；有性繁殖是通过接合产生子囊孢子。死、活酵母细胞可以通过染色方法加以鉴别。

美蓝是一种无毒性染料，它的氧化型是蓝色、还原型为无色，活的酵母细胞由于新陈代谢不断进行，使细胞内具有较强的还原能力，能使美蓝从蓝色的氧化型变为无色的还原型，故虽经美蓝染色，酵母的活细胞仍为无色，而对于死细胞或代谢缓慢的老细胞，则因它们无此还原能力或还原能力极弱，而被美蓝染成蓝色或淡蓝色。因此，用美蓝水浸片不仅可观察酵母的形态，还可以区分死、活细胞。但美蓝的浓度、作用时间等对细胞活力均有影响，应加以注意。

## 三、实验器材

显微镜、载玻片、盖玻片、接种环、擦镜纸、镊子；

0.05％美蓝染色液、0.1％美蓝染色液；酿酒酵母（麦芽汁培养基，28℃培养2～3d）。

## 四、实验步骤

**1. 美蓝浸片观察**

① 在载玻片中央滴加一滴 0.1％吕氏碱性美蓝染色液，液滴不可过多或过少，以免盖上盖玻片时，溢出或留有气泡。然后按无菌操作法取在豆芽汁琼脂斜面上培养48h的酿酒酵母少许，放在吕氏碱性美蓝染色液中，使菌体与染液均匀混合。

② 用镊子夹盖玻片一块，小心地盖在液滴上，盖片时注意，不能将盖玻片平放下去，应先将盖玻片的一边与液滴接触，然后将整个盖玻片慢慢放下，这样可以避免产生气泡。

③ 将制好的水浸片放置 3min 后镜检。先用低倍镜观察，然后换用高倍镜观察酿酒酵母的形态和出芽情况，同时可以根据是否染上颜色来区别死、活细胞。

④ 染色半小时后，再观察一下死细胞是否增加。

**2. 用 0.05％吕氏碱性美蓝染色液重复上述的操作。**

## 五、实验记录

绘图说明你所观察到的酵母菌的形态特征。

## 六、思考题

① 为什么美蓝染色液可以鉴别酵母菌的死活？

② 根据你的实验结果，说明美蓝染色液的浓度和染色时间对死、活细胞数有无影响？

# 实验五　霉菌的形态观察

## 一、实验目的
(1) 学习并掌握观察霉菌形态的基本方法。
(2) 观察霉菌的形态特征。

## 二、实验原理
霉菌菌丝较粗大，细胞易收缩变形，而且孢子很容易飞散，所以制标本时常用乳酸石炭酸棉蓝染色液。此染色液制成的霉菌标本片其特点是：①细胞不变形；②具有杀菌防腐作用，且不易干燥，能保持较长时间；③溶液本身是蓝色，有一定染色效果。

霉菌自然生长状态下的形态常用载玻片观察，此法是将霉菌孢子接种于载玻片上的适宜培养基上，培养后用显微镜观察。此外，为了得到清晰、完整、保持自然状态的霉菌形态，还可利用玻璃纸透析培养法进行观察。玻璃纸透析培养法是利用玻璃纸的半透膜特性及透光性，将霉菌培养在覆盖于琼脂培养基表面的玻璃纸上，然后将长菌的玻璃纸剪取一小片，贴放在载玻片上用显微镜观察。

## 三、实验器材
曲霉、青霉、根霉、毛霉；乳酸石炭酸棉蓝染色液、20%甘油、查氏培养基平板、马铃薯葡萄糖培养基；无菌吸管、载玻片、盖玻片、U形玻璃棒、解剖刀、玻璃纸、滤纸等。

## 四、实验步骤

**1. 一般观察法**

于洁净载玻片上滴一滴乳酸石炭酸棉蓝染色液，用解剖针从霉菌菌落的边缘处取少量带有孢子的菌丝置染色液中，再细心地将菌丝挑散开，然后小心地盖上盖玻片，注意不要产生气泡。置显微镜下先用低倍镜观察，必要时再换用高倍镜。

**2. 载玻片观察法**

① 将略小于培养皿底内径的滤纸放入皿内，再放上U形玻璃棒，其上放一洁净的载玻片，然后将两个盖玻片分别斜立在载玻片的两端，盖上皿盖，把数套（根据需要而定）如此装置的培养皿叠起，包扎好，用 0.105MPa（1.05kg/cm$^2$）121.3℃灭菌 20min 或干热灭菌，备用。

② 将6~7mL灭菌的马铃薯葡萄糖培养基倒入直径为9cm的灭菌平皿中，待凝固后，用无菌解剖刀切成 0.5~1cm$^2$ 的小块，用刀尖铲起小块放在已灭菌的培养皿内的载玻片上，每片上放置2块。

③ 用灭菌的尖细接种针或装有柄的缝衣针，取一点（肉眼方能看见的）霉菌

孢子，轻轻点在琼脂块的边缘上，用无菌镊子夹着立在载玻片旁的盖玻片盖在琼脂块上，再盖上盖。

④ 在培养皿的滤纸上加无菌的20%甘油数毫升，到滤纸湿润即可停加。将培养皿置28℃培养一定时间后，取出载玻片置显微镜下观察。

**3. 玻璃纸透析培养观察法**

① 向霉菌斜面试管中加入5mL无菌水，洗下孢子，制成孢子悬液。

② 用无菌镊子将已灭菌的、直径与培养皿相同的圆形玻璃纸覆盖于查氏培养基平板上。

③ 用1mL无菌吸管吸取0.2mL孢子悬液于上述玻璃纸平板上，并用无菌玻璃刮棒涂抹均匀。

④ 置28℃温室培养48h后，取出培养皿，打开皿盖，用镊子将玻璃纸与培养基分开，再用剪刀剪取一小片玻璃纸置载玻片上，用显微镜观察。

## 五、实验报告

**1. 实验结果**

绘图说明你所观察到的霉菌形态特征。

**2. 思考题**

① 比较细菌、放线菌、酵母菌和霉菌形态上的异同。
② 玻璃纸应怎样灭菌？为什么？

# 实验六　培养基的制备和灭菌

## 一、实验目的

（1）了解培养基的配制原理。
（2）掌握常用培养基的配制方法。

## 二、实验原理

培养基是按照微生物生长、繁殖所需要的各种营养物质，用人工的方法配制而成的营养基质。不同的微生物对碳源、氮源、无机盐、生长因子及水分等的要求各不相同，只有在最适范围内才能表现出它们的最大生命力。因此，培养基中应当有微生物所能利用的营养成分和水。

根据需要，同一成分的培养基可以制成固体、半固体、液体等状态，其中固体培养基又可以做成斜面、平板等不同形式。固体培养基是在液体培养基中加入1.5%～2%的琼脂，半固体培养基是在液体培养基中加入0.5%～1%的琼脂。

微生物的生长繁殖除需一定的营养物质以外，还要求适当的pH值范围。不同微生物对pH值的要求不一样，霉菌和酵母菌喜好偏酸性的环境，而细菌和放线菌的培养基pH值为中性或偏碱性。所以配制培养基时，都要根据不同微生物对象用稀酸或稀碱将培养基的pH值调到合适的范围。但配制pH值低的琼脂培养基时，如预先调好pH值，高压蒸汽灭菌时，琼脂易水解，则不能凝固，因此，应将培养基的成分和琼脂分开灭菌后再混合，或在中性条件下灭菌后，再调整pH值。

由于配制培养基的各类营养物质和容器等含有各种微生物，因此，已配制好的培养基必须立即灭菌，以防止其中的微生物生长繁殖而消耗养分和改变培养基的酸碱度而带来不利影响。

根据微生物种类和实验目的的不同，培养基有很多不同的种类和配制方法。本实验主要介绍培养细菌常用的培养基——牛肉膏蛋白胨培养基的配制。

### 三、实验器材

牛肉膏、蛋白胨、氯化钠、琼脂、1mol/L NaOH、1mol/L HCl；

试管、锥形瓶、烧杯、量筒、玻璃棒、铁架台、漏斗、牛角匙、pH试纸（pH5.5～9.0）、棉花、牛皮纸、记号笔、纱布、线绳等。

配方：牛肉膏3g；蛋白胨10g；氯化钠5g；琼脂15～20g；水1000mL；pH 7.0～7.4。

### 四、实验步骤

**1. 称量**

按培养基配方比例依次准确地称取牛肉膏、蛋白胨、氯化钠放入烧杯中。牛肉膏常用玻璃棒挑取，放在小烧杯或表面皿中称量，用热水溶化后倒入烧杯；也可放在称量纸上，称量后直接放入水中，这时如稍微加热，牛肉膏便会与称量纸分离，然后立即取出纸片。蛋白胨很易吸潮，在称取时动作要迅速。另外，称药品时严防药品混杂，一把牛角匙只用于一种药品，或称取一种药品后，洗净、擦干，再称取另一药品，瓶盖也不要盖错。

**2. 溶化**

在上述烧杯中可先加入少量所需要的水量，用玻璃棒搅匀后，在电炉上垫以石棉网加热使其溶解。待药品完全溶解后，补充水分到所需的总体积。如果配制固体培养基，将称好的琼脂放入已溶化的药品中，再加热融化，在琼脂融化的过程中，需不断搅拌，以防琼脂糊底而使烧杯破裂。最后补充水分至所需体积。

**3. 调pH值**

在未调pH值前，先用精密pH试纸测量培养基的原始pH值，若偏酸，用滴管向培养基中逐滴加入1mol/L NaOH，边加边搅拌，并随时用pH试纸测其pH值，直至pH值达7.4。反之，则用1mol/L HCl进行调节。注意pH值不要调过头，以避免回调，否则，将会影响培养基中各离子的浓度。

对于有些要求pH值较精确的微生物，其pH值的调节可用酸度计进行（使用方法可参考有关说明书）。

### 4. 过滤

趁热用滤纸或多层纱布过滤，以利结果观察。一般如无特殊要求，这一步骤可以省去（本实验无需过滤）。

### 5. 分装

按实验要求，可将配制的培养基分装入试管内或锥形瓶内。分装装置如图8-2所示。

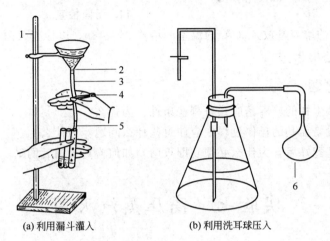

图 8-2　培养基分装装置

1—铁架台；2—过滤漏斗；3—乳胶管夹；4—弹簧夹；5—玻璃管；6—洗耳球

分装过程中注意不要使培养基沾在管口或瓶口上，以免沾污棉塞而引起污染。

(1) 液体分装　分装高度以试管高度的1/4左右为宜。

(2) 固体分装　分装试管，其装量不超过管高的1/5，灭菌后制成斜面。分装锥形瓶的量以不超过锥形瓶容积的一半为宜。

(3) 半固体分装　分装量一般以试管高度的1/3为宜，灭菌后垂直待凝。

### 6. 加塞

培养基分装完毕后，在试管口或锥形瓶上塞上棉塞，以阻止外界微生物进入培养基内而造成污染，并保证有良好的通气性。

### 7. 包扎

加塞后，将全部试管用麻绳拦腰捆扎好，再在棉塞外包一层牛皮纸，以防止灭菌时冷凝水润湿棉塞，其外再用一道麻绳扎好。用记号笔注明培养基名称、组别、日期。锥形瓶加塞后，外包牛皮纸，用麻绳以活结形式扎好，使用时容易解开，同样用记号笔注明培养基名称、组别、日期。

### 8. 灭菌

将上述培养基以 0.105MPa、20min 高压蒸汽灭菌。如因特殊情况不能及时灭菌，则应放入冰箱内保存。

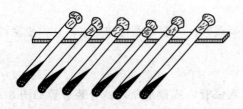

图 8-3　摆斜面的操作如图

**9. 摆斜面**

将灭菌的试管培养基冷却至 50℃ 左右，并将试管棉塞搁在玻璃棒上，搁置的斜面长度以不超过试管总长一半为宜，如图 8-3 所示。

**10. 倒平板**

**11. 无菌检查**

将灭菌后的培养基放入 37℃ 的温室中培养 24～48h，以检查灭菌是否彻底。

## 五、实验报告

## 六、思考题

① 培养微生物的培养基应具备哪些条件？为什么？

② 在配置培养基的操作过程中应注意些什么问题？为什么？

③ 培养基配好后，为什么必须立即灭菌？如何检查灭菌后的培养基是无菌的？

# 实验七　高压蒸汽灭菌

## 一、实验目的

(1) 了解高压蒸汽灭菌的基本原理及应用范围。

(2) 掌握高压蒸汽灭菌锅的使用方法。

## 二、实验原理

高压蒸汽灭菌是将待灭菌的物品放在一个密闭的加压灭菌锅内，通过加热，使灭菌锅隔套间的水沸腾而产生蒸汽。待水蒸气急剧地将锅内的冷空气从排气阀中驱尽，关闭排气阀，继续加热，此时由于蒸汽不能逸出，从而增加了灭菌锅内的压力，提高了水蒸气的温度，继而导致菌体蛋白质的凝固变性而达到灭菌的目的。

在同一温度下，湿热的杀菌效力比干热大，其原因有以下 3 个。

① 在湿热条件下，菌体吸收水分，蛋白质较易凝固。实验结果表明，蛋白质的含水量与其凝固温度成反比，即含水量越高，凝固温度越低。

② 湿热的穿透力比干热大。

③ 湿热蒸汽有潜热的存在，当被灭菌物品的温度比蒸汽温度低时，蒸汽在物品表面凝结成水，同时放出潜热，这种潜热能迅速提高灭菌物品的温度，直至与蒸汽的温度相等、达到平衡为止。

高压蒸汽灭菌的关键是彻底排净冷空气。因为空气是热的不良导体，如不把空气排净，当灭菌锅内的压力升高后，它们便聚集滞留在灭菌锅的中下部，围绕在被灭菌物品的周围，使饱和蒸汽难与被灭菌物品接触。此刻，虽然灭菌锅的压力表读数符合灭菌要求，但实际上被灭菌物品的温度却达不到预期的要求，因而难以灭菌彻底。

排除灭菌锅内空气的方法有两种。

第一种：加热开始，关闭排气阀，当压力上升到 0.020～0.030MPa 时，打开排气阀，使灭菌锅内的空气和水一同排出，直到压力表的压力恢复至零。然后再关闭排气阀，这样反复 2～3 次即可排净灭菌锅内的空气。

第二种：打开排气阀，开始加热，使水沸腾以排除锅内的冷空气，待排气阀有大量蒸汽冒出时，再继续排气 10min，这时锅内冷空气已完全排尽，再关闭气阀。

一般培养基在 0.100MPa 压力下处理，15～30min 可达到彻底灭菌的目的，灭菌的温度及维持的时间随灭菌物品的性质和容量等具体条件而有所改变。例如含糖培养基用 0.056MPa、112.6℃ 灭菌 15min，但为了保证灭菌效果，可将其他成分先行 0.100MPa、20min 灭菌，然后以无菌操作继续加入灭菌的糖溶液。盛于试管内的培养基以 0.100MPa 灭菌 20min 即可，而盛于大容器内的培养基则应灭菌 30min。

蒸汽压力所用单位为 MPa（兆帕）。

实验室常用的高压蒸汽灭菌锅有立式、卧式和手提式等几种。本实验介绍手提式高压蒸汽灭菌锅的使用方法。

## 三、实验器材

手提式高压蒸汽灭菌锅、待灭菌的培养基或玻璃器皿。

## 四、实验步骤

**1. 加水**

先将内层灭菌桶取出，再向外层锅内加入适量的水，使水面与三角搁架相平为宜。

**2. 装料**

放回内层灭菌桶，并装入待灭菌物品。注意不要装得太挤，以免妨碍蒸汽流通而影响灭菌效果。锥形瓶与试管口端均不要与桶壁接触，以免冷凝水淋湿包口的纸而打湿棉塞。

**3. 加盖密封**

将盖上的排气软管插入内层灭菌桶的排气槽，再以两两对称的方式同时旋紧相对的两个螺栓，使螺栓松紧一致，切勿漏气。

**4. 排气升压**

接通电源进行加热，并同时打开排气阀，使水沸腾以排出锅内的冷空气。待冷空气完全排尽后（约 10min），关上排气阀，让锅内的温度随蒸汽压力增加而逐渐上升。当锅内压力升到所需压力时，控制电源，维持压力至所需时间。

**5. 降压**

达到规定的灭菌时间后，切断电源，让其自然降压冷却。

### 6. 取料

待压力完全降至"0"时，打开排气阀，旋松螺栓，打开锅盖，取出灭菌物品。如果压力未降到"0"时，打开排气阀，则会因锅内压力突然下降，使容器内的培养基由于内外压力不平衡而冲出瓶口或试管，造成棉塞沾污培养基而易发生污染。

### 7. 倒水

灭菌锅用过以后，将锅内剩余的水倒掉，以免日久腐蚀。

## 五、注意事项

在压力上升之前，必须将锅内的冷空气完全排除，否则，虽然压力表已指示 0.100MPa，但锅内的温度却只有 100℃，往往会造成灭菌不彻底。

## 六、思考题

① 高压蒸汽灭菌前，为什么要将锅内冷空气排尽？灭菌完毕后，为什么要待压力降到"0"时才能打开排气阀、开盖取物？

② 高压蒸汽灭菌和干热灭菌的温度要求为什么不一致？

# 实验八  微生物的分离、接种与培养

## 一、实验目的

（1）掌握微生物的常用接种、分离方法。

（2）掌握无菌操作的基本环节。

## 二、实验原理

在土壤、水、空气及人、动植物体中，不同种类的微生物大多数都是混杂生活在一起，当我们希望获得某一种微生物时，就必须从混杂的微生物类群中分离它，以得到只含有这一种微生物的纯培养，这种获得纯培养的方法称为微生物的分离与纯化。

为了获得某种微生物的纯培养，一般是根据该微生物对营养、pH 值、氧等条件要求不同，而供给它适宜的培养条件，或加入某种抑制剂造成只利于此菌生长而抑制其他菌生长的环境，从而淘汰其他一些不需要的微生物，再用稀释涂布平板法或稀释混合平板法或平板划线分离法等分离、纯化该微生物，直至得到纯菌株。

在保存菌种时，如不慎受到污染也需予以重新分离与纯化。将一种微生物移接到另一种灭菌的培养基上称为接种。

在微生物学实验和生产实践中，经常要把一定种类的微生物接种或移种到新的培养基上，使其生长繁殖。接种和培养是微生物工作中的重要基本操作。因为接种和培养的微生物都是纯种，所以必须采用无菌操作，以防止杂菌污染。

培养基经过灭菌后，用经过灭菌的工具在无菌条件下接种含菌材料于培养基上，这一过程的操作称为无菌操作。

分离培养微生物时，由于微生物的种类不同，它们的性质也不同。因此在分离培养时，要考虑微生物对外界的物理、化学等因素的影响，即选择该微生物最适合的培养基、pH 值、温度、好氧性或厌氧性培养方法等。在接种、分离、培养过程中，均需严格的无菌操作，防止杂菌侵入，所用的器具必须经过灭菌，接种工具无论使用前后都要经过火焰灭菌，且在无菌室或无菌箱中进行。

### 三、实验器材

**1. 菌种**

大肠杆菌、枯草杆菌、金黄色葡萄球菌、酵母菌、霉菌。

**2. 培养基**

缓冲葡萄糖肉汤培养基试管垂直、缓冲葡萄糖肉汤半固体培养基试管垂直、缓冲葡萄糖肉汤固体培养基平板、查氏培养基平板。

**3. 接种工具**

接种环、接种针、接种钩。

**4. 其他工具**

酒精棉、火柴、镊子、酒精灯、试管架、玻璃铅笔、糨糊、标签纸、恒温培养箱等。

### 四、实验步骤

**1. 接种**

（1）接种前的准备工作

① 检查接种工具。

② 在要接种的培养基试管、斜面或平板上，根据实验的要求贴好标签，标上欲接种的菌名、操作者、接种日期等。

③ 将培养基、接种工具和其他用品全部放在实验台上摆好，进行环境消毒。关好实验室门窗，用 5％的石炭酸溶液或 3％的来苏尔溶液进行喷雾空气消毒或擦拭台面（注意消毒时菌种不可放在台面上），接种前用消毒酒精棉将双手消毒，以无菌操作方式进行接种。有条件者最好在无菌室或无菌箱中进行接种。

（2）接种方法

① 试管接种方法如图 8-4 所示。

ⅰ. 将菌种与待接种斜面的试管用大拇指和其他四指握在左手中（菌种管在前），使中指位于两试管之间部位，斜面向上。用右手的无名指、小指和手掌边先后拔出菌种管和待接种试管的棉塞。

ⅱ. 置试管口于酒精灯火焰附近。

ⅲ. 将接种工具垂直插入酒精灯火焰烧红，再横过火焰 3 次，然后再放入有菌试管壁内，于无菌的培养基表面待其冷却。

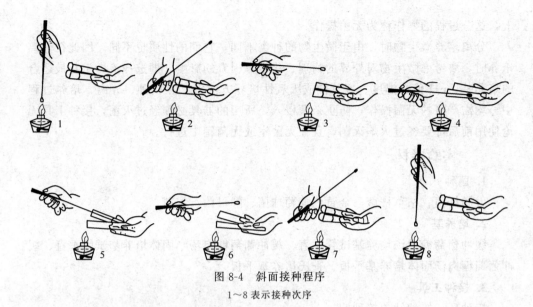

图 8-4　斜面接种程序
1～8 表示接种次序

ⅳ. 用接种工具取少许菌种置于另一支试管中，按一定的接种方式接种到新的培养基上。

ⅴ. 取出接种工具，将试管口和棉塞均进行火焰灭菌。

ⅵ. 重新塞上棉塞。

ⅶ. 烧死接种工具上的残余菌，把试管和接种工具放回原处。

② 试管菌种接种到平板培养基中的方法

ⅰ. 左手持平板和试管菌种，右手松动试管棉塞，烧接种工具。

ⅱ. 用右手小指与食指取下棉塞，取菌，打开平皿。

ⅲ. 将菌种接种到平皿上，立即盖上平皿。

ⅳ. 酒精灯火焰上烧接种工具灭菌。

ⅴ. 棉塞快速通过火焰，重新塞上试管。

**2. 分离**

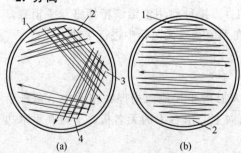

图 8-5　平板划线分离法
(a) 交叉划线法（1, 2, 3, 4 依次为划线的起点）；
(b) 连续划线法（1, 2 依次为划线的起点）

分离微生物的方法很多，其目的都是把混杂的微生物分离为单个细胞使其生长繁殖，形成单个菌落，以便得到纯菌种。常用的分离方法为划线分离法，如图 8-5 所示。

① 在酒精灯火焰上灼烧接种环，待冷，分别取一接种环酵母菌和青霉菌放入盛有无菌水的试管中，制成混合菌液。

② 在近火焰处，左手拿平板稍

抬皿盖，右手持接种环蘸取一环混合菌液伸入皿内，按上图方法接种。

　　a. 将带有混合菌液的接种环在平板培养基上做蜿蜒划线，划线完毕，盖上皿盖。

　　b. 用接种环蘸取混合菌液一环，进行连续划线，即先在平板培养基上做第一次平行划线 3～4 条，转动平皿约 70°，做第二次平行划线，再转动约 70°，以同样方式划线，划线完毕后盖上皿盖。

　　c. 如果接种环上带菌太少，可在平皿的一点处做扇形划线或辐射划线。

### 3. 培养

① 接种的细菌培养基放在 32～37℃恒温培养箱内，培养 24h 后观察。

② 将接种分离后的酵母菌及霉菌放于 25～28℃的恒温培养箱内，酵母菌培养 48h、霉菌培养 72h 进行观察。

③ 平板培养基置于恒温培养箱内倒置培养。

## 五、思考题及实验作业

① 为什么在做微生物实验时，最基本的要求是无菌操作？

② 指出你所制备的培养基平板划线上长出的单个菌落分别属于哪种微生物类群，简述它们的菌落形态特征。

③ 大肠杆菌接种于葡萄糖肉汤培养基内培养 24h 后，具有什么现象？

④ 将实验结果填于下表

a. 接种培养基的情况

| 菌　　名 | 培养基名称 | 生长情况 | 接种方法 | 有无污染及原因 |
| --- | --- | --- | --- | --- |
|  |  |  |  |  |
|  |  |  |  |  |
|  |  |  |  |  |
|  |  |  |  |  |
|  |  |  |  |  |

b. 分离情况记录表

| 菌　　名 | 培养基名称 | 有无单个菌落 | 有无污染及原因 |
| --- | --- | --- | --- |
|  |  |  |  |
|  |  |  |  |
|  |  |  |  |

# 实验九 甜米酒的制作

## 一、实验目的
（1）明确米酒制作的基本原理。
（2）掌握甜米酒制作的一般工艺操作。

## 二、实验原理
甜米酒是用糯米为原料，经蒸煮使淀粉糊化，然后接种甜酒药经发酵制成的一种发酵食品。由于甜酒药是糖化菌及酵母的混合制剂，主要含根霉、毛霉及少量酵母，因此在发酵过程中首先是糖化菌将原料中的淀粉水解为葡萄糖，蛋白酶将蛋白质分解为氨基酸，接着酵母将部分葡萄糖经糖酵解途径转化生成酒精。因此而赋予甜米酒甜味、酒香气和丰富的营养。

## 三、实验器材
（1）原料　菌种（甜酒药）、糯米。
（2）仪器　恒温箱、蒸笼、纱布、不锈钢锅、瓦罐等。

## 四、实验步骤

**1. 浸米**

将糯米置于盆中用自来水浸泡 12~24h。浸米的目的是使淀粉颗粒大分子链由于水化作用而展开，便于常压短时间蒸煮后可以糊化透彻，不至于饭粒中心出现白心现象。

**2. 洗米**

将浸泡好的米用水冲洗几次，漂洗干净。

**3. 蒸饭**

将浸渍漂洗过的米沥干后，倒入铺有两层湿纱布的蒸笼里，摊开，加盖。旺火沸腾下蒸煮约 1h。水化后的淀粉颗粒开始膨化，并随温度的逐渐上升，淀粉颗粒大分子间氢键逐渐被破坏，达到糊化的目的。蒸饭要求"熟而不糊"。

**4. 淋饭**

饭蒸透后，立即用凉开水冲淋。其目的一是使饭粒迅速降温，二是使饭粒间能分离，以利通气，适于糖化菌类及发酵菌类繁殖。经冲淋后的饭降温至 28~30℃。

**5. 落缸搭窝**

将淋冷后的糯米饭沥去水置于瓦罐中（容器使用前需用沸水灭菌清洗），将酒药用量的 2/3 拌入饭中，然后将其搭成"V"字形窝以便增加米饭与空气的接触面积，使好气性糖化菌生长繁殖。市售"甜酒药"每克可使 2~3kg 糯米发酵。

**6. 保温发酵**

将罐置于 28℃左右恒温培养 1～3d 即可食用。一般培养 24h 以后即可观察到饭表面出现白色菌丝，经过 36～48h 就可看到窝内出现甜液，再延长培养时间便可出现甜味减少、酒味增加的现象，即可达到酒香浓郁、甜醇爽口以及清澈半透明。

## 五、检测

**1. 糖液的酒精发酵**

① 以无菌操作接种酵母菌于发酵管和锥形瓶进行酒精发酵，置 28～30℃ 培养 24～36h，用另一支不接种作对照。

② 放入 28～30℃温箱中，保温 24～36h 后观察结果。

**2. 酒精检验**

① 打开试管棉塞，嗅闻是否有酒精气味。

② 取出发酵液 5mL，注入空试管中，再加 10% $H_2SO_4$ 2mL。

③ 向试管中滴加 1% $K_2Cr_2O_7$ 溶液 10～20 滴，如试管内由橙黄变绿色，则证明有酒精生成，此反应如下：

$$2K_2Cr_2O_7 + 8H_2SO_4 + 3CH_3CH_2OH \longrightarrow 3CH_3COOH + 2K_2SO_4 + 2Cr_2(SO_4)_3 + 11H_2O$$

（绿色）

④ 记录实验结果。

**3. 二氧化碳检验**

① 先观察锥形瓶中的发酵液有无泡沫或气泡逸出，再看发酵管中小管有无气体聚集。

② 弃去发酵管棉塞，用吸管吸出管内发酵液至管内留有 3～4mL 发酵液。

③ 取 10%NaOH 溶液 1mL，注入发酵管内，轻轻搓动试管，观察小玻管内液面是否上升，如气体逐渐消失，则证明气体为发酵过程中生成的 $CO_2$，此反应如下：

$$CO_2 + NaOH \longrightarrow NaHCO_3$$

④ 记录实验结果。

**4. 啤酒酵母的观察**

① 观察锥形瓶底部，有较多的沉渣，这是酵母细胞累积物。

② 用接种环挑取沉渣少许，加碘液制成水浸片，高倍镜观察啤酒酵母的细胞形态。

## 六、思考题

① 分析一下甜米酒制作过程中的微生物发酵过程。

② 酒药拌好后为什么要在饭的表面再撒一层酒药？

# 实验十  酸牛奶的制作

## 一、实验目的
(1) 明确酸牛奶制作基本原理。
(2) 掌握酸牛奶制作的基本方法。

## 二、实验原理
以鲜牛奶为原料用乳酸菌发酵产酸,使牛乳中酪蛋白凝固并形成酸牛奶独特的香味。

## 三、实验器材

**1. 原料**

菌种(保加利亚乳杆菌、嗜热性链球菌)、全脂牛奶、半脱脂牛奶或全脱脂牛奶、砂糖。

**2. 仪器**

恒温箱、消毒锅、勺、发酵瓶等。

## 四、实验步骤

原料乳→净化→标准化(根据需要加入砂糖、脱脂乳、稳定剂等)→预热(60~70℃)→均质(16~18MPa)→加热(85℃,10~15min)→降温接种(43~45℃)→封口→恒温发酵(42~43℃,4~12h)→抽样(半成品)检验→冷却(2~3℃)→抽样(成品)检验→成品。

**1. 菌种培养**

① 将原料牛乳分装于180mm×180mm试管、10mL/管或锥形瓶(500mL)、300mL/瓶,于115℃灭菌15min。

② 将保藏菌种接入牛乳试管中活化2~3次,至牛乳凝固时,转接于锥形瓶中,接种量为1%左右。培养好后,再进行一次一级扩大培养(即生产发酵剂),接种量为2%~3%。40℃培养约12h至牛乳凝固即可。

**2. 原料乳的要求**

根据要求可以加糖或不加糖,如生产加糖酸奶则可加入砂糖量8%~10%,而如果为酸奶则是在原料乳中加入水果汁等。原料乳常采用常压灭菌。

**3. 降温接种**

将灭菌后的牛乳迅速降温至38~42℃,一般夏天38℃,冬天42℃,接入原料乳质量1%~3%的发酵剂。

**4. 装瓶发酵**

接种后装入灭菌牛奶瓶或其他容器中,封盖后送培养箱[(39±1)℃]发酵

8~12h，至牛乳凝固且有一定酸度为止。

**5. 冷却**

发酵完毕后，取出冷却1~2h后于2~5℃条件下冷藏。

## 五、思考题

① 酸奶的制作原理是什么？

② 分离乳酸菌与其他细菌有什么不同之处？

#  附　　录

## 附录一　常用培养基配方

### 一、牛肉膏蛋白胨培养基（培养细菌用）

| | | | | | |
|---|---|---|---|---|---|
| 牛肉膏 | 5.0g | 琼脂 | 15~20g |
| 蛋白胨 | 10g | 水 | 1000mL |
| NaCl | 5.0g | pH | 7.0~7.2 |

0.100MPa，121.3℃灭菌 20min。

### 二、高氏 I 号培养基（淀粉琼脂培养基，培养放线菌用）

| | | | |
|---|---|---|---|
| 可溶性淀粉 | 20g | $K_2HPO_4 \cdot 3H_2O$ | 0.5g |
| $KNO_3$ | 1.0g | $FeSO_4 \cdot 7H_2O$ | 0.01g |
| $MgSO_4 \cdot 7H_2O$ | 0.5g | 琼脂 | 20g |
| NaCl | 0.5g | 蒸馏水 | 1000mL |

### 三、马铃薯培养基（培养真菌）

| | | | |
|---|---|---|---|
| 马铃薯 | 200g | 水 | 1000mL |
| 葡萄糖（或蔗糖） | 20g | pH | 自然 |
| 琼脂 | 15~20g | | |

将马铃薯去皮、切成块，煮沸半小时，然后用纱布过滤，再加糖和琼脂，溶化后补足水至 1000mL。0.100MPa，121.3℃灭菌 20min。

### 四、麦芽汁琼脂培养基（培养酵母菌）

① 取大麦或小麦若干，用水洗净，浸泡 6~12h，置 15℃阴暗处发芽，上盖纱布一块，每日早、中、晚各淋水一次，麦根伸长至麦粒的两倍时，即停止发芽，摊开晾晒，或烘干，储存备用。

② 将干麦芽磨碎，一份麦芽加四份水，在 65℃水浴锅中糖化 3~4h，糖化程度可用碘滴定之。

③ 将糖化液用 4~6 层纱布过滤，滤液若浑浊不清，可用鸡蛋白澄清，方法是将一个鸡蛋白加水约 20mL，调均至生泡沫时为止，然后倒在糖化液中搅拌煮沸后再过滤。

④ 将滤液稀释至 5~6 波美度，pH 值约 6.4，按 2% 加入琼脂，0.100MPa、121.3℃灭菌 20min。

## 五、半固体牛肉膏蛋白胨培养基

| | | | |
|---|---|---|---|
| 牛肉膏蛋白胨液体培养基 | 100mL | pH | 7.2 |
| 琼脂 | 0.35~0.4g | | |

0.100MPa，121.3℃灭菌 20min。

## 六、糖发酵培养基（糖发酵实验用）

| | | | |
|---|---|---|---|
| 牛肉膏 | 3.0g | 蒸馏水 | 1000mL |
| 蛋白胨 | 5.0g | pH | 7.2~7.4 |
| 葡萄糖（或乳糖、蔗糖等糖类） | 5.0g | 1.6%溴甲酚紫酒精溶液 | 1mL |

配制时，最好将牛肉膏、蛋白胨先加热溶解，调好 pH 值后加入 1.6%溴甲酚紫酒精溶液 1mL。分装试管，在每管内放一倒置的杜汉小管，使充满培养液。0.056MPa、112.6℃灭菌 30min。

# 附录二　常用染色液的配制

## 一、革兰染色液

### 1. 草酸铵结晶紫染色液

| | | | |
|---|---|---|---|
| A 液：结晶紫 | 2.0g | B 液：草酸铵 | 0.8g |
| 95%酒精 | 20mL | 蒸馏水 | 80mL |

混合 A 液、B 液，静置 48h 后使用。

### 2. 卢戈氏碘液

| | | | |
|---|---|---|---|
| 碘片 | 1.0g | 蒸馏水 | 300g |
| 碘化钾 | 2.0g | | |

先将碘化钾溶解于少量水中，再将碘片溶解在碘化钾溶液中，待碘全溶后，加足水分即成。

### 3. 95%的酒精溶液

### 4. 番红复染液

| | | | |
|---|---|---|---|
| 番红 | 2.5g | 95%酒精 | 100mL |

取上述配好的番红酒精溶液 10mL 与 80mL 蒸馏水混匀即成。

## 二、0.1%美蓝染色液

| | | | |
|---|---|---|---|
| 美蓝 | 1.0g | 蒸馏水 | 100mL |

放入烧杯，不时搅拌，溶后，滤过得 1%的美蓝液，取此液 10mL 加水至 100mL 即得美蓝染色液。

## 三、乳酸酚棉蓝染色液

| | | | |
|---|---|---|---|
| 石炭酸 | 10g | 蒸馏水 | 10mL |
| 乳酸（相对密度1.21） | 10mL | 棉蓝（甲基蓝） | 0.02g |
| 甘油 | 20mL | | |

将石炭酸加于蒸馏水中加热溶解，然后加入乳酸和甘油，最后加入棉蓝，使其溶解即成。此液如不加棉蓝，即为乳酸酚液，可作封藏剂用。

# 附录三 常用消毒剂和杀菌剂的配制

### 一、75%乙醇液

量取95%乙醇液79mL，加入蒸馏水21mL即成。

### 二、0.1%升汞水溶液

氯化汞（升汞）1g，HCl 2.5mL，混合后加蒸馏水至1000mL即成。

### 三、次氯酸钠液

次氯酸钠5~5.25g，蒸馏水100mL。

### 四、1∶25甲醛液

10mL甲醛液加水250mL。

### 五、1∶2的双氧水液

5mL $H_2O_2$ 加10mL水。

### 六、5%的石炭酸液

石炭酸5g，加水至100mL。

### 七、2%的来苏尔液

50%的来苏尔4mL，加水96mL。

### 八、0.25%的新洁尔灭液

用5%新洁尔灭5mL，加水95mL。

### 九、碘酊

KI 10g，$I_2$ 10g，95%酒精500mL，混合溶解即成。

### 十、0.1%的高锰酸钾溶液

用1g高锰酸钾溶解于999mL水中即成。

# 参 考 文 献

[1] 谢梅英主编. 食品微生物学. 北京：中国轻工业出版社，2004.
[2] 中华人民共和国卫生部：食品卫生检验方法微生物部分，2000.
[3] 周德庆主编. 微生物学实验手册. 上海：上海科学技术出版社，1986.
[4] 范秀荣等. 微生物学实验. 上海：上海科学技术出版社，1999.
[5] 杨洁彬，李淑高编. 食品微生物学. 北京：北京农业大学出版社，1995.
[6] 谢梅英编. 食品微生物学. 北京：中国轻工业出版社，2000.
[7] 辛淑秀主编. 食品工艺学. 北京：中国轻工业出版社，1982.
[8] 何国庆，贾英民主编. 食品微生物学. 北京：中国农业大学出版社，2005.
[9] 江汉湖主编. 食品微生物学. 北京：中国农业大学出版社，2002.